食材保鮮事典

收錄166種居家常見食材，讓食物利用最大化的廚房活用筆記

沼津理惠（沼津りえ）著

目錄

第2章 水果

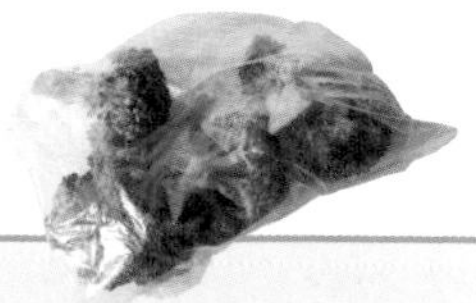

第3章 海鮮

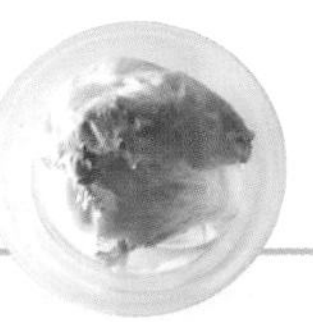

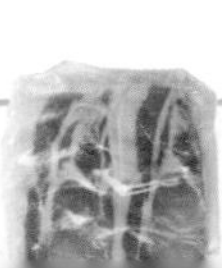

第4章 肉類

第5章 乳製品、蛋

第6章 穀物、大豆

第7章 調味料、其他

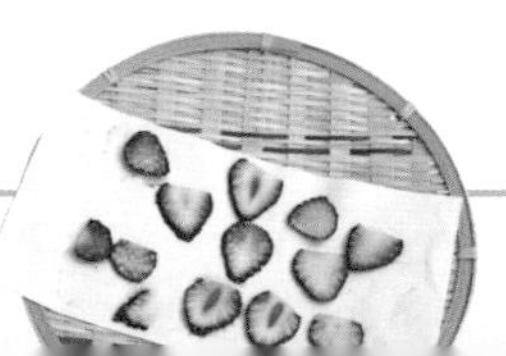

【作者序】

認識「保存的基本原則」，食材吃起來更美味！

多數人都認為「食材經過冷凍之後，風味一定會變差」。

那是因為民眾對於冷凍、解凍、理想的食材保存方式等，缺乏正確的知識。

事實上，拿起食材時，就應該考慮到怎麼烹調、怎麼吃，即使冷凍的食材也會變身成美味的料理。

一提到食材的保存方法，你或許會覺得「麻煩又難懂」，其實這並無特殊訣竅，也不需要特別的技能，判別方式很簡單。

肉類、魚類、水果、蔬菜，只要照著「保存的基本原則」提到的重點去做，多數情況都不會失敗。

本書將以簡單明瞭的方式詳細介紹「保存的基本原則」。

例如，「冷藏不僅能夠防止食材腐壞，也有催熟的作用」；冷凍的食材「煮熟速度快，容易入味，能夠縮短烹調時間」。只要學會保存食材，就能夠減少採購的次數，有很多額外的好處。

飲食的價值觀，也會影響到生活風格。

每天「享用美食不浪費」，餐桌上才會充滿愉快氣氛。期許本書也能夠為此貢獻一份力量。

料理研究家、營養師　沼津理惠

本書的使用方法

流通時期
粗線表示主要品種在市場流通的時期。粉紅色的細線是工廠生產與進口產品的流通時期參考。有別於所謂的「產季」。

＊編注：書中標示為日本的市場流通時期，與臺灣情況略有不同，有需求的讀者須再做額外確認。

保存方式符號
以符號表示食材適合的保存方式。
◎最適合 〇適合
△不太適合但可保存 ×無法保存

可食用部分
以百分比表示除了蔬菜的蒂頭、肉類和魚類的外皮、內臟、骨頭等需要丟棄的部分之外，實際可食用的部分。一般會丟棄的外皮、種籽等，只要花點心思烹調也可以吃，因此納入可食用的部分。

保存期
各保存方式的保存期參考值。

保存訣竅
這裡提供的是如何保存能夠使食材更美味的方法。

營養成分
根據「日本食品標準成分表二〇一五年版（七訂）」標示，可食用部分每100公克的主要營養成分（有部分資料來自不同出處）。

解凍方式
介紹冷凍食材解凍、烹調時的重點。

蔬菜

茄子

流通時期
1 2 3 4 5 6 7 8 9 10 11 12

常溫	冷藏	乾燥	冷凍
△	〇	〇	〇

整顆冷凍能夠縮短烹煮時間！
因為採溫室栽種，所以一整年都能在市面上流通，不過經過強烈日曬的果實顯色比較漂亮，因此夏初～秋天露天栽種的茄子最為美味。不同地區也有不同品種的茄子，這些全都沒有特殊味道，因此容易與其他食材結合，也容易入味。水茄子的澀味特別少，因此也可以生吃。

可食用部分 95% 只丟棄蒂頭

凍 1個月 藏 1週 常 1～2天 乾 1個月

蒂頭和外皮都保留
不切除蒂頭與外皮，直接裝進塑膠袋裡冷凍或冷藏。切掉蒂頭的話，營養和水分就會從切口流失。
・冷凍的話，口感會變得濕潤。做成淺漬*，更容易入味。
＊編注：「淺漬」是日本的醬菜醃漬方式之一，能夠短時間完成，無須放隔夜。

毛豆泥拌茄子
材料與做法（方便製作的份量）
❶2顆冷凍茄子以熱水汆燙到變軟。瀝乾後放涼，徒手撕成直條，再繞圈淋上1/2大匙醬油、1/2大匙料理酒。
❷取1/2量杯帶殼毛豆以熱水煮軟後放冷，從豆莢取出毛豆仁，剝掉薄膜，切成粗末，放進研磨缽大略磨碎，再加入1/2大匙白糖、少許鹽調味（太硬可以加水，調整成泥狀）。
❸稍微擰乾茄子，加進②裡大略攪拌即可。

營養成分（可食用部分每100g）

項目	含量
熱量	22大卡
蛋白質	1.1公克
脂質	0.1公克
碳水化合物	5.1公克
礦物質	
鈣	18毫克
鐵	0.3毫克
維生素A β-胡蘿蔔素RE	100微克
維生素B_1	0.05毫克
維生素B_2	0.05毫克
維生素C	4毫克

解凍方法
泡冷開水30秒～1分鐘，就能夠以菜刀輕鬆切開，又能確實保有茄子特有的水嫩與香氣。冷凍過的茄子，口感會變濕潤，直接做成淺漬或加入味噌湯都很好吃。退冰時泡水泡太久的話，營養會流失，這點務必留意。

40

基本食譜

基本醃漬液
醋…1/2量杯
水…1/4量杯
白酒…1大匙
糖…2～3大匙
鹽…1茶匙
所有材料放入鍋中煮滾即可。

基本浸泡油
油（橄欖油等個人喜歡的食用油）…1/2量杯
鹽…1/4茶匙
黑胡椒粒…約8粒
把材料混合均勻。

基本味噌底
味噌與蜂蜜以2：1的比例混合。

基本醬油底
醬油與炒過的白芝麻以1：1的比例混合。白芝麻先徒手碾碎再加入，香氣會更好。

● 微波爐的加熱時間，以600W功率的機種為準。

食材保存的基本原則

了解「耗損」的主因，思考保存的方法

不是任何食材「冷藏、冷凍」保存就可以久放。基本上，食材的保存沒有所謂「完美」的方法，即使放進冰箱，食材也會逐漸失去鮮度。

那麼，食材「失去鮮度」是怎麼回事呢？只要理解原因，就能夠配合食材選擇正確、簡便又不浪費的保存方式。

食材失去鮮度或腐敗，稱為「耗損」。

不同的保存方式與食材特性，有不同的損傷原因，因此我們必須先從造成耗損的原理開始了解。

水分

食材本身所含的水分不同，食材可能因為水分蒸發而失去濕度，也可能因為含有水分導致微生物增生。基本上，蔬菜類必須用保鮮膜或塑膠袋防止乾燥；肉類、魚類則要去除多餘的水分。

蔬菜、水果的切口變成褐色，是食材所含的酵素與空氣中的氧氣產生反應（氧化）的緣故。蘋果泡鹽水也是用鹽防止酵素作用。

日曬

將食材擺在陽光照射的地方，食材就會因為溫度上升而變質。「乾貨、水產品乾貨」是使食物脫水的保存方式，而傳統的醃漬製品也具有避免陽光照射、防止劣化的效果。瓶裝調味料等的外包裝注意事項中，也有提到「請放置在陰涼處」，就是為了避免被陽光曬壞。

溫度錯誤

每種食材適合的保存溫度不同。冬季根莖類蔬菜的理想保存溫度偏低，大約在「0～5℃」，夏季蔬菜的理想保存溫度則是「5～10℃」。放在冰箱冷藏保存時，如果溫度過低也會「凍傷」，有時會造成果實龜裂，或口感、風味變差。

腐敗

對人體有益的微生物與酵母作用後，能製造出「發酵食品」；腐敗則是各種微生物增生變質，產生有毒成分所導致。金黃葡萄球菌、沙門氏菌等也會引起可怕的食物中毒。

熟成

蔬菜、水果採收之後仍會繼續熟成，稱為「催熟」。促進熟成的是「乙烯」。蘋果、酪梨、哈密瓜、青花菜等都是會釋放大量乙烯的食材。相反地，奇異果、香蕉、小黃瓜、萵苣等，則容易受到前述食材的乙烯影響。

生鮮食材中無農藥、少農藥的蔬菜，容易長菜蟲。乾貨、米等長時間保存的食材，也會長粉蠹蟲、鋸胸粉扁蟲等小蟲。這些小蟲也會咬破包裝侵入未開封的食品，因此長期保存時必須留意。

常溫保存的原則

找到適合保存的場所

保存場所可根據不同溫度區分，所謂常溫，就是放在室內保存。

但是，現在的住宅環境，夏季與冬季的溫度差異是如何呢？如果是舊式的木造住宅，冬天除了有暖氣的房間之外，大概都是在「0～15℃」吧？若是新式住宅，連廚房都有暖氣，所以隆冬時期的室溫也是在「20℃」左右。過去常常要大家把蔬菜用報紙包著放在「涼爽的陰暗處」，但是現在室溫這麼高，也很難找到涼爽的陰暗處。

獨棟住宅

住宅的結構與方位也會影響室溫，因此了解環境也很重要。

近年來，「隱密性高的環保住宅」愈來愈多，因為室內全年進行溫度管理，因此必須隨時注意通風。冰箱以外存放食材的地方，需要審慎選擇。

廚房如果位在日照良好的二樓，在酷熱的天氣若要緊閉門窗外出，必須考慮到家裡溫度可能會上升到「將近40℃」。

不只是溫度，家裡是否通風也很重要。位在北面的房間或地下室等地方，一到秋天到隔年春天，就很適合存放蔬菜、水果、乾貨。

公寓大樓

鋼筋水泥大樓的食材保存環境，會受到日曬與樓層的影響而不同。選擇保存位置時，請考慮到建築物的結構。

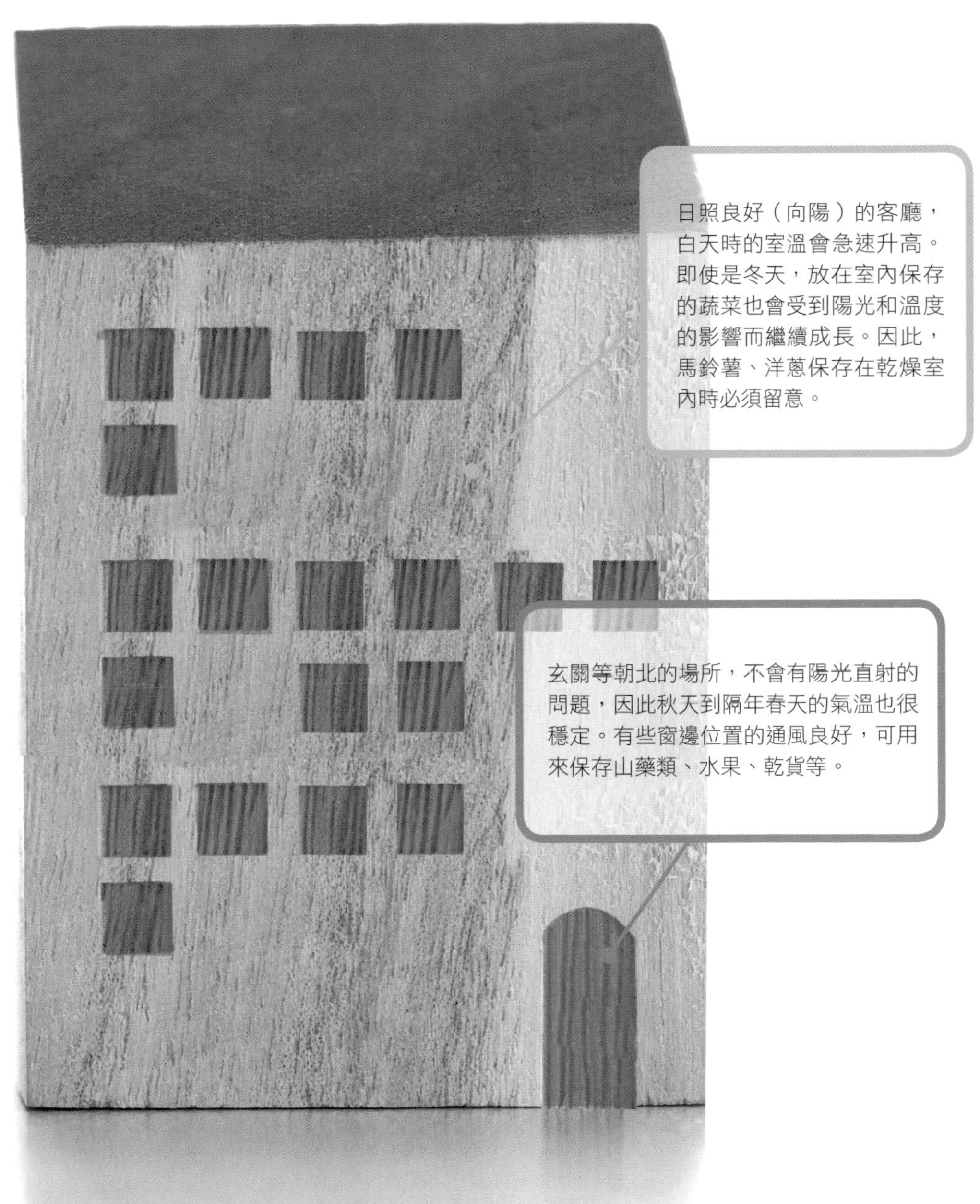

冷藏保存的原則

配合食材有不同的安排

家用冰箱為了以最適合的溫度保存食材，分為冰溫保鮮室、蔬果室、微凍結室等，用許多道門隔開。請配合食材聰明使用。

配合季節調整冰箱溫度

冰箱門開關會改變冰箱裡的溫度，造成冰箱裡的溫度反覆升高。一般來說，在寒冷的冬天，冰箱裡仍會保持低溫。

最理想的做法是經常測量冰箱內的溫度，配合季節變更設定，但實際執行卻很困難。

有調查顯示，光是夏天把冰箱的溫度設定為「強冷」、冬天為「弱冷」，就能夠節省不少電費。冰箱是一個家庭一整年當中最耗電的家電，因此使用前先了解冰箱的性能很重要。

別把熱食放入冰箱

直接把熱食放入冰箱冷藏或冷凍，冰箱內的溫度就會因食物放熱而上升。一般冷藏室無法急速冷卻降溫，所以會長時間處於偏高的溫度中，可能進而影響到冷藏室裡其他的食材。

事前處理且加熱過的食材，請務必要完全放涼後再收進冰箱。

＊編注：此為日本產業標準（JIS）的規定，臺灣則是7℃以下、凍結溫度以上（平均溫度為5℃）。

冰箱內要保持乾淨

低溫管理的冷藏室內，也有可能滋生細菌。

第一步是不要把細菌帶進冰箱內。食材放進冰箱前，請先檢查包裝是否弄髒、食材本身是否損傷。多數細菌在10℃以下就會減緩繁殖速度，但是也有可能在冰箱內二度污染，因此每個食材要用保鮮膜或塑膠袋分裝管理。

冰箱內塞太多食材的話，就會發生溫度不均的情況，也會不方便檢查食材的賞味期限、保存期限等，這也是東西忘了吃而造成愈來愈多浪費的原因。

蔬果室

蔬果室設定成最適合保存蔬果的5～7℃上下，有增加濕氣的功能，也有LED燈維持光合作用，製造商在這裡花了不少心思。

另外，蔬果室的濕度比冷藏室高。也就是說，蔬果室的溫度不會過低，能夠以恰到好處的溫度保持蔬果的鮮度。

附帶一提的是，高濕度的蔬果室就算蔬菜直接放入，也不易喪失鮮度，但最好還是用報紙或塑膠袋、保鮮膜等包好。另外，不耐濕氣的洋蔥、大蒜等，請勿放入高濕度的蔬果室。

原產於熱帶的水果、蔬菜，在濕度低的冰箱內則可能發生「凍傷」。番茄、茄子等夏季蔬菜，還有木瓜、芒果等熱帶水果也是保存在-5～10℃的環境中最理想。夏天的室內溫度太高，因此建議放在蔬果室保存或調節設定溫度。

＊編注：此為日本產業標準（JIS）的規定，與臺灣相同。

冰箱門內收納

冷藏室的冰箱門經常開關，溫度容易上升，溫度也較冷藏室內更高，因此適合放置取用頻率高的牛奶，以及不一定需要冷藏的食材。

適合保存的食材：咖啡、茶、乾貨、麵包等。

冰溫保鮮室

一般冷藏室的溫度是在「3～5℃」，冰溫保鮮室則是大約在「0℃上下」。設定在這個避免食材結凍的臨界溫度，是為了避免食材壞掉。

納豆、優格等發酵食品，可藉由延遲發酵，延長保存期限。但是水分多的食材有可能會凍傷，因此不適合放在此處。

適合保存的食材：起司、奶油等乳製品；納豆、泡菜等發酵食品；竹輪、魚板等魚漿製品；生麵類、豆腐、海鮮、肉類等生鮮食品（如果冰箱沒有微凍結室時）。

冷凍保存的原則

冷凍室是用來冷凍保存與管理冷凍食品的空間。日本產業標準（JIS）規定，冷凍室的溫度必須在「-18℃以下」，不過冰箱製造商的設定多半是「-22～-18℃」。

冷凍室內的實際溫度，會因為溫度設定與冷凍食材的狀況而有差異。

冷凍的原理

冷藏與冷凍的不同之處，在於食材細胞是否結凍。

細胞內的水分凍結之後，破壞了細胞膜，因此解凍時就會流出水分，稱為「解凍滲出液」，也是影響肉類、魚類美味與否的關鍵。

解凍滲出液內含鮮味與營養。失去水分的食材，組織會變軟，口感也會改變，因此必須在解凍方式與烹調方式下工夫。

但是，纖維偏硬的蔬菜等，經過冷凍後細胞膜被破壞，會更容易入味，也能縮短燉煮時間。

冷凍食材時，在「-5～-1℃」的階段，細胞內的水分會形成大結晶，細胞膜也會變得容易被破壞，這個溫度稱為「最大冰晶生成帶」。

冷凍保存的最大關鍵，就是不要在「-5～-1℃」這個階段停留太久，才能夠把細胞的破壞降到最低，不易流失風味。

筆者推薦的方法是，把食材切成小塊，放在鋁等容易導熱的材質製成的容器上冷凍。這樣做能夠急速降溫，把對食材的破壞減到最少。

經過加熱或脫水的水分稀少食品，或是湯品、醬汁、搗成泥的蔬菜等組織早已破壞的食品，以及麵包、米飯、糯米麻糬（年糕）、納豆等，品質則不太容易因為冷凍而降低。

微凍結室

溫度的標準是「-3～-1℃上下」，溫度比冰溫保鮮室更低，能夠以微凍結的狀態保存食材。

適合保存的食材：海鮮、肉類等生鮮、加工食品。

解凍的原則

避免美味流失的解凍訣竅是？

解凍方式不同，食材的鮮味、口感、營養價值也會產生差異。

一般人常用的方式是，從冷凍室取出食材、在常溫中退冰。可是這種方式會使結凍的食材內部與表面溫差過大，造成水分流失。

解凍也有其適合的溫度。與冷凍時一樣，不能讓食材在「-5 ～ -1℃」的階段停留太久。

1 加熱解凍（烹調）

食材在沒退冰或半退冰的狀態下，放入鍋子裡迅速煮熟，就能避免解凍滲出液流失，也能夠更快把食材煮軟。

2 冷藏室解凍

放入冷藏室，使食材整體維持在低溫，能夠在耗損最低的狀態下解凍。

食材停留在這個溫度區間太久的話，食材內的水分就會再度開始凍結，嚴重破壞細胞。

冷凍時細胞被嚴重破壞的食材，會產生**水分（解凍滲出液）**。這些水分中其實含有營養，也會促成細菌繁殖。因此，解凍最好要在冷藏室或冰水等「1～5℃的低溫環境」中進行。

3

冰水解凍

泡在冰水裡解凍時，冰水的溫度要與冷藏室溫差不多。水的導熱效率比空氣更好，所以能夠更快速解凍。

4

結凍狀態食用

也可以享受半解凍狀態下的口感。

乾燥保存的原則

濃縮鮮味與營養

蔬菜等脫水製成的食品稱為「乾貨」（或脫水製品），魚類等海鮮加工製成的食品稱為「水產品乾貨」。一般認為這種去除食材水分、提高保存性的手法，早在日本彌生時代（西元前三百～西元二百五十年）就在使用。

去除水分的方式基本上是日曬或風乾，或使食材自然發酵。乾燥後的食材，維生素D的含量會增加，也能夠攝取到更多鈣與膳食纖維。

「乾貨」（脫水製品）

海苔、鹿尾菜、昆布、乾香菇、茶葉等日常生活中常見的食材，都能夠「在常溫環境保存約一年」。但必須裝入防濕氣的密閉容器，放在陰涼處或冰箱冷藏室等地方保存。

現在一般家庭也流行自製「蔬菜乾」。蔬菜乾的做法很簡單，只要把蔬菜切一切、脫水就完成了。

切菜時，必須考慮到蔬菜的含水量，以及烹調時的使用方式，切得愈薄，愈能夠縮短乾燥的時間。使用有低溫烘烤功能的烤箱或電風扇，就能夠控制乾燥程度，所以可以根據不同食材的狀況調整乾燥的方式。

問題在於，自製乾貨很難完全脫水，所以在高溫高濕的季節裡，必須小心發黴。基本上乾燥完成後，最好是保存在冰箱冷藏室或蔬果室。

「水產品乾貨」

水產品乾貨在製作時，是將海鮮浸泡鹽水之後曬乾或烘乾，使表面有一層保護膜，提高保存性，也能夠製造出獨特的口感與風味。

製作方式基本上是日曬，不過市面上流通的商品多半是機械脫水製成。水產品乾貨的種類很多，小魚乾是直接曬乾或烘乾製成，較大的魚乾則是去除內臟後對半剖開曬乾製成；還有烤過或煮過再脫水製成的產品等，多數都是能夠引出食材特色的水產品乾貨。

「水產品乾貨」也可以在家自己做，以下提供竹莢魚一夜風乾（一夜干，いちやぼし）的做法。

竹莢魚一夜干

材料與做法

把竹莢魚對半剖開，去除魚鱗和內臟，洗淨之後，浸泡在「濃度3%的鹽水」裡5～6小時。曬乾之前，先在魚身上灑鹽，並且暫時靜置讓水分排出。擦乾水分之後，就可以拿出去日曬。在陽台或院子裡曬魚乾時，必須小心烏鴉和貓。最好是放在曬魚網裡，掛在通風的地方。在高溫高濕的環境曬魚乾容易壞掉，所以建議避開梅雨等季節。

鹽漬、醃漬製品

在現代，各式各樣的醃漬製品已經變成商品，能夠方便取得，不過醃漬是日本自古以來就有的食材保存方式之一。

在家電普及之前，民眾沒辦法長期保存新鮮蔬菜，於是家家戶戶把當季蔬菜利用「米糠漬、鹽漬、酒糟漬、醬油漬」等方式加工之後保存。

水嫩的新鮮蔬菜做成醃漬製品，仍然能夠享受到食材最初的甘甜與鮮味。

保存場所

即使加工成醃漬製品，鹽分含量較少的產品，仍然會被標示為必須存放在冰箱冷藏室裡。最近民眾的健康意識抬頭，愈來愈注重鹽分的攝取量，因此在家自製的醃漬製品最好也要放冰箱冷藏室保存。米糠床等遇到春夏高溫季節就會壞掉，所以也必須留意鹽分的濃度。

以下提供兩種日本最常見又簡單的醃漬做法。

料多味美的醬油漬蕈菇

材料與做法（方便製作的份量）

個人喜歡的菇類（金針菇、鴻喜菇等）…300公克
白葡萄酒（日本酒也可以）…2大匙
昆布…1片（3x3公分）
醬油…2大匙
熟白芝麻…2茶匙

❶平底鍋以小火加熱，放入菇類，加入白葡萄酒之後，改以中火加熱2分鐘。

❷等①放涼之後，與昆布一起裝進保存容器裡，加入醬油、白芝麻拌勻，放入冰箱冷藏室冰1小時以上。

簡單的淺漬白菜

材料與做法（方便製作的份量）

大白菜…1/4顆（約200公克）
鹽…1/2茶匙
薑…5公克
昆布…2公分
紅辣椒（去籽）…1/2根

❶大白菜的白色部分切成5公分長的細長條，葉子大略切過；薑切成薑絲；昆布用料理剪刀剪成細絲；紅辣椒切小段。

❷將①裝進塑膠袋裡，灑鹽，搓揉到鹽巴均勻滲透。

❸出水之後，放入冰箱冷藏室，靜置30分鐘以上。

其他的醃漬製品

對於日本人來說，醃漬製品是指鹽、味噌、醬油、米糠等醃漬製成的食品。不過世界各國也有各自用來保存食材的醃漬製品。

歐美國家常用鹽和醋醃漬小黃瓜、胡蘿蔔等蔬菜，做成酸黃瓜等食用，特徵是會配合個人喜好的風味加入香草類與天然香料。韓國的泡菜、印度的醃菜等，也可以說都是配合各國的氣候與民情所培育出的飲食文化。

以下提供三種具異國風味的簡單醃漬做法。

油漬豆

材料與做法（方便製作的份量）

水煮豆（扁豆、綠豆、紅豌豆、鷹嘴豆等，可依照個人喜好選擇）…共150公克
油（橄欖油等，可依照個人喜好選擇）…1/2量杯
鹽…1/4茶匙
黑胡椒粒…約8顆

❶油、鹽、黑胡椒全部混合均勻。
❷水煮豆以篩網徹底瀝乾，放入保存容器裡，倒入①，放進冰箱冷藏室保存到第二天即可食用。

＊橄欖油等有些種類的油品冷藏保存會凝固，不過放到常溫又會恢復成液體狀態。凝固對成品的味道不會有影響，把橄欖油用量的20%換成沙拉油，就不容易凝固了。

甜醋漬蕗蕎

材料與做法（方便製作的份量）

蕗蕎…500公克
鹽…25公克
A 醋…1量杯　白糖…1/2量杯
紅辣椒（去籽）…1根

※也可以在A中加2茶匙的鹽，能夠提高保存性，風味也更明顯。

❶預先處理好的蕗蕎抹鹽，靜置一晚。
❷把A事先煮滾後放冷。
❸擦乾①的水分，裝進保存容器裡，倒入②，保存在陰涼處。3個月之後放入冰箱冷藏室保存，大約可保存1年。醃漬1個月之後即可食用，但是放3個月以上更好吃。

咖哩甜醋醃高麗菜

材料與做法（方便製作的份量）

高麗菜…1/4顆（約200公克）
A 穀物醋…1/2量杯　水…1/4量杯
白糖…3大匙　鹽…1茶匙
咖哩粉…1茶匙

❶把A煮滾，放入大略切碎的高麗菜後關火。
❷稍微放冷之後，裝進保存容器裡，放冰箱冷藏室保存。

第1章

蔬菜

蔬菜保存的基本原則

蔬菜是健康管理上不可或缺的食材。一般家裡經常會存放多種蔬菜，也希望能夠多加善用。

有些人考慮到住宅的廚房空間與溫度，絕大多數蔬菜都會放冰箱冷藏室保存，但也有許多蔬菜比較適合常溫保存。

對於番茄、茄子等夏季蔬菜來說，冷藏室的溫度（5 ～ 15℃）太低，會失去風味。話雖如此，放在盛夏的室溫（20 ～ 30℃）中卻也容易腐敗。因此，我們必須事先想好蔬菜使用完的時間點與存放位置，才能夠品嚐到最美味的蔬菜。

考量蔬菜的產季與保存位置

番茄和青椒屬於夏季蔬菜，白蘿蔔、蔥、菠菜屬於冬季蔬菜。這些蔬菜一整年都會在市面上流通。

隨著地球暖化的情形日益惡化，蔬菜的產季也逐漸與過去不同。另一方面，因為室內栽種的技術提升，我們也能夠期待蔬菜有穩定的品質與不受天候影響的價格。

除了夏季以外的時期，室溫大約是20℃上下的話，夏季蔬菜便可以常溫保存。

但是，蔬菜採收之後其實仍在持續生長，因此會發生「催熟」的過程。例如小黃瓜經過催熟，果肉會變軟，而果肉偏硬的番茄經過催熟，甜度也會提升。

馬鈴薯、番薯、洋蔥、牛蒡等根莖類蔬菜，為了讓風味維持長久，在保存時不能先洗掉泥土。這些蔬菜都需要避免陽光直射，放在通風的場所常溫保存；但如果是高溫多濕的夏季，就不適合常溫保存，建議冷藏存放。

冷藏　基本上存放於蔬果室，多一道程序就能夠放更久

適合冷藏的蔬菜，基本上全都要放在蔬果室保存。配合食材補水或直立存放，就能夠維持新鮮的狀態。

塑膠袋

為了防止水分蒸發，蔬菜原則上要裝進塑膠袋裡保存。盡量排出袋中的空氣，小心不要壓壞蔬菜，然後將袋口確實綁好。

補充水分後放入塑膠袋

蘘荷和葉子柔軟的香草類等，尤其不耐乾燥，因此用沾濕的廚房紙巾先包覆補水，才能夠保存得更久。

直立保存

蘆筍、蔥等原本就是直立生長的蔬菜，保存時也要直立擺放，才能夠保存更久。

在保存容器裡裝水

豆芽菜和香菜等，泡在水裡保存，才能夠常保爽脆口感。

冷凍 跟著祕訣做，就算是冷凍也能保持新鮮美味

沒有立刻要吃的蔬菜，建議冷凍保存。為了防止冷凍和解凍不均勻，並且維持食材美味，底下將介紹幾個祕訣。

水分

一定要盡量先去除多餘的水分。清洗或水煮之後，沾在蔬菜表面的水分要確實擦拭乾淨。

空氣

為了防止氧化、結霜，必須盡可能排出空氣後再冷凍。

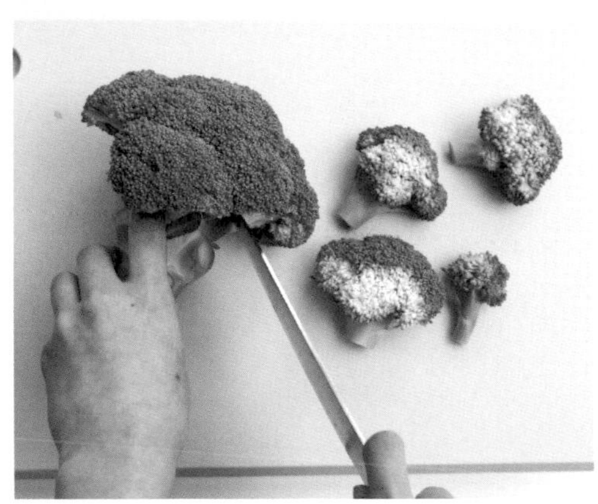

塑膠袋

事先切成方便入口的大小，使用時不僅輕鬆，在冷凍、解凍時也比較順利，不會發生解凍不均勻的狀況。

補水之後裝袋

不適合以生食狀態直接冷凍的蔬菜，可以先大略炒過或稍微水煮，先加熱處理過再冷凍。

醃漬製品的基本製作方式

保存蔬菜的方法之一，也可以選擇製作成醃漬製品。長期冷藏或冷凍保存的蔬菜，終究會失去原本的口感，但做成醃漬製品的話，就能夠保留爽脆的口感，也能夠存放更久。不只能夠直接吃，還可以加進沙拉、熱炒、湯等，讓料理也能夠有更多的變化性。

西式醃漬製品的基本食譜

材料

個人喜歡的蔬菜…適量（1條小黃瓜、1顆甜椒、1條櫛瓜、1根西洋芹等）
香草類…適量
各種比例的醃漬液

做法

1. 在鍋中放入醃漬液的材料，加熱煮到滾。
2. 蔬菜事先處理好，切成喜歡的大小。
3. 把②排列在金屬方盤上，撒上香草。
4. 把①的醃漬液淋在③上，放冷等待入味。

醃漬液的比例配方

1 基本醃漬液

醋…1/2量杯
白葡萄酒…1/4量杯
冷開水…1/4量杯
白糖…3大匙
鹽…1大匙
月桂葉…1片
紅辣椒…2小根
粗磨黑胡椒…1茶匙

2 和風醃漬液

鹽…少許
醋…1量杯
醬油…4大匙
昆布…5公分正方形

3 簡單壽司醋醃漬液

壽司醋…3/4量杯
現擠檸檬汁…1/2顆量
檸檬皮屑…1/2顆量

4 基本南蠻醋

醋…1/2量杯
冷開水或高湯…1/2量杯
白糖…2大匙
醬油…2茶匙
鹽…1/2茶匙

5 異國風甜醋

魚露…4大匙
白糖…4大匙
冷開水…1/2量杯
米醋…4大匙
蒜末…3顆蒜仁量
紅辣椒切小段…3根量

6 基本醋漬液

醬油…1比例
醋…1比例
味醂…1比例

7 爽脆小黃瓜醃漬液

醬油…1/2量杯
味醂…1/2量杯
醋…1/2量杯

8 味醂醬油漬

醬油…2大匙
味醂…4大匙
鹽…適量

蔬菜

番茄

流通時期

1 2 3 4 5 6 7 8 9 10 11 12

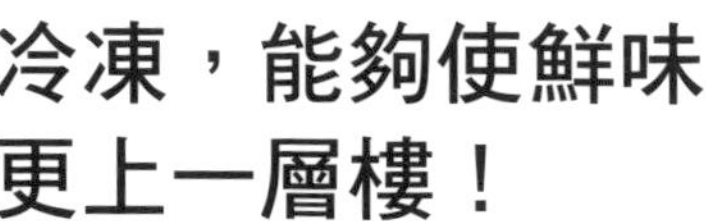

常溫	冷藏	乾燥	冷凍
△	○	◎	◎

可食用部分 99% 只丟棄蒂頭

冷凍，能夠使鮮味更上一層樓！

日本全年都會看到的大顆番茄，主要是「桃太郎」這種粉紅色品種（編注：臺灣目前也有引進種植）。夏季正炎熱的時候，番茄的滋味會因高溫而變差，因此北海道與高地栽種的產品最受歡迎。富含抗氧化作用強的番茄紅素，能夠有效預防文明病等；而需要加熱烹調的菜色，適合使用含有許多麩胺酸的紅色品種。

凍 1個月 藏 10天

適用於各種場合，冷凍保存很方便

裝進塑膠袋冷凍或冷藏保存。冷凍番茄的風味經過濃縮後十分美味！番茄所含的鮮味成分「麩胺酸」、「天門冬胺酸」經過冷凍之後，能使其提升味道品質，變得更美味。

- 冷凍後，請連皮一起烹煮，不用別在意皮。
- 冷凍能夠使酸味變溫和，因此也適合用來做醬汁或燉煮。

凍 1個月

番茄醬汁輕鬆搞定！

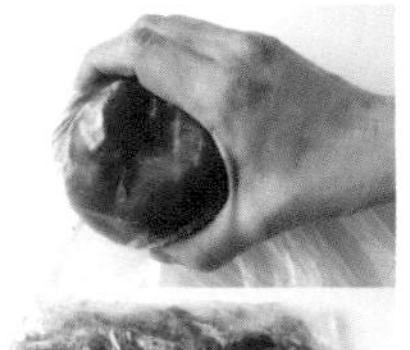

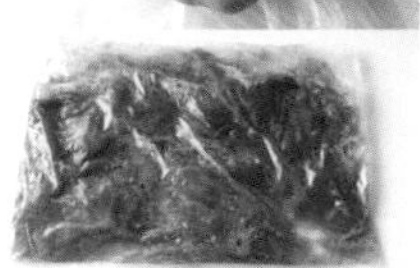

去蒂頭，裝進塑膠袋，從袋子表面徒手把番茄壓碎。可以依照個人喜好加入羅勒等一起冷凍。加入砂糖冷凍，就能夠做出速成「冰沙」。

連皮一起磨成泥，做成沙拉淋醬

用來製作沙拉淋醬時，可以把冷凍番茄連皮一起磨成泥，再加入油、醋、鹽、胡椒混合，就完成一道色彩鮮豔的番茄沙拉醬。可用在生火腿、生菜、炸豬排、麥年煎魚*的醬汁等各種場合。

＊編注：「麥年（meunière）」是法國菜的烹調方式之一，意思是沾麵粉煎的魚。

解凍方法

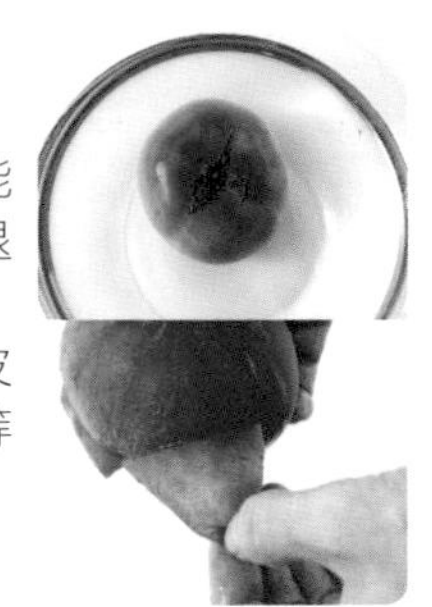

冷凍番茄泡水30秒～1分鐘，就能夠輕鬆剝掉外皮。直接放在室溫退冰的話，番茄汁會跟水一起滲出，使風味流失，因此必須留意。剝皮後，就能夠立刻用在熱炒或燉煮等料理。

營養成分（可食用部分每100g）

項目	含量
熱量	19大卡
蛋白質	0.7公克
脂質	0.1公克
碳水化合物	4.7公克
礦物質	
鈣	7毫克
鐵	0.2毫克
維生素A β-胡蘿蔔素RE*	540微克
維生素B_1	0.05毫克
維生素B_2	0.02毫克
維生素C	15毫克

＊編注：RE為Retinol Equivalent的縮寫，意思是視網醇當量，也就是維生素A的劑量單位。不同形式的維生素A都可以換算成RE。

番茄奶香燉飯

材料與做法（1～2人份）

❶在平底鍋裡放入1/2茶匙的蒜末、1茶匙的橄欖油，以小火加熱。
❷炒出大蒜香氣，就加入切細絲的培根（一片量）繼續炒。
❸把1顆冷凍番茄切成4等分後加入，一邊壓碎番茄一邊炒。
❹量米杯一杯的米倒入蓋飯碗裡稍微洗過，再與1/2～3/4量杯的牛奶（或鮮奶油也可以）一起加入平底鍋裡，煮到水分收乾為止。
❺加入2茶匙的起司粉，以及少許的鹽和胡椒調味。

小番茄

可食用部分 99% 只丟棄蒂頭

凍 1個月 藏 10天

整顆冷凍，鎖住美味

小番茄如果整個包裝盒直接放進冷凍，狀態會變差，因此建議清洗瀝乾之後，裝進可冷凍的保鮮袋裡冷凍保存。冷凍過的小番茄，風味被濃縮，就會變得更好吃。去掉蒂頭清洗的話，鮮味會流失在水裡，因此留存蒂頭的保存是關鍵。解凍時也要帶著蒂頭清洗，瀝乾水分後再拿掉。冷凍的小番茄可以配合食用人數，輕鬆調整份量使用。

解凍方法

完全解凍的話，小番茄會變得水水的，美味程度也會大幅下降，因此建議以半解凍的狀態食用。無須完全解凍，以冷凍狀態直接烹煮，吃起來更美味。

漬 1週（冷藏）

醃漬小番茄

材料與做法（方便製作的份量）

❶小番茄（紅、黃）各8顆去蒂頭，泡熱水約15秒，再放入冷開水去皮。

❷在小鍋裡放入基本醃漬液（請見P.27）與1茶匙的彩色綜合胡椒，開火加熱。

❸煮到沸騰之後關火放冷，加入①。

❹裝進保存容器內，放冰箱冷藏室半天以上即可享用。

乾 1個月（做成油漬）

維生素C、E 能增加1倍以上

小番茄去蒂頭，對半切開，用湯匙等挖去種籽。拿廚房紙巾擦乾水分後灑鹽（每7～8顆大約1茶匙的量）。放在太陽下曬兩天就完成了。不可以一整天都放在室外曬，到了傍晚務必要收進屋裡；也可以用烤箱烘烤，以140℃烤40分鐘～1小時。

乾燥之後的小番茄，維生素C、E的營養值都會增加1倍以上，甜度也會提升。

- **番茄乾因為滋味濃縮，甜度增加，也可以當作甜點。**
- **番茄乾炒飯更是一絕，口感、酸味與甜味的搭配絕佳。**

青椒

流通時期

1 2 3 4 5 6 7 8 9 10 11 12

常溫	冷藏	乾燥	冷凍
△	○	△	○

可食用部分
99%
種籽也能吃

討厭青椒的苦味，就吃冷凍的！

青椒是辣椒的夥伴，具有獨特的苦味，通常是在尚未成熟的綠色階段就採收；而果肉厚實且甜味強的甜椒，則是等到完全成熟才採收。兩者都含有豐富的維生素C、E、β-胡蘿蔔素，不過因為甜椒已經完全成熟，所以整體的營養價值略高於青椒。

凍 1個月 藏 10天

不切開，整顆完整冷凍保存

青椒建議整顆裝進塑膠袋裡，冷凍、冷藏保存。除了整顆冷凍之外，也可以切絲、切滾刀塊，切成方便使用的大小冷凍起來。

青椒經過冷凍，纖維就會被破壞而失去爽脆口感，不過這樣也有不易感覺到苦味的好處。雖然會損失維生素C、P等水溶性維生素，不過脂溶性維生素、礦物質、膳食纖維並不會流失太多。

- 青椒種籽混入歐姆蛋，口感可以變得軟綿。
- 冷凍青椒的香氣較強，因此適合做成涼拌。

解凍方法

解凍時，浸泡在冷水中大約30秒，就能用菜刀輕鬆切開，去除籽瓤和種籽。解凍後的青椒香氣強烈，用菜刀切斷纖維後水煮，就能夠享用到其獨特的爽脆口感。

營養成分（可食用部分每100g）

項目	含量
熱量	22大卡
蛋白質	0.9公克
脂質	0.2公克
碳水化合物	5.1公克
礦物質	
鈣	11毫克
鐵	0.4毫克
維生素A β-胡蘿蔔素RE	400微克
維生素B_1	0.03毫克
維生素B_2	0.03毫克
維生素C	76毫克

鹽漬冷凍青椒

材料與做法（方便製作的份量）

3顆切絲冷凍保存的青椒與1/4顆甜椒，灑上1/2茶匙的鹽拌勻。等青椒和甜椒變軟後，放上重量較輕的醬菜石，靜置約2小時。稍微擠掉汁液後享用。

常溫	冷藏	乾燥	冷凍	流通時期 1 2 3 4 5 6 7 8 9 10 11 12
△	○	◎	◎	

甜椒

蔬菜

可食用部分 **90**%
種籽也能吃

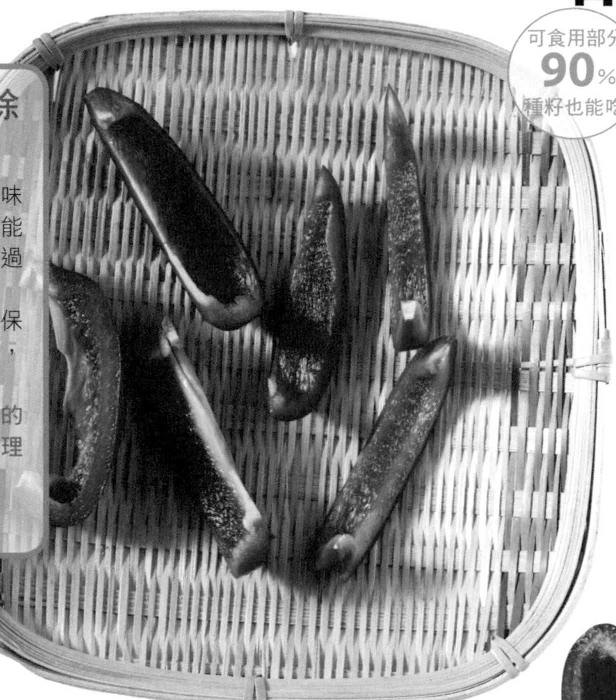

乾 10天（冷藏）

乾燥一晚，可去除恰到好處的水分

適度去除水分之後，甜椒味道會變濃郁，用在熱炒上能夠炒出美味，而不會水分過多。

乾燥之後，放入塑膠袋或保存容器，冷藏可放10天，冷凍可放1個月。

- 用於熱炒時，只要少量的油就能夠入味，縮短料理時間。
- 甜味增強。

藏 10天

冷藏保存的方法大致上分成兩種

分切冷藏時，去除易壞的蒂頭和種籽之後，用保鮮膜包好。整顆冷藏的話，用廚房紙巾包好之後，裝進塑膠袋放入蔬果室。

凍 1個月

冷凍能夠提升甜度！

切絲、切滾刀塊，切成方便使用的大小冷凍。生甜椒直接冷凍，能夠保留維生素C等的營養價值。雖然會犧牲口感，不過不會有青椒那麼嚴重。而且，與青椒一樣，用菜刀切斷纖維的話，就能夠保留某些程度的口感。烹煮冷凍甜椒容易熟透，也容易釋放甜味。

- 做成普羅旺斯雜燴也是，甜度會比生吃更強烈。

高湯漬熱甜椒

材料與做法（方便製作的份量）

❶用平底鍋加熱1茶匙麻油，將切絲冷凍的甜椒（黃、紅）各1/2顆量，兩面煎熟。

❷在保存容器裡裝入1大匙酸桔醋醬油，與2公克柴魚片混合，再把①趁熱倒入，拌勻之後放冷。

營養成分（可食用部分每100g）
紅青椒

項目	含量
熱量	30大卡
蛋白質	1.0公克
脂質	0.2公克
碳水化合物	7.2公克
礦物質	
鈣	7毫克
鐵	0.4毫克
維生素A β-胡蘿蔔素RE	1100微克
維生素B_1	0.06毫克
維生素B_2	0.14毫克
維生素C	170毫克

蔬菜

糯米椒

流通時期

1 2 3 4 5 6 7 8 9 10 11 12

常溫	冷藏	乾燥	冷凍
△	○	○	◎

可食用部分 99% 種籽也能吃

冷凍保存，可用來作為妝點色彩的蔬菜！

與青椒、甜椒一樣，糯米椒也是被改良成方便食用的蔬菜，不過一旦生長過程中遇到缺水或高溫等壓力，味道就會變辣，所以基本上都是在尚未成熟的綠色果實狀態採收。甜度較高的成熟果實稱為甜辣椒，可食用。

凍 1個月 藏 10天

連蒂頭一起完整冷凍

整個糯米椒放入塑膠袋冷凍保存，使用前不必解凍！冷凍後直接整根烹煮，用菜刀也能輕鬆切開。冷凍的生糯米椒能夠保留維生素等營養。

- 容易煮熟，因此能夠縮短烹調時間。
- 冷凍糯米椒只須切掉蒂頭頂端，其餘部分可以直接使用，而且口感不會被破壞，能夠享受其新鮮的美味。

解凍方法

花太多時間解凍，糯米椒就會變成水水的，所以要在冷凍狀態直接快速烹調。

醬炒糯米椒

材料與做法（方便製作的份量）

❶用平底鍋加熱1茶匙麻油，倒入1包量的冷凍糯米椒，以大火快炒，再繞圈淋上1茶匙醬油。

營養成分（可食用部分每100g）

項目	含量
熱量	27大卡
蛋白質	1.9公克
脂質	0.3公克
碳水化合物	5.7公克
礦物質	
鈣	11毫克
鐵	0.5毫克
維生素A β-胡蘿蔔素RE	530微克
維生素B_1	0.07毫克
維生素B_2	0.07毫克
維生素C	57毫克

酸桔醋醬油漬糯米椒

材料與做法（方便製作的份量）

❶1包冷凍糯米椒的份量，直接汆燙後瀝乾。

❷在保存容器裡裝入1大匙酸桔醋醬油，與適量的柴魚片混合，趁熱倒入①。

常溫	冷藏	乾燥	冷凍
△	○	◎	◎

流通時期 1 2 3 4 5 6 7 8 9 10 11 12

紅辣椒

可食用部分 99% 只丟掉種籽

冷凍、乾燥的話，就可以保存一年！

紅辣椒作為增添辣味的香料，主要是以辣椒乾的狀態使用，不過7～12月市面上流通的是日本國產的新鮮辣椒。辣椒乾的保存重點就是要遠離濕氣。

凍 1年

當季的辣椒冷凍後，可以鎖住美味

整根冷凍。新鮮紅辣椒趁著產季時冷凍保存，就可以久放不壞掉，隨時享用美味的辣椒。

解凍方法

拿料理剪刀剪下需要的份量使用；剩下的部分可以冷凍、乾燥方式保存。

常 1年

裝入容器，以常溫保存

紅辣椒徹底脫水乾燥之後，裝入容器，放在太陽曬不到的地方常溫保存。

經過乾燥的紅辣椒，辣味成分會均勻分布在整根辣椒上，因此變得更辣。

自製辣油

材料與做法（方便製作的份量）

❶ 把2粒蒜仁、1塊嫩薑*1、1/2根蔥切碎。

❷ 在小鍋裡放入薑末、蒜末、1/2～3/4量杯的麻油，以小火炒到蒜末變蒜酥。加入蔥末，繼續炒1分鐘。

❸ 加入2大匙熟白芝麻、3大匙洋蔥酥*2、1大匙韓國辣椒粉、1茶匙韓國辣椒醬、1茶匙白糖、1茶匙醬油，混合均勻後，加熱約5分鐘。

※麻油的份量可依照個人喜好調整。做好後放置1天會更入味。

＊編注1：日本食譜中的「1塊薑」，通常是指拇指指甲的大小。

＊編注2：此處是使用洋蔥炸成的洋蔥酥，而非紅蔥頭製作的油蔥酥。

營養成分（可食用部分每**100g**）

項目	含量
熱量	96大卡
蛋白質	3.9公克
脂質	3.4公克
碳水化合物	16.3公克
礦物質	
鈣	20毫克
鐵	2.0毫克
維生素A β-胡蘿蔔素RE	7700微克
維生素B_1	0.14毫克
維生素B_2	0.36毫克
維生素C	120毫克

蔬菜

菜豆

流通時期

1 2 3 4 5 6 7 8 9 10 11 12

常溫	冷藏	乾燥	冷凍
△	○	△	○

可食用部分 98% 只丟棄蒂頭

冷凍過後，口感也不會變差。

產季為夏天，採用不同的栽種方式，可以錯開採收期，變成每年收成三次，因此也稱為「四季豆」。市面上流通的一般都是圓莢的品種，稱為「敏豆」，還可以根據有無藤蔓、豆莢的長度分成各種類型，共有上百種品種。菜豆均衡地富含 β-胡蘿蔔素和維生素C、E等抗氧化能力強的營養成分。

凍 1個月

不拿掉豆筋和蒂頭，直接冷凍

不切開，直接裝進塑膠袋裡冷凍。因為帶著蒂頭冷凍，因此食材狀態不會退化，能夠鎖住營養。以鹽水煮過之後冷凍保存，可以保存2週。

- 冷凍菜豆可折斷使用，也適合用來裝飾便當。
- 以熱水汆燙後與芝麻、醬油、味醂涼拌，或是大略炒過之後當配菜都可以，屬於多用途的蔬菜。

解凍方法

冷凍狀態下切除蒂頭立刻烹調，正是美味的祕訣。

藏 10天

以噴水瓶噴濕，防止乾燥

用廚房紙巾包好，拿噴水瓶等稍微噴濕後冷藏；冷藏期間，為了避免變乾，可以時不時噴水維持濕度。先以鹽水煮過再冷藏的話，可以保存3天。

營養成分（可食用部分每100g）

項目	含量
熱量	23大卡
蛋白質	1.8公克
脂質	0.1公克
碳水化合物	5.1公克
礦物質	
鈣	48毫克
鐵	0.7毫克
維生素A β-胡蘿蔔素RE	590微克
維生素B_1	0.06毫克
維生素B_2	0.11毫克
維生素C	8毫克

海苔醬拌菜豆

材料與做法（方便製作的份量）

❶100公克冷凍菜豆以鹽水煮過後瀝乾，切成一半長。

❷把1茶匙美乃滋、1茶匙海苔醬混合後，再拌入①。

常溫	冷藏	乾燥	冷凍	流通時期 1 2 3 4 5 6 7 8 9 10 11 12
△	◎	×	○	

扁豆

冷凍能夠更增添其美味。

屬於菜豆的一種，外型扁長是其特徵。甜度比一般菜豆高，含有大量幫助強化骨骼的維生素K。

可食用部分 **98%** 只丟棄蒂頭

留著蒂頭一起冷凍

整條扁豆用保鮮膜包好，放入塑膠袋裡冷凍。

凍 1個月 藏 10天

切成適當長度 冷凍、冷藏保存

切成方便入口的長度，裝入保存容器等冷藏或冷凍。連著蒂頭一起冷凍，所以食材狀態也不會退化，又能鎖住營養。先以鹽水煮過後冷凍，可以放置2週；冷藏的話，可以保存3天。

- 冷凍扁豆煮過之後，原本堅硬的口感會消失，變得爽脆。
- 能夠縮短烹調時間。

鹽水煮過後擦乾，切成方便入口的大小，放進保存容器裡冷藏、冷凍保存。

解凍方法

冷凍狀態下切除蒂頭立刻烹調，正是美味的祕訣。

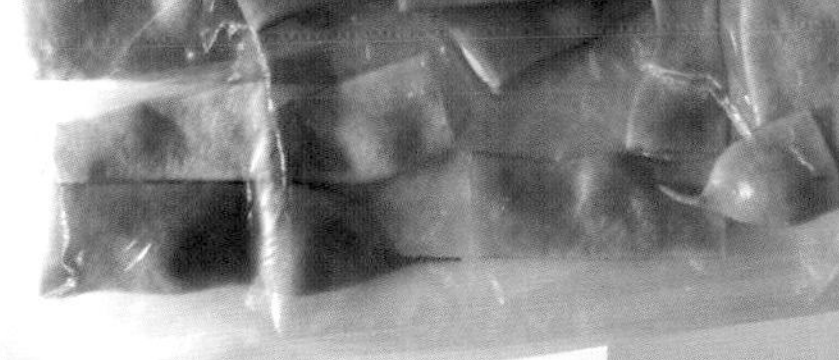

奶油炒豆

材料與做法（4人份）

❶平底鍋內放入10公克有鹽奶油，以小火加熱融化，放入200公克冷凍豆類（菜豆、扁豆、豌豆仁、甜豆等）拌炒，再加入少許的鹽與胡椒調味。

蔬菜

荷蘭豆、甜豆

流通時期

1 2 3 4 5 6 7 8 9 10 11 12

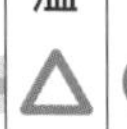

常溫	冷藏	乾燥	冷凍
△	○	×	○

荷蘭豆

甜豆

配色專用的救世主！

採用溫室栽培，所以一整年都能流通於市面上，不過主要的產季是在春天。具有抗氧化的作用，而且含有大量能提升免疫力的維生素C；此外，豆子部分也含有蛋白質和必要胺基酸，是營養均衡的優質蔬菜。一般稱為「荷蘭豆」的，是指豌豆中改良後豆莢扁的品種；豆莢厚實的稱為「甜豆」，則是豌豆改良後的美國品種。

沾濕之後冷藏保存

用稍微沾濕的廚房紙巾包住，冷藏保存。為了避免廚房紙巾乾掉，必須不時噴水保濕。鹽水煮過之後，冷藏保存可放3天。

直接整個冷凍保存

整個放進塑膠袋內冷凍。連同蒂頭一起冷凍，所以食材狀態不會退化，而且能夠鎖住營養。先以鹽水煮過後冷凍，可以保存2週。

・冷凍過後仍然保有爽脆口感。

營養成分（可食用部分每**100g**）

項目	含量
熱量	36大卡
蛋白質	3.1公克
脂質	0.2公克
碳水化合物	7.5公克
礦物質	
鈣	35毫克
鐵	0.9毫克
維生素A β-胡蘿蔔素RE	560微克
維生素B_1	0.15毫克
維生素B_2	0.11毫克
維生素C	60毫克

胡椒鹽漬豌豆莢

材料與做法（方便製作的份量）

❶準備1包冷凍甜豆，放入熱水汆燙約1分鐘，再以篩網撈起放涼，去豆筋。

❷把①裝進塑膠袋裡，加入1/2茶匙鹽，搓揉直到鹽被吸收。

❸等到出水之後，加入適量的彩色綜合胡椒，輕輕搓揉直到均勻。

❹放冰箱冷藏30分鐘以上。

常溫	冷藏	乾燥	冷凍
△	○	×	◎

流通時期 1 2 3 4 5 6 7 8 9 10 11 12

豌豆

可食用部分 60% 丟棄豆莢與豆筋

冷凍可以消除豆腥味！

豌豆尚未成熟的階段，稱為豌豆仁。一整年市面上都可以看到其蹤跡，但真正的產季是在4～6月，產期的豌豆仁滋味與香氣皆不同凡響。除了含有豆類特有的蛋白質與碳水化合物之外，也富含豐富的膳食纖維，因此被認為有助於改善腸道環境。

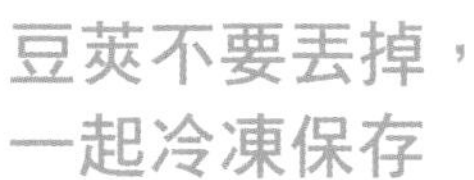

豆莢含有豐富的鮮味成分「麩胺酸」，適合拿來燉煮蔬菜湯的湯頭。

解凍方法

冷凍狀態下直接烹煮，顏色能夠維持翠綠，而且不流失美味。

凍 1個月（生食） 藏 10天（生食）

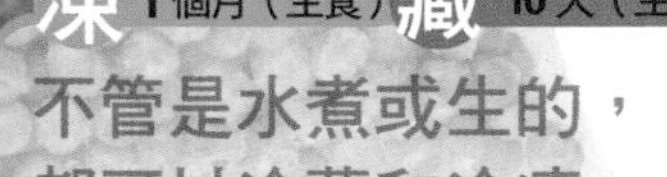

把豆仁從豆莢拿出來單獨冷凍。鹽水煮過之後冷凍，可保存2週，冷藏可保存3天。

・冷凍狀態下加入燉飯（炊飯）。會保留鬆軟的口感。

豌豆泥

材料與做法（2人份）

❶鍋中放入100公克冷凍豌豆仁和1/3量杯的冷開水，煮到豌豆仁變軟，用湯勺等工具壓成泥。

❷加入2大匙牛奶，以小火加熱，再加入2撮鹽*、少許胡椒調味。

※水分如果煮到太乾，可以加入少量冷開水或牛奶調整。

*編注：日本食譜中的「撮」，通常是指拇指、食指、中指這三根手指頭捏起來的份量。

營養成分（可食用部分每100g）

熱量	93大卡
蛋白質	6.9公克
脂質	0.4公克
碳水化合物	15.3公克
礦物質	
鈣	23毫克
鐵	1.7毫克
維生素A β-胡蘿蔔素RE	420微克
維生素B_1	0.39毫克
維生素B_2	0.16毫克
維生素C	19毫克

秋葵

流通時期

1 2 3 4 5 6 7 8 9 10 11 12

常溫	冷藏	乾燥	冷凍
×	△	○	○

冷凍再切，就不會黏答答！

日本的九州與四國一整年都有栽種，不過產季主要是夏天。秋葵的黏液裡含有能夠淨化腸道的膳食纖維，也含有大量可抗氧化的β-胡蘿蔔素、促進熱量代謝的維生素B群等。

凍 1個月 藏 4天

灑鹽冷凍保存

灑鹽，裝入塑膠袋冷凍。使用前無須解凍，直接切小段烹調即可。當然，也並非都能夠切小段，可配合食譜切成適合的形狀。冷凍秋葵能夠保持翠綠，而且不流失美味。

- 拿菜刀切時，不會弄得黏答答，可輕鬆烹調。
- 口感與味道都與生秋葵相同。

不切掉蒂頭，直接保存

切掉蒂頭，水就會從切口跑進去，造成水溶性營養成分流失，而且食材也會變得水水的。

營養成分（可食用部分每100g）

項目	含量
熱量	30大卡
蛋白質	2.1公克
脂質	0.2公克
碳水化合物	6.6公克
礦物質	
鈣	92毫克
鐵	0.5毫克
維生素A β-胡蘿蔔素RE	670微克
維生素B_1	0.09毫克
維生素B_2	0.09毫克
維生素C	11毫克

秋葵
魩仔魚香鬆

材料與做法（方便製作的份量）

❶平底鍋內放入1大匙魩仔魚乾，稍微炒乾水分後，加入4～5根**秋葵乾**、1茶匙芝麻、1/2大匙醬油、1茶匙味醂調味即可。

※此食譜使用的是將生秋葵切成薄片後，日曬1天的秋葵乾。

市面冷凍食品所發展出的技術

最近的冷凍食品變好吃了

日本的冷凍食品事業始於距今一百年前。最早是北海道捕上岸的漁獲，會在當地冷凍保存。

到了戰後，因為學校營養午餐、南極觀測隊的食材、東京奧運選手村的餐廳等採用，這種流通方式逐漸被推廣出去。

隨著家用微波爐的普及率提高，冷凍食品也成為日常生活隨處可見的產品。不過早期的冷凍食品一解凍就會出水、口感不佳，民眾滿意度普遍不高。

但是，最近幾年的商品，在種類與味道上都有驚人的提升。

市售的冷凍食品，與自家冷凍保存的食材有何不同？

首先，家庭的冰箱冷凍室大約是-18℃，適合保存早已結凍的產品，但仍需要花費時間使食材結凍。

市售的冷凍食品利用「急速結凍」技術，一口氣就能結凍到-40 ～ -30℃的低溫。在快速結凍的狀況下，食材在凍結階段形成的冰晶小，為食材結構帶來的破壞也少。解凍後，水分和鮮味也不易流失。換句話說，這就是能夠保持美味的原因。

利用最近熱門的「汆燙」方式，蔬菜也會更加好吃

目前的冷凍食品是以鮮採蔬菜急速冷凍製成。毛豆等食材，有些冷凍食品的鮮度與味道甚至比鮮採的更好。這是因為，業者開發出一種技術——在急速冷凍前先加熱「汆燙」。

冷凍前加熱能夠軟化組織，比起直接冷凍生蔬菜，這樣做對於細胞組織的破壞能夠降至最低。另外還能夠抑制酵素活性化，防止變色、口感劇烈改變、損傷，也有殺菌效果。

這個汆燙技巧，在一般家庭也能使用。

完美搭配「事前準備」、「保鮮袋的使用方式」等事項，一定能夠提升自家冷凍保存的水準。

蔬菜

茄子

流通時期

常溫	冷藏	乾燥	冷凍
△	○	○	○

整顆冷凍能夠縮短烹煮時間！

因為採溫室栽種，所以一整年都能在市面上流通，不過經過強烈日曬的果實顏色比較漂亮，因此夏初～秋天露天栽種的茄子最為美味。不同地區也有不同品種的茄子，這些全都沒有特殊味道，因此容易與其他食材結合，也容易入味。水茄子的澀味特別少，因此也可以生吃。

可食用部分 **95**% 只丟棄蒂頭

凍 1個月　藏 1週　常 1～2天　乾 1個月

蒂頭和外皮都保留

不切除蒂頭與外皮，直接裝進塑膠袋裡冷凍或冷藏。切掉蒂頭的話，營養和水分就會從切口流失。

・冷凍的話，口感會變得濕潤。做成淺漬*，更容易入味。

＊編注：「淺漬」是日本的醬菜醃漬方式之一，能夠短時間完成，無須放隔夜。

毛豆泥拌茄子

材料與做法（方便製作的份量）

❶2顆冷凍茄子以熱水汆燙到變軟。瀝乾後放涼，徒手撕成直條，再繞圈淋上1/2大匙醬油、1/2大匙料理酒。

❷取1/2量杯帶殼毛豆以熱水煮軟後放冷，從豆莢取出毛豆仁，剝掉薄膜，切成粗末，放進研磨缽大略磨碎，再加入1/2大匙白糖、少許鹽調味（太硬可以加水，調整成泥狀）。

❸稍微擰乾茄子，加進②裡大略攪拌即可。

營養成分（可食用部分每**100g**）

項目	含量
熱量	22大卡
蛋白質	1.1公克
脂質	0.1公克
碳水化合物	5.1公克
礦物質	
鈣	18毫克
鐵	0.3毫克
維生素A β-胡蘿蔔素RE	100微克
維生素B_1	0.05毫克
維生素B_2	0.05毫克
維生素C	4毫克

解凍方法

泡冷開水30秒～1分鐘，就能夠以菜刀輕鬆切開，又能確實保有茄子特有的水嫩與香氣。冷凍過的茄子，口感會變濕潤，直接做成淺漬或加入味噌湯都很好吃。退冰時泡水泡太久的話，營養會流失，這點務必留意。

微波爐蒸茄
佐香薑醬

材料與做法（2人份）

❶2顆冷凍茄子泡冷開水30秒～1分鐘，把外皮剝出直條紋花樣，抹上少許鹽巴再洗掉，不用瀝乾，直接拿保鮮膜包住。

❷微波加熱①3分鐘之後，繼續包著保鮮膜放涼。準備蒜末與薑末各1/2茶匙、蔥末1/2根的量、醬油1茶匙、醋與麻油各1大匙，混合均勻，做成香薑醬。

❸茄子撕成4條盛盤，淋上香薑醬。

品種

市面上一年四季都能買到的茄子，稱為「中長茄」。
夏天到秋天，日本各地露天栽種的茄子就會上市，風味與口感都比溫室栽培的茄子更好。

＊編注：臺灣市面上主要以長茄為主。

斑馬茄

來自義大利的品種，外皮有類似斑馬的美麗直條紋。果肉紮實，加熱後有獨特的口感。不適合生吃。

白茄

缺乏紫色素的白色茄子。在國外稱為「白蛋茄」。果肉偏硬，加熱後就會變軟爛。適合油煎。

青茄

成熟後也只是黃綠色，加熱就會變軟。適合以味噌串燒或熱炒的方式烹調。

米茄

日本用大型的美國種茄子改良而成的品種。特徵是蒂頭為綠色。外皮、果肉都很硬，適合燉煮等加熱烹調的方式。

長茄

西日本常吃的代表性品種，外皮與果肉都很軟。九州甚至有超過40公分長的品種。

蔬菜

南瓜

流通時期

	1	2	3	4	5	6	7	8	9	10	11	12

常溫	冷藏	乾燥	冷凍
○	○	×	○

種籽和瓜瓤都不要丟掉。

包括進口南瓜在內，南瓜是一整年都很容易買到的蔬菜。採收之後經過催熟，可以增加甜味，因此新鮮的南瓜不見得好吃。市面上流通的多半是甜味強的西洋南瓜，其他還有水分多且清爽的日本南瓜、櫛瓜等美洲南瓜，諸如此類的南瓜品種。

可食用部分 **90**%
種籽和瓜瓤皆可使用

種籽和瓜瓤要去除乾淨

拿掉種籽和瓜瓤，切成一口的大小裝進塑膠袋冷凍。烹調前無須解凍，可直接使用。水煮後壓成南瓜泥冷凍的話，可以直接做成南瓜湯或可樂餅的內餡，十分方便。

- **冷凍南瓜水煮之後，甜度會增加，口感很飽滿。**
- **瓜瓤也可以冷凍保存，用來替咖哩提味。**
- **冷凍南瓜直接使用，與油脂結合，能夠提升脂溶性維生素的吸收率。外皮的β-胡蘿蔔素含量是果肉的3倍，因此要連皮使用。**

解凍方法

無須解凍，可直接以冷凍狀態燉煮。

營養成分（可食用部分每**100g**）

項目	含量
熱量	91大卡
蛋白質	1.9公克
脂質	0.3公克
碳水化合物	20.6公克
礦物質	
鈣	15毫克
鐵	0.5毫克
維生素A β-胡蘿蔔素RE	4000微克
維生素B_1	0.07毫克
維生素B_2	0.09毫克
維生素C	43毫克

香辣甜醋漬南瓜

材料與做法（方便製作的份量）

❶200公克**冷凍南瓜**放入耐熱容器，覆上保鮮膜，微波加熱2分鐘。加熱到稍微變軟後，切成5公釐粗的細條。紅辣椒去籽，切成小段。

❷在調理盆內放入3大匙白醋、2大匙白糖、1/4茶匙鹽與①，醃漬半天就完成了。

品種

夏季採收的南瓜，有時能夠在市面上流通好幾個月。而日本的西洋南瓜，也多半是來自國外的進口貨。進口南瓜可能有收成後處理*的風險，因此烹煮之前，外皮要確實清洗乾淨。

＊編注：收成後處理（Post-Harvest Treatment）是指作物採收之後，使用殺菌劑或防黴劑等，防止運送過程中腐壞。

西洋南瓜

黑皮栗子南瓜

西洋南瓜最具代表性、也是最常在市面上看到的品種。質地如栗子般鬆軟，有甜味，適合用於各種料理上。

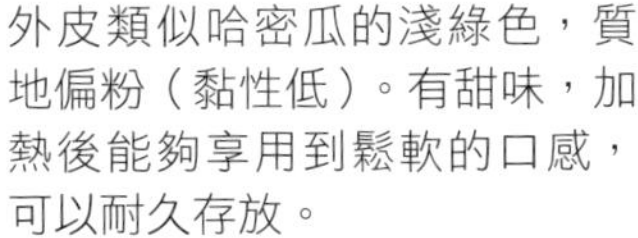

白皮栗子南瓜

外皮類似哈密瓜的淺綠色，質地偏粉（黏性低）。有甜味，加熱後能夠享用到鬆軟的口感，可以耐久存放。

小少爺南瓜

質地偏粉（黏性低）的日本南瓜，胡蘿蔔素的含量特別多。只須整顆用微波爐（500W）加熱7～8分鐘，就能輕鬆完成烹煮。

日本南瓜

黑皮南瓜

日本南瓜的代表品種。堅硬的深綠色外皮一旦成熟，就會局部變成紅色。在日本宮崎縣稱之為「日向南瓜」。

奶油南瓜

擁有獨特的葫蘆外型，表皮是奶油色。甜味強，質地偏黏，適合煮湯。近年來人氣很高。

美洲南瓜

美洲南瓜

屬於觀賞用的南瓜，也被稱為「玩具南瓜」。顏色與形狀種類豐富，經常用來當作萬聖節的裝飾品。

小技巧：種籽烤過之後，剝開取瓜子仁使用

種籽分散放在耐熱容器裡，微波加熱4～5分鐘，剝開取出瓜子仁，可以加在餅乾裡或撒在湯上。

蔬菜

小黃瓜

流通時期

1 2 3 4 5 6 7 8 9 10 11 12

常溫	冷藏	乾燥	冷凍
○	○	◎	○

可食用部分 100%

不是只有生吃才美味。

夏季的代表性蔬菜之一。在市面上一整年都能看到的小黃瓜，是以溫室栽種；夏初～秋天流通的，則是露天栽種的。除了生的做成沙拉和醋漬之外，用在熱炒等料理上也很美味。

軟趴趴的小黃瓜如何使用？

變軟的小黃瓜，加熱食用比直接生食好，能夠享用獨特的口感，也適合用來做醬油漬等醃漬品。

乾 2週（冷藏） 藏 1週 常 4天

切開之後直接日曬

不灑鹽，直接放在室外曬1天太陽，就能去除掉恰到好處的水分。水分去除後，就可以不用抹鹽直接烹調，十分方便。

・**乾燥小黃瓜適合加鹽熱炒，也適合加豆腐做成涼拌料理。**

凍 2週

冷凍做成醋漬

去掉種籽和瓜瓤，切成方便入口的大小後冷凍。

・**冷凍後雖然會喪失爽脆口感，但能夠減少草味。**

・**冷凍小黃瓜適合做醋漬，利用醋的效果可阻止裡面的維生素C氧化。**

解凍方法

小黃瓜原本就是水分多的蔬菜，從冷凍室取出後要立刻使用，成品才會好吃，不能放著退冰。冷凍小黃瓜放著不處理，就會變得軟爛。

營養成分（可食用部分每100g）

項目	含量
熱量	14大卡
蛋白質	1.0公克
脂質	0.1公克
碳水化合物	3.0公克
礦物質	
鉀	200毫克
鈣	26毫克
鐵	0.3毫克
維生素A β-胡蘿蔔素RE	330微克
維生素B_1	0.03毫克
維生素B_2	0.03毫克
維生素C	14毫克

速成冷湯

材料與做法（1人份）

❶2片青紫蘇、1/2個蘘荷都切絲。

❷調理盆中放入1大匙磨碎的白芝麻、1.5公克柴魚片、1/2大匙味噌，一邊慢慢加入1量杯的冷開水一邊混合均勻。

❸把1/4根量切成薄片冷凍的小黃瓜、①、2顆去蒂頭的小番茄都加入②，混合均勻。

❹放入冰箱冷藏室冰到涼透。

品種

市面上一整年都能看到小黃瓜，不過其中又屬夏初到秋季的露天栽種小黃瓜風味最佳。

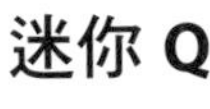

迷你Q

長度約9～10公分的無刺疣迷你小黃瓜。為了製作酸黃瓜而研發出來的品種，味道溫和，也推薦生吃。

馬込半白小黃瓜

日本關東大多種來製作醃漬製品使用的傳統品種。一九〇〇年左右，在東京都大田區馬入一帶進行改良的半白小黃瓜。果肉綿密柔軟，最適合製作米糠醬菜。

白黃瓜

淺綠色的白色小黃瓜。沒有小黃瓜原有的苦味和草味，很順口，適合做成沙拉與醃漬製品。

華北系白刺疣種

鮮綠色的外皮上有白色刺疣。皮薄，主要用於生食。華北系是在十七～十九世紀傳進日本的品種。

四川

中國種小黃瓜「四葉」的改良種。表面凹凸不平，香氣與滋味濃郁，口感也佳。除了生吃之外，也推薦做成醃漬製品。

蔬菜

苦瓜

可食用部分 99% 只丟棄蒂頭

流通時期 1 2 3 4 5 6 7 8 9 10 11 12

常溫	冷藏	乾燥	冷凍
△	○	○	○

瓜瓤與種籽也都很美味！

日本沖繩一年四季都可栽種，不過主要的產季是夏季。原產於熱帶亞洲，一般吃的青苦瓜是尚未成熟的果實，苦味成分主要在果皮，白色瓜瓤的部分幾乎沒有苦味。瓜瓤所含的維生素C是果肉的1.7倍之多，因此最好盡量保留瓜瓤烹煮食用。

凍 1個月（整顆）／3週（切開）

建議整顆完整保存

不切開，整顆裝進塑膠袋裡冷藏或冷凍保存；或是拿掉種籽和瓜瓤，切成方便入口的大小後冷凍。

- 冷凍的苦瓜能夠減少苦味。
- 整顆冷凍的苦瓜可以切成圓片，連同瓜瓤和種籽一起油炸成天婦羅。

解凍方法

以流動的清水大略洗過後，用菜刀就能順利切開冷凍的苦瓜。對半剖開就能夠輕鬆拿掉種籽和瓜瓤，十分方便。切完就這樣放在常溫環境不處理的話，水分會流失，使苦瓜變得軟綿，所以用鹽搓揉做成淺漬，就能夠快速入味。取下的瓜瓤也別丟掉，可以一起使用。汆燙之後，維生素C幾乎都會流失，所以不可以先燙過。

營養成分（可食用部分每100g）

項目	含量
熱量	17大卡
蛋白質	1.0公克
脂質	0.1公克
碳水化合物	3.9公克
礦物質	
鈣	14毫克
鐵	0.4毫克
維生素A β-胡蘿蔔素RE	210微克
維生素B_1	0.05毫克
維生素B_2	0.07毫克
維生素C	76毫克

漬 3～4天（冷藏）

味噌漬苦瓜

材料與做法（方便製作的份量）

❶1條苦瓜對半縱切，拿掉種籽和瓜瓤，切成5公釐厚的薄片。
❷把①放入塑膠袋，加入2大匙味噌、1大匙蜂蜜，搓揉均勻，再排出空氣，密封塑膠袋。
❸放入冰箱冷藏半天以上，即可享用。

簡單涼拌菜

材料與做法（方便製作的份量）

❶1/2條冷凍苦瓜放在常溫下，退冰後切成薄片，擠掉水分。

❷調理盆中放入1塊油豆腐，徒手壓碎。

❸把2大匙味噌與1大匙蜂蜜混合後，加入①和②拌勻。

炸苦瓜

材料與做法（2人份）

❶調理盆裡放入白麵粉、冷開水各2大匙，做成炸衣用的粉漿。

❷準備1/2條切成薄片的冷凍苦瓜，裹上①的粉漿。

❸以平底鍋加熱適量的沙拉油，放入②油炸。

品種

沖繩回歸日本*之後，沖繩的蔬菜開始在日本全國各地栽種。

即使是屬於夏季的蔬菜，苦瓜在西日本也可以用溫室栽種，一整年都流通在市面上。

＊編注：日本政府於一九五一年簽署《舊金山和約》同意由美國託管沖繩，直到一九七一年美日雙方簽署《沖繩返還協定》，美國才將沖繩的行政權歸還日本。

絲瓜

日本沖繩、奄美大島在盛夏缺乏蔬菜的時期，就會採收20公分長的絲瓜幼果食用。味噌風味的水炒「味噌絲瓜」是最具代表性的菜色。

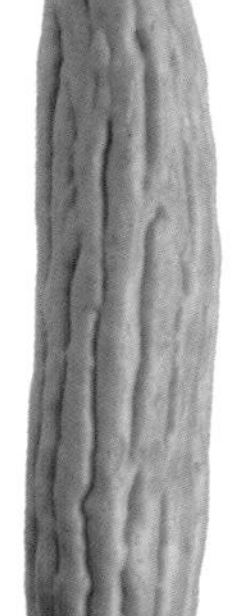

平滑山苦瓜

外皮沒有瘤粒凸起，屬於表面平滑的苦瓜。果長偏長，約25公分。苦味比一般苦瓜少，吃起來較順口。

薩摩大長苦瓜

從二十世紀初期開始，於日本鹿兒島縣境內栽種的品種。外型比一般苦瓜細長，苦味較強，果肉偏硬，口感很好。通常是切成薄片，以熱水煮過後使用。

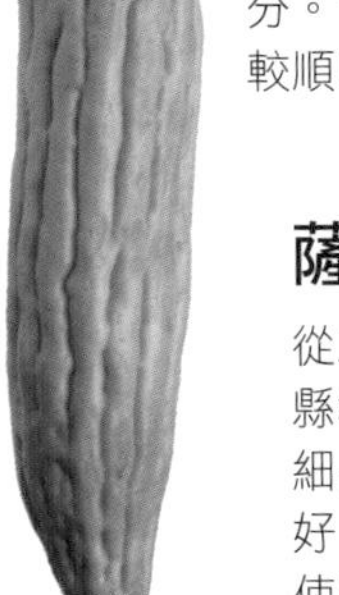

稜角絲瓜

又稱為十角瓜，因其外型有十條明顯凸起的稜；是東南亞常吃的絲瓜近親品種，具有獨特的外型與口感。以熱炒或燉煮方式烹煮，果肉會產生黏性。

白色山苦瓜

瘤粒成圓形，果長約15公分的白色苦瓜，也稱為沙拉苦瓜。苦味少，因此適合生吃。

網走苦瓜

沖繩的原生種，特徵是外型飽滿渾圓，果肉厚且苦味少，多汁順口。生吃或煮過再吃都很美味。

雲南木鱉

不是苦瓜，不過是苦瓜的近親（編注：葫蘆科苦瓜屬）。果實呈橢圓形，表面有一層軟刺；含有豐富的維生素C。幾乎沒有苦味，通常用於沙拉與熱炒。

冬瓜

流通時期

1 2 3 4 5 6 7 8 9 10 11 12

常溫	冷藏	乾燥	冷凍
○	○	×	○

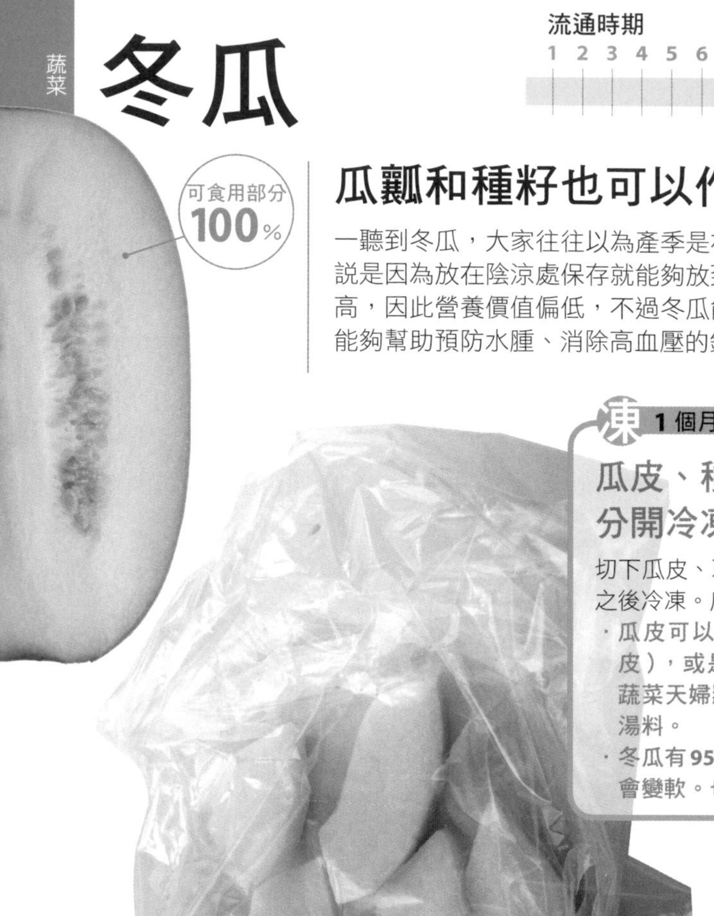

可食用部分 100%

瓜瓤和種籽也可以作為湯料。

一聽到冬瓜，大家往往以為產季是在冬天，事實上它是夏天的蔬菜。據說是因為放在陰涼處保存就能夠放到冬天，所以才稱為冬瓜。水分比例高，因此營養價值偏低，不過冬瓜能夠幫助排出體內鹽分，也含有較多能夠幫助預防水腫、消除高血壓的鉀。

凍 1個月 藏 1個月（整顆）／5天（切開）

瓜皮、種籽、瓜瓤分開冷凍

切下瓜皮、取出種籽和瓜瓤，切成方便入口的大小之後冷凍。瓜皮切成絲，種籽和瓜瓤也分別冷凍。

- 瓜皮可以加入白糖和醬油炒成小菜（金平冬瓜皮），或是水煮做成醋漬、淺漬醬菜，或是炸成蔬菜天婦羅。種籽和瓜瓤則可以當作味噌湯等的湯料。
- 冬瓜有95%都是水分，因此冷凍保存之後，口感會變軟。也推薦利用這項特性做成涼拌菜或湯。

解凍方法

放在常溫環境下解凍，冬瓜會變得軟爛，所以不退冰直接使用，正是維持美味的祕訣。

常 半年（整顆／陰涼處）

明明是夏季蔬菜卻能放到冬天，故名為「冬瓜」

用報紙等紙張包好，放在通風良好的陰涼處等室內最涼爽的位置保存。

營養成分（可食用部分每100g）

項目	含量
熱量	16大卡
蛋白質	0.5公克
脂質	0.1公克
碳水化合物	3.8公克
礦物質	
鉀	200毫克
鈣	19毫克
鐵	0.2毫克
維生素B_1	0.01毫克
維生素B_2	0.01毫克
維生素C	39毫克

冬瓜雞翅湯

材料與做法（4人份）

1. 先將8隻雞翅灑上1茶匙鹽，靜置約15分鐘。
2. 鍋裡裝入1公升的冷水與①，以大火加熱，煮滾後轉中小火煮20分鐘。
3. 在②中加入200公克的冷凍冬瓜，繼續煮10分鐘。
4. 盛盤，灑上少許粗磨黑胡椒。

常溫	冷藏	乾燥	冷凍
△	○	○	○

流通時期
1 2 3 4 5 6 7 8 9 10 11 12

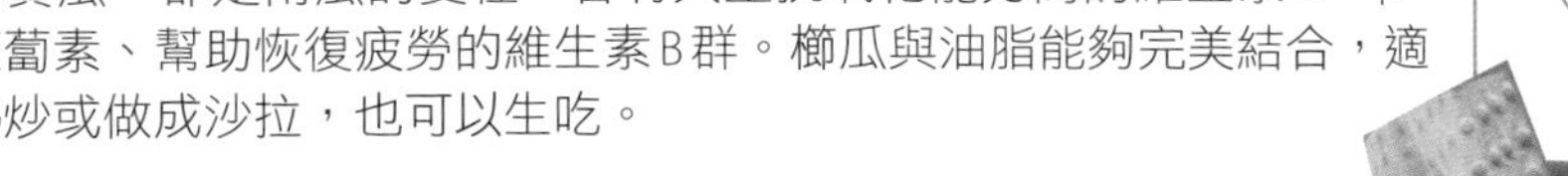

櫛瓜

可食用部分 100%

冷凍也好用的萬能食材！

溫室栽種的櫛瓜一年四季都能買到，不過它的產季是在夏天。外型類似小黃瓜，卻是南瓜的變種。含有大量抗氧化能力高的維生素C、β-胡蘿蔔素、幫助恢復疲勞的維生素B群。櫛瓜與油脂能夠完美結合，適合熱炒或做成沙拉，也可以生吃。

凍 1個月（整條） **藏** 10天（整條）

以濕的廚房紙巾包好，裝塑膠袋保存

整條保存時，可用濕的廚房紙巾包好，裝塑膠袋放冷凍。若要切成圓片或半圓片等方便使用的大小冷凍保存時，因為櫛瓜水分多，容易黏在一起，所以不要疊放。

- 做成熱炒時，使用冷凍櫛瓜更容易炒熟，很方便。
- 冷凍的口感與生吃的口感相同。
- 櫛瓜所含的維生素C加熱後會流失，因此最推薦生吃。

解凍方法

放在常溫環境解凍，櫛瓜就會變得軟爛，因此冷凍狀態直接使用，正是美味的祕訣。在常溫下放約1分鐘，就能夠用菜刀切開。

漬 3～4天（冷藏）

鹽漬櫛瓜

材料與做法（方便製作的份量）

❶1條櫛瓜（約200公克）與1/2顆檸檬切成2公釐厚的圓片。
❷把①裝進塑膠袋中，加入1/2茶匙的鹽，搓揉混合均勻。
❸等到櫛瓜出水變軟後，放入冰箱冷藏30分鐘以上。

鹽炒櫛瓜

材料與做法（方便製作的份量）

❶1條冷凍櫛瓜切成薄片。
❷把平底鍋燒熱，倒入2茶匙麻油潤鍋，加入①以大火快炒，再加入少許的鹽、胡椒調味。

營養成分（可食用部分每100g）

熱量	14大卡
蛋白質	1.3公克
脂質	0.1公克
碳水化合物	2.8公克
礦物質	
鉀	320毫克
鈣	24毫克
鐵	0.5毫克
維生素A β-胡蘿蔔素RE	320微克
維生素B_1	0.05毫克
維生素B_2	0.05毫克
維生素C	20毫克

蔬菜

玉米

流通時期

1 2 3 4 5 6 7 8 9 10 11 12

常溫	冷藏	乾燥	冷凍
△	△	×	○

玉米的鮮度是關鍵，應盡速冷凍。

6月左右起就能在市面上看到玉米，直到9月都可以享用這種夏季蔬菜。玉米在採收後，甜度就會逐漸下降，因此最好現採現吃，或是盡快烹調。玉米是熱量特別高的蔬菜，而且含有豐富的醣類、維生素B_1、B_2、鉀等。

可食用部分 60%
玉米鬚也可利用

凍 1個月／2個月（整根帶葉保存）

最好是帶葉冷凍保存

玉米粒可以水煮或生食的狀態裝進塑膠袋裡冷凍。玉米採收下來，營養就會逐漸流失，所以買來後要立刻冷凍；也可帶葉整根裝進塑膠袋冷凍保存。

・玉米粒：只取下需要用到的份量，可拌入蛋裡做成煎蛋捲，或是作為沙拉配料。

藏 3天

凍 1個月

水煮做成泥狀冷凍

水煮玉米用果汁機或調理機等打成泥狀，裝進塑膠袋冷凍保存。可以直接徒手折下需要的份量使用。與熱牛奶混合在一起的話，就變成玉米濃湯。

・冷凍的玉米泥可以保存約1個月。

解凍方法

帶葉冷凍的玉米，剝葉退冰後如果沒有立刻使用，風味就會變差。

營養成分（可食用部分每100g）

項目	含量
熱量	92大卡
蛋白質	3.6公克
脂質	1.7公克
碳水化合物	16.8公克
礦物質	
鉀	290毫克
鈣	3毫克
鐵	0.8毫克
維生素A β-胡蘿蔔素RE	53微克
維生素B_1	0.15毫克
維生素B_2	0.10毫克
維生素C	8毫克

速成玉米湯

材料與做法（方便製作的份量）

鍋中放入1量杯的冷凍玉米泥與1量杯的牛奶後加熱，加入少許的鹽、胡椒調味。盛盤後灑上適量的巴西里等香料。

用平底鍋就能輕鬆完成！蒸煮玉米

材料與做法（方便製作的份量）

❶2根玉米摘掉葉子。
❷平底鍋裡加入1/2量杯的水、1/3茶匙的鹽，等鹽融化後放入玉米。
❸加熱煮到水滾後蓋上鍋蓋，以中大火繼續煮5～6分鐘。
❹煮到水分完全煮乾就完成了。

品種

生玉米只在夏季的採收期流通。鮮度一旦降低，甜度也會跟著減少，因此新鮮玉米必須趁早水煮後保存。

蜂蜜玉米

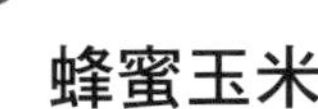

甜玉米的代表品種，也稱為黃金玉米。事實上是橙黃色而且帶有光澤，十分受到歡迎。

雙色玉米

甜玉米的品種之一。黃色與白色這兩種顏色以3：1的比例混合而成。水分多，甜味強。

味來

顆粒有光澤，帶有水果般甜味的品種，柔軟且多汁。新鮮的味來玉米甚至可以直接生吃。

玉米筍

生食用玉米的幼小果穗。一年四季都有玉米筍的水煮罐頭在市面上流通，不過一到產季就能看到新鮮的玉米筍。

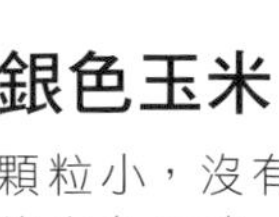

銀色玉米

顆粒小，沒有光澤的白色玉米。特徵是玉米葉柔軟，甜度高。可生吃，也適合做成沙拉等。

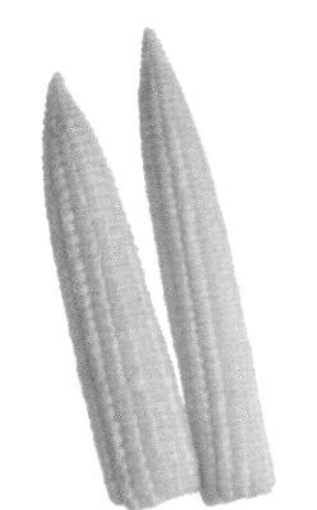

八列玉米

北海道固有品種，產季在7月下旬～9月下旬。特徵是環繞玉米芯的顆粒為八排並列。玉米粒呈黃色，而且又大又硬。甜度較低，因此推薦用鹽水煮過後，沾醬油烤到焦香再食用。

毛豆

流通時期

1 2 3 4 5 6 7 8 9 10 11 12

常溫	冷藏	乾燥	冷凍
△	△	×	◎

可食用部分 50% 丟棄豆莢

買來後請立刻冷凍。

毛豆為7～10月在市面上流通的夏季蔬菜。含有促進酒精代謝的成分，以及提高肝臟功能的成分，因此經常被當作下酒菜。亞洲人長久以來習慣吃這種尚未成熟的大豆，不過近年來歐美也逐漸開始熟悉「EDAMAME」（毛豆的日文發音）。

凍 1個月 藏 2～3天

水煮放涼後保存

帶殼水煮放涼後裝袋，或以生食的狀態直接裝進塑膠袋冷凍、冷藏。以生食狀態冷藏保存的話，甜味與鮮味會立刻降低，因此較不推薦。比較建議立刻冷凍保存；或是以熱水煮熟後放量，取掉豆莢，把毛豆仁裝進塑膠袋冷凍。烹調或用來配色都可以派上用場。

- 冷凍水煮的毛豆可用在煎蛋捲、飯糰、涼拌豆腐、醋漬醬菜等。
- 水煮後的毛豆，會流失維生素，因此建議在冷凍狀態下直接蒸煮。

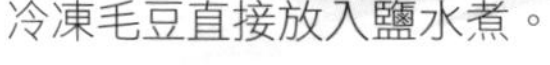

解凍方法

冷凍毛豆直接放入鹽水煮。

毛豆飯糰

材料與做法（1人份）

準備1碗熱白飯和20公克去殼的水煮冷凍毛豆仁，拌勻做成鹹味飯糰。

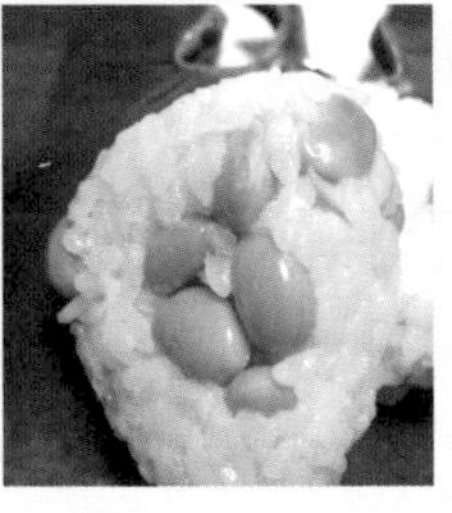

營養成分（可食用部分每100g）

項目	含量
熱量	135大卡
蛋白質	11.7公克
脂質	6.2公克
碳水化合物	8.8公克
礦物質	
鈣	58毫克
鐵	2.7毫克
維生素A β-胡蘿蔔素RE	260微克
維生素B_1	0.31毫克
維生素B_2	0.15毫克
維生素C	27毫克

漬 3～4天（冷藏）

毛豆鮮味漬

材料與做法（方便製作的份量）

❶200公克帶殼的冷凍毛豆抹上少許鹽巴（另外準備）搓揉之後，以熱水煮約3分鐘，用篩網撈起，以流動的水冷卻後瀝乾。1個蘘荷、5公克嫩薑切絲。

❷在塑膠袋裡放入①和1根去籽的紅辣椒，加入1/2茶匙的鹽搓揉均勻後，排出空氣，密封塑膠袋。

❸放入冰箱冷藏30分鐘以上。

品種

一般市面商品是從採下豆莢後直接裝袋。而在地小農的做法，則是連同植株的枝綁成一束，不但能保持鮮度，而且風味更加濃郁。

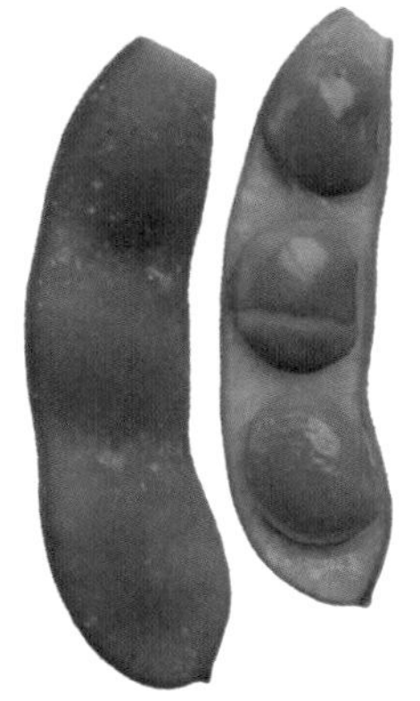

達達茶豆*

產季／8月中旬～9月上旬
日本山形縣鶴岡市地區特產的品種。豆莢有褐色細毛，有類似玉米的獨特香味與甜味。

＊編注：原文「だだちゃ」是當地方言「爸爸」的意思。「茶豆」是毛豆的一種，只是顏色偏褐色。

白毛毛豆

毛豆是尚未成熟的大豆果實。新鮮的毛豆豆莢是鮮綠色，而且外型渾圓飽滿。帶枝採收的鮮度更好。

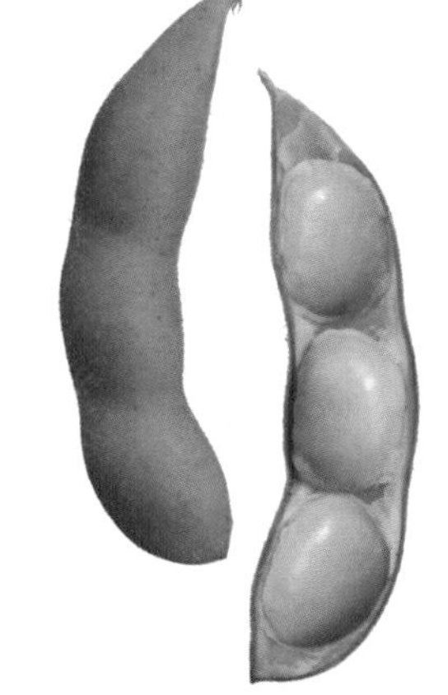

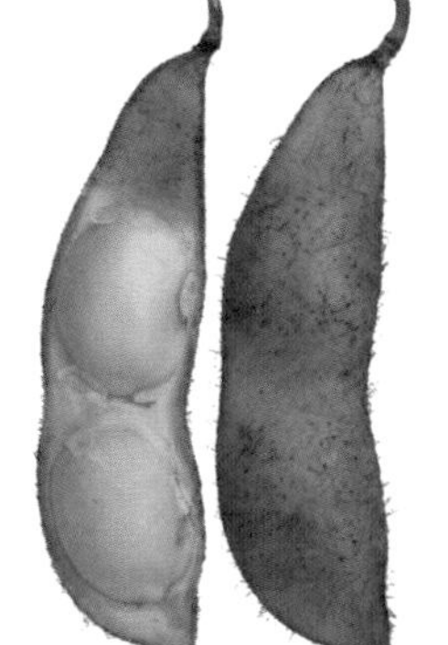

丹波黑大豆

產季／10月
日本丹波地區的特產。日本年菜吃的黑豆的未熟果。顆粒大，滋味飽滿甘甜，人氣很高。流通在市面上的時期較晚。

湯上娘

極受歡迎的品種，一般呈綠色，卻有茶豆般的芳香。帶甜味，風味濃郁，水煮後呈鮮綠色。

紫頭巾

產季／9月
從鮮味濃厚的丹波黑大豆改良出來的品種。皮薄，看起來就像戴著淺紫色的頭巾。顆粒大，口感紮實，濃郁甘甜。

肴豆

晚生種*，而且是秋初上市的品種，香氣強烈而且美味。名稱的由來據說是因為水煮後香氣迷人，讓人忍不住想喝酒。

＊編注：晚生種是指從作物定植到採收的時間很長。作物根據收成期的早晚，可分為極早生種、早生種、中生種、中晚生種及晚生種。

三河島毛豆

產季／8月中旬～9月下旬
以前日本全國都有種植，現在以江戶東京蔬菜之姿再度復活。顆粒大，是甜味很高的中生種*毛豆。

蔬菜

蠶豆

流通時期

1 2 3 4 5 6 7 8 9 10 11 12

常溫	冷藏	乾燥	冷凍
△	△	×	○

可食用部分 60% 只丟棄豆莢

買回來立刻冷凍，可維持鮮度。

蠶豆是3～6月會在市面上流通的春季蔬菜。與其他豆類相同，除了含有豐富的植物性蛋白質之外，也有大量的維生素B_1、B_2、C、鉀等。4月正當季的蠶豆十分水嫩，只須用鹽水煮等簡單的烹調方式；6月快要過季的蠶豆水分減少，因此適合煮成濃湯等。

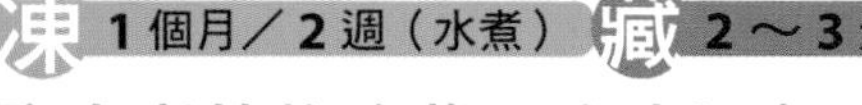

凍 1個月／2週（水煮） 藏 2～3天

鹽水煮熟後冷藏、冷凍保存

鹽水煮熟後，擦乾裝袋，冷凍或冷藏保存。蠶豆一採收下來，鮮度就開始下降，所以建議買來就要立刻烹煮或冷凍。

解凍方法

以冷凍狀態直接用鹽水煮熟。用微波爐解凍，蠶豆會變水水的，因此比較不推薦。汆燙過後，立刻去殼取出蠶豆。

帶殼裝塑膠袋冷凍

不解凍、不去殼，直接用烤爐烤。

・帶殼的冷凍蠶豆直接烘烤，豆香更強烈。

鹽炒蠶豆番茄

材料與做法（2人份）

❶冷凍蠶豆直接用鹽水煮，摘掉薄膜（200公克去膜豆仁）。1顆番茄切大塊。里肌火腿片切成方便入口的大小。1塊嫩薑切末。

❷平底鍋燒熱，倒入2茶匙橄欖油潤鍋，放入薑末翻炒約30秒，再加入番茄、火腿、蠶豆拌炒，加入少許的鹽、適量的粗磨黑胡椒調味。

營養成分（可食用部分每100g）

項目	含量
熱量	108大卡
蛋白質	10.9公克
脂質	0.2公克
碳水化合物	15.5公克
礦物質	
鈣	22毫克
鐵	2.3毫克
維生素A β-胡蘿蔔素RE	240微克
維生素B1	0.30毫克
維生素B2	0.20毫克
維生素C	23毫克

常溫	冷藏	乾燥	冷凍
○	○	×	○

流通時期 1 2 3 4 5 6 7 8 9 10 11 12

核桃

為了避免脂質氧化，必須密封保存。

含有豐富的亞麻油酸、α-亞麻酸等不飽和脂肪酸，能夠使膽固醇、中性脂肪維持正常功能，不過因為熱量很高，必須小心別攝取太多。一天理想份量為一把（約28公克）左右。

常 半年（陰涼處） 凍 1年 藏 半年

保存時要放乾燥劑

把原本商品包裝裡的乾燥劑，一起放入密封罐裡常溫保存。避免核桃所含的脂質氧化十分重要，因此必須盡可能以密封狀態保存。核桃也不耐氣溫變化，所以要保存在沒有陽光直射的固定場所。

・乾煎之後香氣更加強烈，口感也更好。

解凍方法

作為烘焙材料時，可直接使用冷凍核桃，其香氣不會改變。如果是直接吃的話，用平底鍋等稍微炒過，就能夠恢復香氣。

核桃抹醬

材料與做法
（方便製作的份量）

50公克核桃用研磨缽磨碎，加入50公克奶油起司、少許的鹽和適量的胡椒調味，再一點一點加入冷開水調整濃度。

營養成分（可食用部分每100g）

熱量	674大卡
蛋白質	14.6公克
脂質	68.8公克
碳水化合物	11.7公克
礦物質	
鈣	85毫克
鐵	2.6毫克
維生素A β-胡蘿蔔素RE	23微克
維生素B_1	0.26毫克
維生素B_2	0.15毫克

白蘿蔔

常溫	冷藏	乾燥	冷凍
◎	○	○	◎

可食用部分 100%

白蘿蔔是保存食材界的王牌，外皮與葉子都很美味！

一年四季都能夠在市面上看到白蘿蔔，不過白蘿蔔的主要產季在是秋天～冬天。產季的白蘿蔔會更甜更好吃。其根部含有多種酵素，不僅能夠幫助消化碳水化合物、蛋白質和脂質，在胃腸虛弱時、感覺火燒心時，也很推薦吃生的白蘿蔔泥。蘿蔔葉則含有β-胡蘿蔔素、維生素C等營養素。

切掉葉子後冷藏、冷凍保存

保存帶有葉子的白蘿蔔時，要記得把葉子切掉後再保存。否則葉子會吸走白蘿蔔的營養，使其風味變差。

凍 1個月　藏 10天　常 1～2週（陰涼處）

切開後冷凍保存

切成方便烹煮的大小，裝入塑膠袋冷凍。使用前無須解凍，直接烹調。蘿蔔葉用濕廚房紙巾包好，裝進塑膠袋冷藏保存；蘿蔔葉若要冷凍保存的話，直接裝塑膠袋即可。

・冷凍白蘿蔔不會煮爛，而且短時間就能快速入味。

解凍方法

可直接以冷凍狀態使用。從冷凍室取出後，必須盡快使用。

乾 6個月

切成兩種形狀曬乾

一部分切成半月形，另外一部分拿削皮刀削成薄片，再放在室外曬乾。想要長期保存的話，必須曬到完全乾燥。削成薄片的白蘿蔔要攤開來曬，不要重疊，才能比較快曬乾。

營養成分（可食用部分每100g）

熱量	18大卡
蛋白質	0.5公克
脂質	0.1公克
碳水化合物	4.1公克
礦物質	
鈣	24毫克
鐵	0.2毫克
維生素B_1	0.02毫克
維生素B_2	0.01毫克
維生素C	12毫克

白蘿蔔皮葉小炒

材料與做法（方便製作的份量）

❶100公克白蘿蔔皮切成5公分長的細絲，蘿蔔葉適量切成小段。

❷用平底鍋加熱1/2大匙奶油，放入白蘿蔔皮與蘿蔔葉拌炒，等到奶油都吸收進去，再加入少許的鹽和胡椒調味。

蘿蔔葉炒培根

材料與做法（方便製作的份量）

❶1根蘿蔔葉切小段，2片培根切成1公分細絲。

❷以平底鍋加熱適量的沙拉油，先炒培根。

❸炒出培根的油脂之後，放入蘿蔔葉一起炒。

❹蘿蔔葉炒軟後，加入1大匙味噌、1大匙味醂，以及鹽與胡椒各少許，繼續拌炒。完成後灑上適量的白芝麻。

品種

一年四季都有流通市面的是「青頭蘿蔔」，也是夏季能夠採收的品種。白蘿蔔原本是冬季蔬菜，天氣一冷後，風味就會變得更加美味。

櫻桃蘿蔔

十九世紀末～二十世紀初從歐洲傳入日本的迷你白蘿蔔，在日本又稱為「二十日蘿蔔」。有紅皮球形的品種、細長的品種，也有白色迷你蘿蔔的類型。除了根部之外，柔軟的葉子也可以生吃。

青頭蘿蔔

市面上最常看到的品種。由日本愛知縣「宮重蘿蔔」改良而成的萬用蘿蔔。特徵是質地細緻且甘甜，水分多。葉子部分含有豐富的β-胡蘿蔔素、維生素C。

紅皮蘿蔔（Lady Salad）

多數栽種於日本神奈川縣三浦市。外皮呈紅色，裡頭是白肉的小型蘿蔔。主要是利用它紅色的外皮，切成薄片做成沙拉等生食使用。

櫻島蘿蔔

產季／11月下旬～翌年2月

日本鹿兒島的傳統蔬菜。世界最大的白蘿蔔，重量有6公斤以上。最重甚至可達20～30公斤。質地紋理細緻且柔軟，少有辛辣感。生吃或加熱都可以，適合各種料理。

蕪菁

流通時期

2 4 6 7 8 9 10 11 12

常溫	冷藏	乾燥	冷凍
◎	○	○	◎

可以連皮和葉子整顆食用。

雖然市面上一整年都能看到蕪菁，不過盛產期其實是在10月～翌年4月。一般來說，在日本大致上可分為兩大類，東日本栽種的蕪菁是耐寒的小型品種，西日本栽種的則是中型～大型品種。蕪菁的根有維生素C與鉀，葉子則含有β-胡蘿蔔素、維生素B_1、B_2、C、鐵、鈣等。

可食用部分 100%

乾 1週（冷藏）

推薦最簡單的一日天乾法

帶皮切成塊狀之後，放在室外讓陽光烘曬。曬1天，脫水的程度會恰到好處，可直接生吃或當作燉煮材料，適合用在各類料理上。

蕪菁皮的美味吃法

削掉外皮時削厚一點，跟培根一起炒很好吃。

凍 1個月 藏 10天

常 2天（陰涼處）

整顆放冷凍或切開放冷凍均可

蕪菁切掉葉子之後的整顆或切成方便烹調的大小，裝進塑膠袋放冷凍。

- 冷凍的蕪菁口感比生的更柔軟。
- 雖然少了爽脆的口感，不過很容易入味，因此適合做成淺漬和味噌湯等。

蕪菁葉的美味吃法

買到帶葉蕪菁時，要把葉子的部分也切下來保存，否則葉子會吸收營養，影響到蕪菁的風味。

蕪菁葉作為漢堡排、自製雞塊的材料，與絞肉混合在一起很好吃。蕪菁葉切碎加入柴魚片、乾炒過的魩仔魚，也可以變身成美味的配飯香鬆。

營養成分（可食用部分每100g）

項目	含量
熱量	20大卡
蛋白質	0.7公克
脂質	0.1公克
碳水化合物	4.6公克
礦物質	
鈣	24毫克
鐵	0.3毫克
維生素B_1	0.03毫克
維生素B_2	0.03毫克
維生素C	19毫克

味噌肉燥滷蕪菁

材料和做法（2人份）

❶2顆冷凍蕪菁，各切成6等分的塊狀。青蔥切成適量的蔥花。
❷在鍋中放入200公克的冷凍雞肉燥（請見P.201）、1量杯的冷開水，加入①煮軟，再加入1大匙味噌、1大匙味醂調味。繞圈倒入太白粉水（用2大匙太白粉加4大匙冷開水調成）勾芡。
❸盛盤，灑上蔥花和少許白芝麻。

品種

蕪菁屬於冬季露天栽種的蔬菜，因此在春初到秋天這段時期的流通量少。溫暖季節裡看到的蕪菁，都有使用藥劑，所以在烹調前要把葉子清洗乾淨。

金町小蕪菁

產期／10月中旬～翌年3月中旬
江戶東京野菜的代表之一。起源地是東京都葛飾區金町。皮薄、質地細緻、水分多且有甜味。葉子也很順口，沒有怪味。

黃蕪菁

歐洲常見的品種，有黃肉和白肉兩種。質地細緻但偏硬，口感鬆脆且有特殊香氣。不容易煮爛，所以很適合燉煮類的料理。

萬木蕪菁

產期／11～12月
滋賀縣高島市萬木地區的原生種。由紅蕪菁與白蕪菁交配而成，因此兼具兩者的特徵。外皮呈現有光澤的紅色，裡面是白肉，質地有恰到好處的口感。

蕪菁甘藍

又稱為「瑞典蕪菁」。外皮與中央呈鮮豔的橘色，切成圓片做成甜醋漬等都很漂亮。

沙拉蕪菁

帶有甜味，質地柔軟。生吃很順口的品種，適合做成沙拉。

蔬菜

胡蘿蔔

流通時期

1 2 3 4 5 6 7 8 9 10 11 12

常溫	冷藏	乾燥	冷凍
◎	○	○	○

可食用部分 100%

營養豐富且色彩漂亮。

一整年都能買到。大致上分成西方種與東方種兩大類，一般市面上流通的是橘色的西方種。相較於西方種，東方種的顏色較紅、外型細長，在日本新年（元旦）前才會在市面上看到。市售的胡蘿蔔大多都以專業機械去皮，因此在家烹調時，不必再削皮。

乾 1個月（冷藏）

日曬到乾癟的狀態

曬乾用削皮刀削成薄片的胡蘿蔔，比切成圓片的胡蘿蔔更花時間。如果打算長期保存，胡蘿蔔薄片建議要曬到完全乾燥，圓片則是曬到半乾即可。胡蘿蔔乾的口感、鮮味與營養都經過濃縮，用在燉煮或熱炒上很方便。胡蘿蔔薄片為了方便長期保存，建議完全曬乾。

- **胡蘿蔔乾可用在煮湯或燉煮等各種用途。**
- **胡蘿蔔乾於煮飯時放入，就不會有胡蘿蔔的怪味。**

切掉葉子冷藏、冷凍

保存帶葉胡蘿蔔時，必須切掉葉子再保存。否則葉子會吸收營養，破壞胡蘿蔔的風味。

藏 2週　常 4天（陰涼處）

防止乾燥，留住美味

為了避免乾燥，先用廚房紙巾等包住胡蘿蔔，再放入袋子冷藏。蘿蔔葉也是用沾濕的廚房紙巾包好，裝進塑膠袋冷藏。

凍 1個月

切成圓片冷凍

切成方便使用的圓片，裝進塑膠袋放冷凍。

對半縱切後冷凍的胡蘿蔔，無須解凍，直接拿菜刀切片，刀子也不會滑走，可以輕鬆切成想要的形狀。蘿蔔葉直接裝進塑膠袋放冷凍，或是汆燙過還偏硬的狀態下，瀝乾水分放冷凍。

- 馬上放冷凍才能保留鮮豔的顏色，而且也能更快煮熟。

營養成分（可食用部分每100g）

項目	含量
熱量	39大卡
蛋白質	0.7公克
脂質	0.2公克
碳水化合物	9.3公克
礦物質	
鈣	28毫克
鐵	0.2毫克
維生素A β-胡蘿蔔素RE	8600微克
維生素B_1	0.07毫克
維生素B_2	0.06毫克
維生素C	6毫克

品種

日本全國各地在不同季節都有栽種，因此一年四季都會在市面上看到胡蘿蔔，而且幾乎都是西方品種；經過品種改良的胡蘿蔔較順口，少有胡蘿蔔特有的怪味。

金時胡蘿蔔

多半用在日本年菜上的東方品種。根長約30公分，顏色呈深紅色，連中心都是鮮豔的紅色。肉質柔軟，具有強烈的甜味與香味。多數種植在日本香川縣，卻屬於大阪的傳統蔬菜。

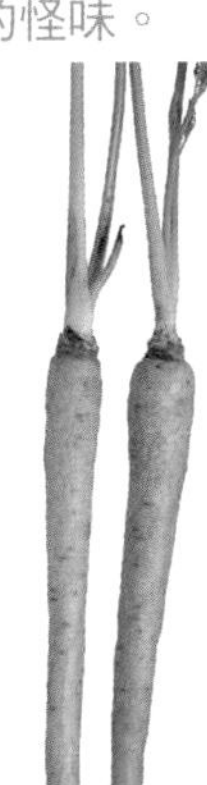

島胡蘿蔔

產期／11月～翌年3月

沖繩自古就有的原生種。這種細長的黃色蘿蔔外型類似牛蒡，肉質柔軟，有胡蘿蔔特有的香氣。只在冬天流通於市面上，通常會提早採收4～5公分的迷你島胡蘿蔔，將其做成淺漬。

紫胡蘿蔔

表皮呈紫色，但中心是橘色。除了β-胡蘿蔔素之外，也含有花青素。水煮的話，色素會流失，胡蘿蔔本身也會褪色，因此適合做成沙拉生吃。有淡淡的甜味。

咖哩蘿蔔炒銀芽

材料與做法（2人份）

❶1小根冷凍胡蘿蔔切成4公分長的細絲。

❷把①放入滾水裡水煮約2分鐘，加入1包豆芽菜汆燙，用篩網撈起瀝乾。

❸以平底鍋加熱1大匙橄欖油，放入②快速拌炒，加入1茶匙咖哩粉、3大匙伍斯特醬、適量的鹽調味。

胡蘿蔔淋醬

材料與做法（方便製作的份量）

❶1根帶皮冷凍的胡蘿蔔直接磨成泥。

❷加入1大匙沙拉油、1大匙醋、少許鹽和胡椒，混合均勻。

蘿蔔葉的美味吃法

葉子以微波爐加熱成乾燥狀態，像乾燥巴西里一樣灑在湯上享用就行了。放入密封容器保存可以多放幾天。

蔬菜

洋蔥

流通時期

1 2 3 4 5 6 7 8 9 10 11 12

常溫	冷藏	乾燥	冷凍
△	○	○	◎

冷凍後，更容易炒出焦糖色。

一年四季都能在市面上看到，但辣味少、水分多的「新洋蔥」產季是在春天。主要營養成分是醣類，花時間慢慢加熱就能夠去除其辛辣味，引出甜味。含有大量鮮味成分的胺基酸，因此也可以作為料理提鮮的材料。

可食用部分 99% 只丟棄根 皮也可利用

凍 1個月（整顆帶皮）

藏 10天（整顆帶皮）

直接帶皮冷凍。

洋蔥整顆連皮裝進塑膠袋放冷凍。連皮冷凍、冷藏可以保留營養。加進去熱炒料理，很快就能夠炒成焦糖色，增加甜味，因此也適合加進咖哩等。根據用途，可切成塊狀、薄片、切碎等去冷凍都可以。

・逆紋*切成薄片後放冷凍，能夠快速炒出焦糖色。炒好的洋蔥冷凍保存，可廣泛使用在湯、漢堡排混料、牛肉燴飯、奶醬焗烤等，製造醇厚濃郁的口感。

＊編注：逆紋切是指刀與纖維的走向垂直，也就是把纖維切斷的切法。

常 1個月（陰涼處） 乾 1個月（冷藏）

解凍方法

冷凍洋蔥很好切，而且不會產生刺激氣味導致流淚。可先在冷水裡泡30秒～1分鐘。皮沒剝掉就一起泡水的話，皮會變得軟爛難剝，這點必須注意。半解凍之後比較好切絲，切的時候也不會辣眼睛。

洋蔥皮的美味吃法

製作洋蔥湯等料理，用洋蔥皮煮出來的湯底十分美味。洋蔥皮熬煮出來的高湯，也適合用來做剛要斷奶時吃的離乳食。

營養成分（可食用部分每100g）

項目	含量
熱量	37大卡
蛋白質	1.0公克
脂質	0.1公克
碳水化合物	8.8公克
礦物質	
鈣	21毫克
鐵	0.2毫克
維生素A β-胡蘿蔔素RE	1微克
維生素B_1	0.03毫克
維生素B_2	0.01毫克
維生素C	8毫克

逆紋切過後再炒

以逆紋方式切洋蔥，洋蔥的味道會更甜。切絲之後用平底鍋乾炒，不放油，很快就能把洋蔥炒成焦糖色的軟泥狀，甜味也更加強烈，美味更上一層樓。而且因為沒放油，熱量也低了一些。

整顆洋蔥沙拉

材料與做法（2人份）

❶1顆冷凍洋蔥去皮，用保鮮膜包好，微波加熱6～7分鐘。等到稍微變軟，再順紋切成6等分但不要切斷。

❷洋蔥放在容器裡。準備1/2罐瀝乾湯汁的罐頭鮪魚、1又1/2大匙美乃滋、適量的酸黃瓜（切碎）、少許的鹽和胡椒，混合均勻，放在洋蔥中央，最後灑上適量的乾燥巴西里。

品種

洋蔥耐得住長期保存，所以一年四季都有在市面上流通。春天採收的洋蔥，因為還沒完全成熟就採收，因此較不辣，可以生吃。不過完全成熟的洋蔥甜味較強。

黃洋蔥

可利用不同的烹煮方式享受其辣味和甜味。採收之後，保持乾燥便可全年都在市面上流通。相當耐放。

新洋蔥

春初流通的早生種洋蔥，採收後立刻出貨。水分多，外觀扁平柔軟。辣味少，適合生吃；容易煮熟，因此能夠縮短加熱時間。

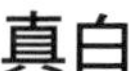

真白

產期／8～10月

種植在日本北海道北見地區，內外都是純白色的美麗洋蔥。特徵是水分多，辣味少。生吃也很美味。

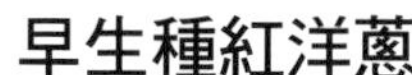

早生種紅洋蔥

生吃用的紅洋蔥。含有很多花青素的品種，其抗氧化作用值得期待。辣味少，甜味和水分多。

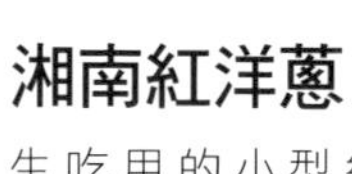

湘南紅洋蔥

生吃用的小型紅洋蔥，於一九六一年在神奈川縣的園藝試驗場誕生。特徵是辣味少，口感爽脆，已被註冊成為「神奈川名牌品」（最佳特產）。

沙拉洋蔥

產期／3～4月

適合生吃的洋蔥。辣味少，水分多。日本熊本產的被稱為「沙拉蔥」。

小洋蔥

產期／4～7月

刻意將洋蔥密植，所產生的小型品種。直徑約3～4公分，甜度也比一般洋蔥強。常用於整顆放入鍋中燉煮烹調。

葉洋蔥

產期／2～3月

在生長途中，才剛長出軟葉就提早採收的品種。洋蔥部分有柔軟的口感，綠色葉子部分與一般青蔥的使用方式相同。

牛蒡

流通時期
1 2 3 4 5 6 7 8 9 10 11 12

常溫	冷藏	乾燥	冷凍
○	◎	◎	◎

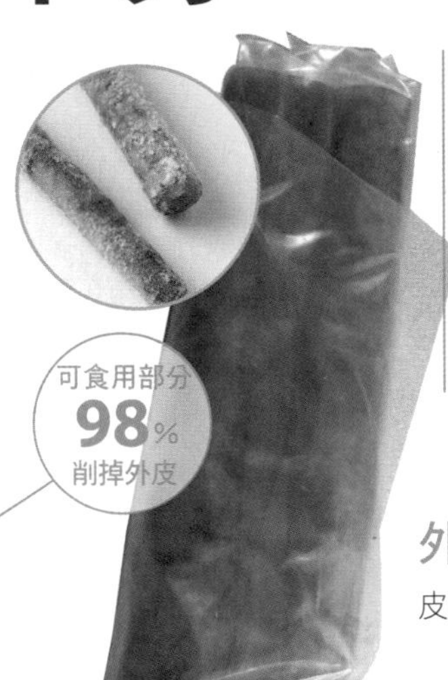

可食用部分
98%
削掉外皮

冷凍、冷藏、乾燥的口感皆不同。

一年四季都能在市面上看到，不過尚未完全成熟就採收的牛蒡，產期是在夏初。牛蒡的膳食纖維豐富，能夠調整腸道環境，也能降低膽固醇。只有日本等部分亞洲地區會吃牛蒡，在歐美是稱之為「burdock」，將之視為具有利尿、排汗作用的藥用植物使用。

外皮也富含營養

皮削掉太多，營養就會大減。

凍 1個月

冷凍以預防變色

帶皮切成長段冷凍保存。也可以配合用途，斜切或切小段冷凍。放冷凍能夠預防變色。退冰時，只要先泡水約1分鐘，就能很容易切斷。

- **冷凍牛蒡少了土味，退冰後也會變比較軟。**

藏 2週

2 天換一次水

牛蒡放入裝水的容器保存，每2天要換一次水。

- **保存2週都不會變色。**

解凍方法

泡水約1分鐘，就能夠用菜刀切開。此時要注意別在水裡泡太久，否則營養會流失。

乾 1個月（冷藏）

放 1 天曬乾

用削皮刀和菜刀削成薄片，曬1大太陽，去除適當的水分，香氣也更明顯。

營養成分（可食用部分每**100g**）

熱量	65大卡
蛋白質	1.8公克
脂質	0.1公克
碳水化合物	15.4公克
礦物質	
鈣	46毫克
鐵	0.7毫克
維生素B_1	0.03毫克
維生素B_2	0.02毫克
維生素C	1毫克

泡菜（辛奇）炒牛蒡培根

材料與做法（**2人份**）

❶100公克冷凍牛蒡大略清洗，斜切成薄片。
❷在熱好的平底鍋倒入1茶匙麻油，放入①和30公克切成方便食用大小的培根拌炒。
❸牛蒡炒軟後，加入100公克的白菜泡菜（辛奇），炒約1分鐘，再繞圈淋上少許醬油。

常溫	冷藏	乾燥	冷凍	流通時期
○	○	◎	◎	1 2 3 4 5 6 7 8 9 10 11 12

蓮藕

蔬菜

使用冷凍蓮藕更省時。

新採收的蓮藕是在8月左右上市，不過產期是在冬天，甜度和黏性更強。主要成分是澱粉，含有豐富的膳食纖維，能夠調整腸道環境，以及維生素C，有助於預防感冒。切口變黑是因為多酚的單寧所造成，吃下去對人體無害。

切開直接放在太陽下曬乾

不用泡醋水，切成圓片後，直接放在太陽下曬1天，去除水分，香氣會變濃郁，用來做熱炒或燉煮都會更好吃。

- **蓮藕皮含有大量多酚，所以使用時不需要去皮。**

凍 1個月（整顆帶皮）

藏 10天（整顆帶皮）

整顆或切圓片放冷凍

整顆蓮藕放冷凍，或是切成圓片都可以，兩種方式都能夠保持蓮藕不變色。切成圓片可直接拿來做菜，不需要解凍。

- 冷凍保存可幫助縮短入味時間。
- 蓮藕小炒等料理即使切厚一點，仍然很容易入味。

解凍方法

整顆冷凍保存的蓮藕，先泡冷水1分鐘解凍，就能夠以菜刀輕鬆配合食譜切出需要的形狀。泡水泡太久營養會流失，必須小心。

酸桔醋小炒

材料與做法（方便製作的份量）

❶100公克整顆冷凍的蓮藕切成5公釐厚。在熱好的平底鍋中倒入1/2茶匙沙拉油潤鍋。

❷20公克培根切成方便食用的大小，加入鍋中拌炒。最後再加入1茶匙酸桔醋醬油、少許鹽和胡椒調味。

營養成分（可食用部分每100g）

項目	含量
熱量	66大卡
蛋白質	1.9公克
脂質	0.1公克
碳水化合物	15.5公克
礦物質	
鈣	20毫克
鐵	0.5毫克
維生素A β-胡蘿蔔素RE	3微克
維生素B_1	0.10毫克
維生素B_2	0.01毫克
維生素C	48毫克

山藥

可食用部分 **92%** 丟棄外皮

流通時期	常溫	冷藏	乾燥	冷凍
1 2 3 4 5 6 7 8 9 10 11 12	○	○	×	◎

山藥連皮吃，營養價值大增。

一年四季都可以在市面上看到，不過山藥的採收期是秋天和春天，一年兩次。山藥含有豐富的精胺酸（Arginine），能夠消除疲勞，以及消化酵素澱粉酶，自古以來就被日本人視為滋養補身的食材。順著纖維方向縱切，能夠品嚐到爽脆的口感；逆紋切成圓片，加熱後可以享受鬆軟的口感。

藏 1個月（整根帶皮）

用紙包住，裝袋冷藏

不去皮，用廚房紙巾包住，再以保鮮膜覆蓋住開口，避免乾燥，最後裝入塑膠袋冷藏保存。

生吃的營養價值更高

含有均衡的各種維生素、鉀、礦物質，加熱後營養也不會流失。不過消化酵素澱粉酶並不耐熱，因此如果希望它能發揮消化作用，就建議生吃。

凍 1個月（整根帶皮）

連皮直接冷凍，營養不流失

可以不去皮、不切開，直接整根帶皮冷凍保存。先以保鮮膜包好，再裝進塑膠袋放冷凍。

・**冷凍山藥十分方便於料理使用，其風味也與生吃口感相同。**

營養成分（可食用部分每100g）

項目	含量
熱量	65大卡
蛋白質	2.2公克
脂質	0.3公克
碳水化合物	13.9公克
礦物質	
鉀	430毫克
鈣	17毫克
鐵	0.4毫克
維生素B_1	0.10毫克
維生素B_2	0.02毫克
維生素C	6毫克

烹煮方式

沾附切口的山藥屑可用菜刀輕鬆刮掉。另外，外皮可用削皮刀簡單削去。用磨泥板也可不費吹灰之力磨成泥，手不會變滑溜，相當方便。磨好的山藥先暫時在室溫中放一陣子，就會恢復山藥泥的質地。

品種

山藥的栽培品種一年四季都有在市面上流通。可以耐久存放，因此是很方便又便宜的食材。

長形山藥／長薯

俗稱「淮山」、「懷山藥」，市面上最常見的人工栽種品種，就是這種長形棒狀的山藥。質地略微粗糙，水分也較多。去皮之後為了防止變色，最好浸泡於醋水中。通常是磨成山藥泥使用，或是做成沙拉、醋漬物等。

築根薯

流通在日本近畿、中國地區*，外型像拳頭。黏性很強，可耐久存放。沒有特殊味道，也被當作和菓子（日本傳統糕點）的材料。

＊編注：近畿地區是由京都府、大阪府、滋賀縣、兵庫縣、奈良縣、和歌山縣、三重縣等二府五縣構成，有時也加入福井縣或德島縣。中國地區是鳥取縣、島根縣、岡山縣、廣島縣、山口縣這五縣。

自然薯

日本自有的野生種山藥，像牛蒡一樣細長，長度有60公分～1公尺。黏性很強，鮮味濃郁。最近也出現人工栽種的品種。

銀杏薯

外型扁平，類似銀杏的葉子。黏性很強，磨成泥之後，甚至可用筷子全部一口氣挾起。沒有特殊味道，吃起來很順口。

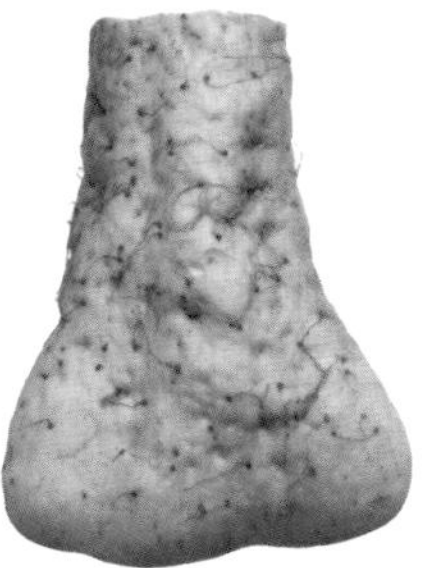

青森短山藥

屬於頸短粗壯的「長薯」。青森縣產量是日本全國第一，日本國內流通的大約四成都是青森縣所產。特徵是顏色偏白，黏性強，少有特殊味道。

香蒜辣椒章魚炒山藥

材料與做法（**2人份**）

❶ 準備200公克**冷凍山藥（長薯）**，燒掉表面根鬚，帶皮切成1.5公分小丁。100公克的章魚切成滾刀塊，1/2顆的蒜仁切成薄片，1根紅辣椒切成兩半去籽。

❷ 用平底鍋加熱稍多的橄欖油（另外準備），放入山藥，乾炸到表面變金黃色後，取出瀝油。

❸ 在②的平底鍋加入1茶匙橄欖油，放入紅辣椒和蒜片炒香，加入章魚拌炒，再加入②和25公克毛豆繼續翻炒，灑入適量的粗磨黑胡椒。

小芋頭

流通時期

1 2 3 4 5 6 7 8 9 10 11 12

常溫	冷藏	乾燥	冷凍
○	○	×	◎

放冷凍就不用去皮了！

小芋頭是產季是秋天到冬天的蔬菜。特徵是熱量比其他薯芋類低，而且含有促進排出身體鹽分的鉀、幫助代謝熱量的維生素B_1。有時切開小芋頭，中間會出現紅色斑點，那是多酚氧化所造成，採收之後放一陣子就會出現，吃了對人體無害，不過最好還是趁早使用完畢。

可食用部分 100%

凍 1個月（整顆帶皮）

去掉泥土之後，連皮保存

把土壤清洗乾淨，帶皮放入冷凍保存，能夠防止乾燥。

- 如果要連皮吃，比較建議不裹粉直接乾炸。
- 冷凍小芋頭可以帶皮直接用烤爐或烤箱慢慢烤熟。

解凍方法

泡水2～3分鐘，等到外皮變軟，再用篩網撈起，徒手輕鬆剝去外皮，而且只會剝去薄皮，不用擔心浪費。

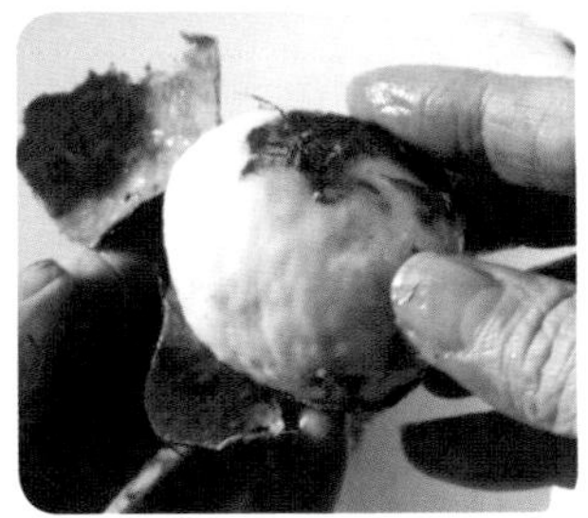

藏 2週（整顆帶皮）

小心凍傷

為了預防凍傷，最好一顆顆用紙包好，再裝進塑膠袋冷藏保存。

常 1個月（秋天～冬天）

裝進紙袋避免濕氣

放常溫保存的話，建議放紙袋，而不用塑膠袋。

蒸、烤、微波爐烹煮均可的萬能食材

加熱過後，營養也幾乎不會流失，所以可利用各種烹調方式好好品嚐。

營養成分（可食用部分每100g）

項目	含量
熱量	58大卡
蛋白質	1.5公克
脂質	0.1公克
碳水化合物	13.1公克
礦物質	
鈣	10毫克
鐵	0.5毫克
維生素A β-胡蘿蔔素RE	5微克
維生素B_1	0.07毫克
維生素B_2	0.02毫克
維生素C	6毫克

油炸小芋頭

材料與做法（1人份）

❶準備3顆冷凍小芋頭，用保鮮膜包起，微波加熱2分鐘，再切成兩半。

❷把①放入平底鍋，倒入1公分高的沙拉油，把小芋頭炸到酥脆。再依照個人喜好灑上鹽、胡椒。

品種

帶土的小芋頭，多半是流通在秋天。外皮經過洗淨加工的薯芋類，愈來愈多都是做成加工食品販售。

土垂

子芋用品種*，多半種植在關東地區。黏性強，質地柔軟。用菜刀去皮時，先洗掉表面的泥土，等放乾之後再剝，就不用擔心黏液了。

＊編注：芋頭類的生長方式是植株長出母芋，母芋生出子芋，子芋再長出孫芋。通常分為子芋用品種與母芋用品種；子芋用品種是指我們吃的是它的子芋。

蝦芋

其特殊的栽種方式已傳承了兩百年歷史，才能夠長出像蝦子一樣彎曲、帶有橫紋的芋頭。具有獨特的黏性和鮮味，不容易煮爛。是京都的傳統野菜。

芋莖芋

小芋頭的莖（芋梗），澀味強烈。一般習慣去皮之後水煮去澀，再做成醋漬或湯料，能夠享受其爽脆的口感。有時也指的是乾燥的芋梗。

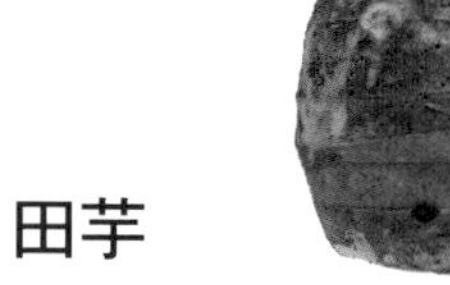

田芋

雖然也是小芋頭的一種，但因為種植在濕地和水田，因此取名為田芋。黏性強，必須先去澀。它的四周會長滿子芋頭，有多子多孫的象徵，因此在日本也被用來製作成年菜。是沖繩的傳統野菜之一。

八頭芋

母芋和子芋連結形成的母子兼用品種。口感鬆軟，建議使用在燉煮上。名稱與子孫滿堂、多子多孫等吉祥的意思有關，因此也是日本年菜的食材之一。

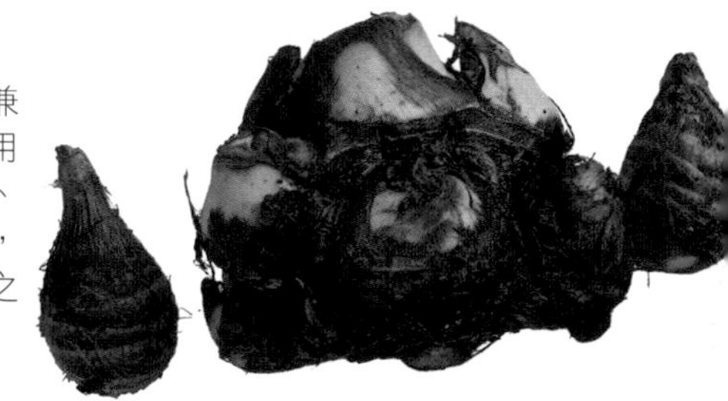

辣肉醬小芋頭

材料與做法（**2**人份）

❶準備6～8顆冷凍小芋頭，清蒸20分鐘，去皮，切成一口大小。再將1/3把韭菜、10公克嫩薑、1顆蒜仁、5公分長的蔥段全部切碎。

❷用平底鍋加熱1大匙麻油，把蔥末、薑末、蒜末炒香後，加入100公克雞絞肉拌炒。炒到肉變色時，加入韭菜末、1大匙味醂、1～2大匙韓國辣椒醬、1大匙果寡糖調味，加入小芋頭繼續拌炒。

馬鈴薯

流通時期 1 2 3 4 5 6 7 8 9 10 11 12

常溫	冷藏	乾燥	冷凍
◎	○	×	○

可食用部分 100%

基本原則為帶皮冷凍保存。

主要品種包括口感鬆軟的「男爵」馬鈴薯，以及口感濕黏的「五月皇后」馬鈴薯。在燉煮時，適合使用不易煮爛的「五月皇后」。馬鈴薯含有大量可幫助抗氧化的維生素C，而且加熱後也不易流失。也含有能夠消除壓力的GABA＊。

＊編注：GABA是神經傳導物質Gamma-Aminobutyric Acid（化學名稱 γ-氨基丁酸）的簡稱，廣泛存在於米、青菜等植物及動物體內。

凍 1個月（整顆帶皮）

建議整顆冷凍

不切開不去皮，直接整顆冷凍。帶皮冷凍的話，會比切開冷凍更能夠確保風味不流失。去皮冷凍的話，馬鈴薯的水分就會跑掉，使口感變差。另外也可以水煮之後壓成薯泥冷凍。

・冷凍馬鈴薯適合燉煮類或湯類等水量較多的料理。

解凍方法

泡冷水約2分鐘後，表面就會稍微變軟，可用菜刀切成需要的大小使用。

藏 2週（整顆帶皮）

小心凍傷

為了防止凍傷，可以把馬鈴薯一顆顆用廚房紙巾先包好，再裝進塑膠袋中冷藏保存。

常 1個月（秋天～冬天）

可裝進紙袋避免濕氣

放常溫的話，建議裝進紙袋保存，而不是塑膠袋。與蘋果放在一起，馬鈴薯會較不容易發芽。

營養成分（可食用部分每100g）

項目	含量
熱量	76大卡
蛋白質	1.8公克
脂質	0.1公克
碳水化合物	17.3公克
礦物質	
鈣	4毫克
鐵	0.4毫克
維生素B_1	0.09毫克
維生素B_2	0.03毫克
維生素C	28毫克

漬 4～5天（冷藏）

香蒜醬油馬鈴薯

材料與做法（方便製作的份量）

❶2顆馬鈴薯切絲泡水，汆燙至還有點脆度、不會過軟的程度。

❷準備3大匙醬油、2大匙醋、2大匙白糖、1顆蒜仁切成薄片，混合後放入馬鈴薯醃漬約1小時。

品種

一年四季都在市面上流通，這是因為馬鈴薯的產地從九州到北海道，彼此錯開了採收的時期。因此皮薄、剛採收的新生馬鈴薯流通的時期也很長。

五月皇后

長蛋形，淺黃色的果肉，紋理細緻。表皮光滑，少芽眼。質地偏黏，不易煮爛，因此適合煮湯、熱炒、燉煮等料理。

男爵馬鈴薯

球形且果肉白，質地鬆軟偏粉。芽眼部分的凹洞深。好的男爵馬鈴薯外皮光滑，拿起來十分沉甸。適合用來做奶油醬燒馬鈴薯、薯泥、可樂餅等料理。

瑪蒂達馬鈴薯

小顆的蛋形，外型漂亮，因此多半整顆冷凍販售。芽眼淺，方便使用。

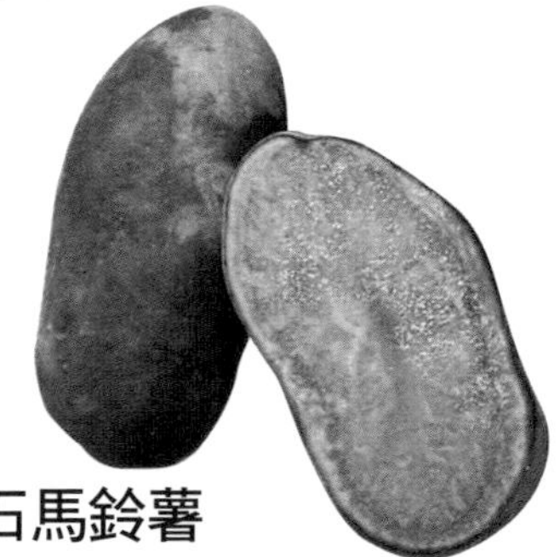

紅寶石馬鈴薯

形狀和大小類似「五月皇后」，表面光滑。此品種含有花青素，表皮呈紅色，果肉為粉紅色。加熱之後也不會褪色，因此可運用在料理配色上。

馬鈴薯餅

材料與做法（方便製作的份量）

❶2～3顆冷凍馬鈴薯直接水煮，煮軟後去皮、壓成泥。

❷把①和2大匙太白粉、少許鹽混合均勻（質地太硬就慢慢加水，調整到像耳垂那樣的軟度）。

❸捏整成直徑約4公分的圓餅，用平底鍋加熱10公克奶油，把圓餅煎到兩面金黃。

蔬菜

蕈菇類

流通時期	1	2	3	4	5	6	7	8	9	10	11	12

常溫	冷藏	乾燥	冷凍
×	○	◎	◎

香菇

可食用部分 99% 只丟棄蕈柄底端

營養成分（可食用部分每100g）

項目	含量
熱量	19大卡
蛋白質	3.0公克
脂質	0.3公克
碳水化合物	5.7公克
礦物質	
鈣	1毫克
鐵	0.3毫克
維生素B_1	0.13毫克
維生素B_2	0.20毫克

凍 1個月 藏 2週

用廚房紙巾包好裝袋

切成適當大小，用廚房紙巾包好，再裝進塑膠袋放冷凍。使用前無須解凍，可直接烹煮，能夠保留完整香氣。而且冷凍保存可增加其鮮味，濃縮蕈菇風味，更添美味。

・冷凍蕈菇用大火快炒後調味，更能夠帶出鮮味。

舞菇

流通時期	1	2	3	4	5	6	7	8	9	10	11	12

營養成分（可食用部分每100g）

項目	含量
熱量	15大卡
蛋白質	2.0公克
脂質	0.5公克
碳水化合物	4.4公克
礦物質	
鐵	0.2毫克
維生素B_1	0.09毫克
維生素B_2	0.19毫克

杏鮑菇

流通時期	2	3	4	5	6	7	8	9	10	11	12

營養成分（可食用部分每100g）

項目	含量
熱量	19大卡
蛋白質	2.8公克
脂質	0.4公克
碳水化合物	6.0公克
礦物質	
鐵	0.3毫克
維生素B_1	0.11毫克
維生素B_2	0.22毫克

裝塑膠袋放冷凍。

・冷凍杏鮑菇、鴻喜菇等會變軟，因此適合用於燉飯、湯類等料理。

流通時期

1 2 3 4 5 6 7 8 9 10 11 12

切成適當大小，用廚房紙巾包好，再裝塑膠袋放冷凍。使用前無須解凍，可直接烹煮。

金針菇

營養成分（可食用部分每100g）

熱量……22大卡
蛋白質……2.7公克
脂質……0.2公克
碳水化合物……7.6公克
礦物質
　鐵……1.1毫克
維生素B_1……0.24毫克
維生素B_2……0.17毫克

流通時期

1 2 3 4 5 6 7 8 9 10 11 12

蘑菇

營養成分（可食用部分每100g）

熱量……11大卡
蛋白質……2.9公克
脂質……0.3公克
碳水化合物……2.1公克
礦物質
　鈣……3毫克
　鐵……0.3毫克
維生素B_1……0.06毫克
維生素B_2……0.29毫克

流通時期

1 2 3 4 5 6 7 8 9 10 11 12

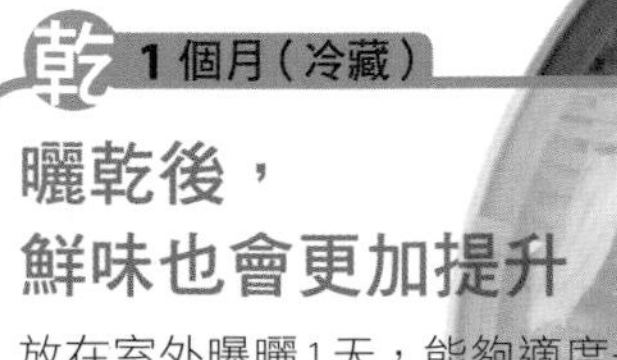

乾 1個月（冷藏）

曬乾後，鮮味也會更加提升

放在室外曝曬1天，能夠適度去除水分，還能夠提升鮮味與營養。可直接代替高湯，用來煮湯、燉煮等各式各樣的料理中。因為已經曬乾，就沒有必要再用大火炒掉水分！

鴻喜菇

營養成分（可食用部分每100g）

熱量……17大卡
蛋白質……2.7公克
脂質……0.5公克
碳水化合物……4.8公克
礦物質
　鈣……1毫克
　鐵……0.5毫克
維生素B_1……0.15毫克
維生素B_2……0.17毫克

舞菇燉飯

材料與做法（1人份）

❶洗1飯碗的白米，瀝乾。
❷在平底鍋放入1量杯的牛奶、①、50公克冷凍舞菇，以小火加熱。
❸加入2大匙起司粉，轉中火煮1～2分鐘。加入少許鹽和胡椒調味。

起司蒸舞菇雞

材料與做法（1人份）

❶在小平底鍋裡放入1包冷凍舞菇、50公克切成薄片的水煮雞肉，灑上20公克披薩乳酪絲，蓋上鍋蓋，以小火煮約5分鐘，煮到乳酪融化。
❷完成後灑上適量的乾燥巴西里香料。

香蒜奶油蘑菇

材料與做法（方便製作的份量）

❶在小平底鍋裡放入10公克奶油、2茶匙油漬大蒜（請見P.112），以小火加熱。
❷炒出香氣之後，加入1包對切好的冷凍蘑菇拌炒。
❸等到蘑菇炒熟，灑上適量的新鮮巴西里香料，淋上少許醬油。

烤香菇

材料與做法（2人份）

❶用烤爐烤4朵冷凍香菇，稍微烤軟後，從蕈柄撕成4等分。
❷烤到香菇產生焦香，灑上少許醬油即可。

漬 4～5天

醃漬蕈菇

材料與做法（方便製作的份量）

❶杏鮑菇、舞菇、鴻喜菇一共取200公克，切成或剝開成方便食用的大小。

❷放進耐熱容器，覆上保鮮膜，微波加熱2分鐘，倒掉排出的水分。

❸加入2大匙醋、1茶匙白糖、少許鹽和胡椒調味。

❹裝進保存容器，放冷藏保存。也可依照個人喜好加入適量切碎的新鮮巴西里香料。

品種

除了松茸之外，市面上流通的多數食用蕈菇都採用菌床栽培，以確保供貨穩定。

松茸

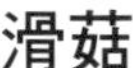

日本秋季美食的代表。香氣強烈，口感絕佳，適合用烤的或做成土瓶蒸*等。日本的國產松茸逐年減少，進口品種逐漸增加。

＊編注：以陶瓷茶壺當作容器的烹調方式。

滑菇

多半是蕈傘還未張開時採收，最近市面上也出現蕈傘張開的滑菇產品。黏滑分泌物的成分為黏液素。

栗竹

蕈柄是堅硬的纖維質，口感爽脆。其風味絕佳，能夠煮出美味的高湯。

花瓣茸

含有大量據說有抗癌作用的β-葡聚醣*

＊編注：為膳食纖維的一種。

生木耳

含有大量鐵質、維生素D、膳食纖維。Q彈脆口，因此也成為替料理口感畫龍點睛的食材。

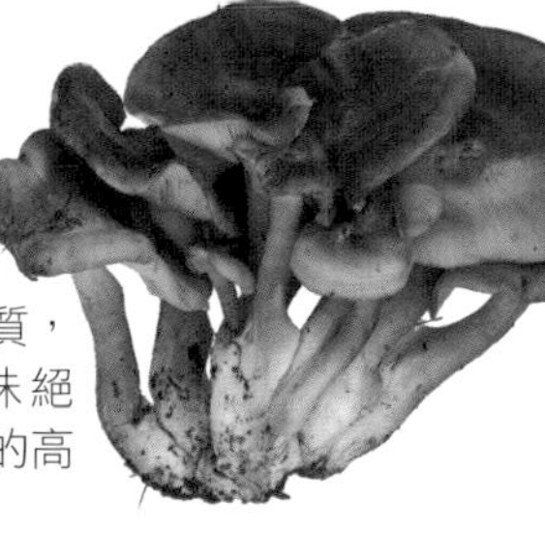

平茸

帶有鮮味，是一般民眾很熟悉的蕈菇品種。用菌床栽培的也被稱為「鴻喜菇」。

蔬菜

高麗菜（甘藍）

流通時期

1 2 3 4 5 6 7 8 9 10 11 12

常溫	冷藏	乾燥	冷凍
△	○	×	○

可食用部分 100%

切好放冷藏或冷凍，使用上更方便。

一整年都能看到高麗菜，不過不同季節的產地與品種也不同。秋天～冬天為產季的冬高麗菜特徵是菜葉厚，甜味強。春天～夏初為產季的春高麗菜，特徵是菜葉柔軟、葉片彎曲幅度較小，包覆較鬆散。高麗菜含有抗氧化作用的維生素C、保護胃黏膜的維生素U等。這些營養素都是水溶性，因此生吃較能夠有效攝取。

春高麗菜

冬高麗菜

藏 20天（切塊）

不清洗，直接冷藏

切成方便入口的大小，不清洗，直接裝進塑膠袋，排出空氣後冷藏。如果清洗之後再冷藏，就會使菜葉凍傷。若要整顆冷藏保存的話，務必先取出菜心。

菜葉和菜心分開保存

菜葉和菜心分開保存，方便烹調時使用。菜葉可以熱炒，菜心則適合燉煮等料理。

營養成分（可食用部分每100g）

項目	含量
熱量	23大卡
蛋白質	1.3公克
脂質	0.2公克
碳水化合物	5.2公克
礦物質	
鈣	43毫克
鐵	0.3毫克
維生素A β-胡蘿蔔素RE	50微克
維生素B_1	0.04毫克
維生素B_2	0.03毫克
維生素C	41毫克

凍 1個月（切塊）

需要時，隨時派上用場

切成方便使用的大小後冷凍保存，烹調前不需要解凍。

- 冷凍高麗菜會像抹過鹽那樣有些變軟，適合淺漬或做成高麗菜絲沙拉。
- 加熱的話，與生吃的口感、味道差不多。
- 菜心有大量的鮮味成分和營養，從冷凍室拿出來即可使用，所以不要丟掉。可以切碎後用於各種料理上。

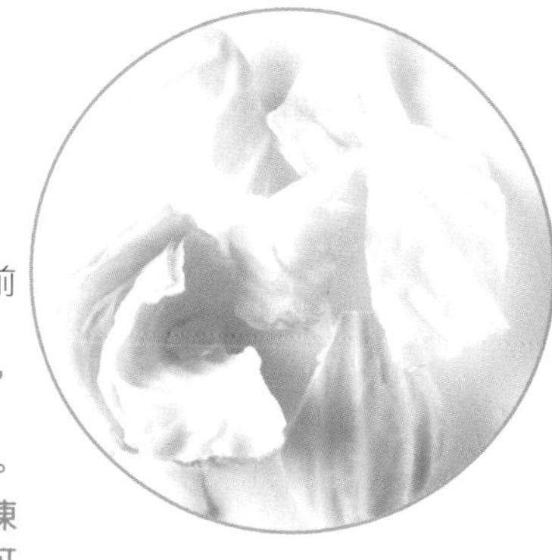

漬 1週（冷藏）

醃漬咖哩高麗菜

材料與做法（方便製作的份量）

❶ 把1/4顆高麗菜切成大塊。

❷ 在小鍋裡放入基本醃漬液（請見P.27）和1茶匙咖哩粉，加熱煮到沸騰後關火放冷。

❸ 按照①、②的順序放入保存容器裡，放進冰箱冷藏室保存半天以上。

品種

如今一年四季都能看到，但其實原本為冬天～翌年春天產出的蔬菜。夏天則是在涼爽的高地栽種。

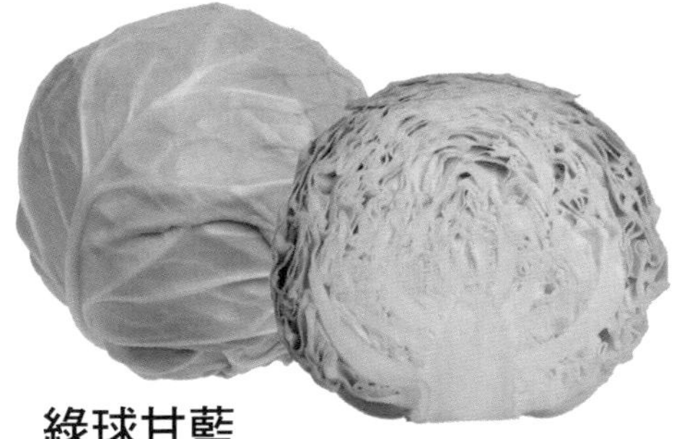

綠球甘藍

比起一般的高麗菜，此品種為外型偏小的球狀。葉質柔軟，顏色深，直到中央部分都帶有綠色。不易煮爛，因此除了生吃之外，也適合用於燉煮類料理。

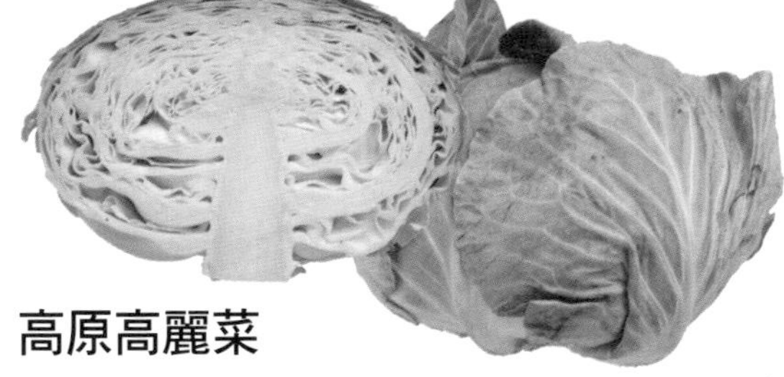

高原高麗菜

春季播種，夏～秋季採收。主要產地是長野縣的野邊杉、群馬縣的嬬戀等涼爽地區。口感好吃又順口，從生吃到加熱做成各種料理都很適合。

紫甘藍（紅甘藍）

球形，葉片緊密牢固地捲在一起。顏色是花青素所造成，也被用來作為天然色素的原料。加進沙拉當作配色，或是醋漬等都很推薦。

皺葉甘藍

被視為是高麗菜（甘藍）的原始種，葉子分有圓形和偏長的橢圓形。含有豐富的維生素C和β-胡蘿蔔素。適合作為蔬果汁的原料，或是做成燉煮類料理和油炸葉片享用。

抱子甘藍（球芽甘藍）

從葉柄與葉莖連結處長出的側芽結球而成，相較於一般高麗菜，擁有多出4倍的維生素。先汆燙過再烹調，會更容易入口。

蔬菜

萵苣

流通時期

1 2 3 4 5 6 7 8 9 10 11 12

常溫	冷藏	乾燥	冷凍
×	○	×	○

可食用部分 100%

冷凍萵苣最適合煮湯。

市面上有很多品種的萵苣，因此一年四季都可以穩定採買到。有些切口會流出白色乳汁，那是一種多酚，氧化了就會變成粉紅色。鉀的含量比其他蔬菜少，因此腎臟病患者也可以安心食用。

藏 2週

切掉一點根部後泡水冷藏

取掉菜心，放在裝水的碗裡浸泡冷藏（2～3天換一次水，能夠保存得更久）。

凍 3週

想用時能立即使用十分方便

切成方便使用的大小（大塊或切絲）後，放冷凍保存。

- 適合用於熱炒或煮湯。冷凍後去除了草味，也更容易入口。
- 冷凍萵苣儘管失去爽脆口感，但加油熱炒可以提高其營養吸收率，而且也能夠攝取到許多膳食纖維。

解凍方法

冷凍萵苣的菜葉薄，容易爛掉，顏色也會變不好看，所以一離開冷凍室就要立刻開始烹調。直接使用，不需要退冰。

營養成分（可食用部分每100g）

項目	含量
熱量	12大卡
蛋白質	0.6公克
脂質	0.1公克
碳水化合物	2.8公克
礦物質	
鈣	19毫克
鐵	0.3毫克
維生素A β-胡蘿蔔素RE	240微克
維生素B_1	0.05毫克
維生素B_2	0.03毫克
維生素C	5毫克

檸檬汁鹽炒萵苣

材料和做法（2人份）

❶在預熱好的半底鍋裡加入2茶匙橄欖油加熱，以大火快炒2顆切成薄片的蘑菇。

❷加入1/2顆冷凍萵苣、1茶匙檸檬汁、少許鹽和胡椒後快炒。

常溫	冷藏	乾燥	冷凍
×	○	×	○

流通時期 1 2 3 4 5 6 7 8 9 10 11 12

水菜

冷凍水菜可以很方便烹調；冷藏時也要避免乾燥。

通常以溫室水耕的方式栽種，因此一年四季都能買到，不過到了產季冬季，市面上就會出現風味更佳的露天栽種品種。葉子顏色淺，卻含有能夠抗氧化的 β-胡蘿蔔素、維生素 C、E，屬於高營養價值的蔬菜。β-胡蘿蔔素和維生素 E 是脂溶性，所以加油烹調有助於吸收營養成分。

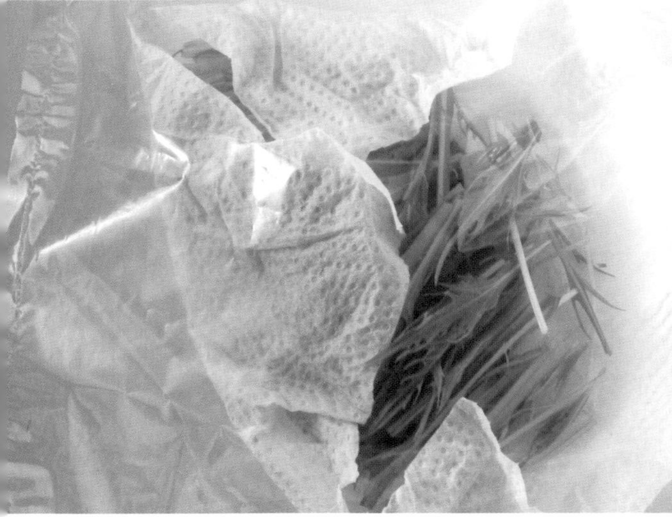

藏 2週

切記不可以太濕，也不可以太乾！

大略切過之後，用濕的廚房紙巾包好冷藏。冷藏保存的過程中，廚房紙巾如果乾掉，就用噴霧瓶噴濕，這樣就可以長期保存。

凍 3週

適合煮湯或煮火鍋

大略切過之後冷凍保存。

- 火鍋料理加入冷凍水菜，其仍然保留著爽脆的口感。
- 含有豐富的維生素、礦物質、膳食纖維，因此冷凍水菜適合直接生吃或做成淺漬等。

解凍方法

冷凍水菜的水分很多，所以從冷凍室取出後就要立刻烹調。即使是冷凍狀態，也可用菜刀輕鬆切開。

水菜豬肉獨享鍋

材料與做法（1人份）

❶ 準備1/4根蔥斜切成薄片，80公克豬肉切成方便入口的大小。

❷ 在小鍋中放入1又1/4量杯的高湯、1茶匙味醂、1茶匙料理酒、1茶匙醬油、少許鹽，加熱煮到沸騰後，加入豬肉。

❸ 等到豬肉煮熟，加入50公克大略切過的冷凍水菜，煮一下即可。

營養成分（可食用部分每100g）

熱量	23大卡
蛋白質	2.2公克
脂質	0.1公克
碳水化合物	4.8公克
礦物質	
鈣	210毫克
鐵	2.1毫克
維生素A β-胡蘿蔔素RE	1300微克
維生素B1	0.08毫克
維生素B2	0.15毫克
維生素C	55毫克

蔬菜

紅葉萵苣

流通時期 1 2 3 4 5 6 7 8 9 10 11 12

常溫	冷藏	乾燥	冷凍
✕	○	✕	△

作為綜合沙拉食材，冷藏保存。

其特徵是葉尖為紅色皺摺狀，質地柔軟，因此也適合用來包肉生吃。雖然無法長期保存，不過只要防止根部和菜葉乾掉，就能夠維持其鮮度。

藏 2週

切掉一點根部後泡水冷藏

取掉菜心，泡水冷藏；或是切成方便使用的大小，插在裝滿水的容器中冷藏。葉梗部分如果變色，就從根部切掉一些，再泡在裝水的碗裡冷藏。

萵苣碰到金屬的部分容易損傷，所以建議用手撕。葉梗部分可食用，不過要先把土壤清洗乾淨。

藏 1週

常保水嫩

洗乾淨、撕碎後，把水分擦乾，裝進塑膠袋或容器內就可冷藏保存，但保存期限會變短。

凍 3週

整顆或切開放冷凍都可以

直接冷凍即可。

- 冷凍會失去生吃的爽脆口感，所以比較適合用於熱炒或煮湯。
- 冷凍紅葉萵苣雖然失去了其爽脆度，但加油熱炒可以提升營養吸收率，也能夠吃下並攝取到更多膳食纖維。

解凍方法

冷凍萵苣的菜葉薄，容易爛掉，顏色也會變不好看，所以從冷凍室取出後就要立刻烹煮。不需要退冰，直接使用即可。

醃蘿蔔涼拌萵苣

材料與做法（方便製作的份量）

取適量的醃蘿蔔切絲。準備2～3片撕成方便入口大小的冷凍紅葉萵苣，加入適量的麻油和鹽、醃蘿蔔絲，大略攪拌。

常溫	冷藏	乾燥	冷凍
×	○	×	△

流通時期 1 2 3 4 5 6 7 8 9 10 11 12

皺葉萵苣

葉菜類蔬菜基本上都要直立存放。

一年四季都能買到，不過出貨量最多是在夏天～秋天。屬於萵苣的一種，特徵是葉尖有皺摺，而且不結球。顏色為鮮綠色，沒有特殊味道，因此適合用在沙拉、煮湯、熱炒等各種料理上。

藏 2週

切掉一點根部後泡水冷藏

取掉菜心，泡水冷藏；或是切成方便使用的大小，插在裝滿水的容器中冷藏。

葉梗部分如果變色，就從根部切掉一些，再泡在裝水的碗裡冷藏。萵苣碰到金屬的部分容易損傷，所以建議用手撕。葉梗部分可食用，不過要先把土壤清洗乾淨。

藏 1週

可以常保水嫩

洗乾淨、撕碎後，把水擦乾，裝進塑膠袋或容器內就可冷藏保存，但保存期限會變短。

凍 3週

整顆或切開放冷凍都可以

直接冷凍即可。

- 冷凍會失去生吃的爽脆口感，所以比較適合用於熱炒或煮湯。
- 加油熱炒可以提升其營養吸收率，也能夠吃下並攝取到更多膳食纖維。

解凍方法

冷凍萵苣的菜葉薄，容易爛掉，顏色也會變不好看，所以從冷凍室取出後就要立刻烹煮。不需要退冰，直接使用即可。

萵苣雞肉沙拉

材料與做法（方便製作的份量）

❶在耐熱容器裡放入2條去筋的雞里肌肉，加入1/8茶匙鹽、1大匙料理酒，微波加熱1分～1分30秒後，把雞肉剝成雞絲。

❷調理盆中倒入1大匙橄欖油、1/2茶匙醋、少許鹽和胡椒攪拌混合。

❸把①和2～3片撕成方便入口大小的冷凍萵苣加入②，大略攪拌。

蔬菜

結球白菜

流通時期

1 2 3 4 5 6 7 8 9 10 11 12

常溫	冷藏	乾燥	冷凍
○	○	◎	○

利用各種保存方式，享用整顆白菜。

產季在秋～冬天，不過也有春季白菜和夏季白菜等品種，所以一年四季都能夠買到。含有大量的鮮味成分麩胺酸，燉煮之後能夠更突顯其鮮甜風味。另外還有橘色和紫色的品種，它們分別含有β-胡蘿蔔素和花青素等的抗氧化成分。

可食用部分 100%

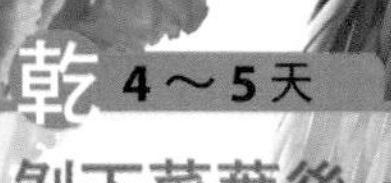

常 3週

切開的話，必須冷藏或冷凍保存

裝進紙袋，整顆直立放在陰涼處保存。

乾 4～5天

剝下菜葉後，曝曬1天

把菜葉一片片剝下，輕輕洗過後瀝乾，放在太陽下曬。曝曬1天，能夠適度去除水分，正好適合製作淺漬。

漬 4～5天

做成簡單的淺漬，方便保存

抹鹽搓揉之後，裝進容器或塑膠袋保存。

凍 1個月

加入湯裡增加濃稠度

切成方便入口的大小。菜葉和較硬的葉梗事先分開，方便使用。不用洗，直接裝塑膠袋冷凍保存。一旦洗過後，菜葉就會容易凍傷，必須小心。

解凍方法

可以直接烹調，不用退冰。冷凍白菜可輕鬆用菜刀切開，所以切成細絲做成涼拌菜，也無損其美味。

- 冷凍後會失去生吃的爽脆口感，所以適合熱炒或煮湯。
- 結球白菜含有豐富的維生素、礦物質、膳食纖維，冷凍的可以直接煮湯、煮火鍋、熱炒等，用途廣泛。

營養成分（可食用部分每100g）

項目	含量
熱量	14大卡
蛋白質	0.8公克
脂質	0.1公克
碳水化合物	3.2公克
礦物質	
鈣	43毫克
鐵	0.3毫克
維生素A β-胡蘿蔔素RE	99微克
維生素B_1	0.03毫克
維生素B_2	0.03毫克
維生素C	19毫克

藏 2週

切成各種大小，方便用於更多種類的料理

切成方便食用的大小。事先分開葉梗和菜葉，可以更方便使用。洗過後再保存容易凍傷，所以不需要事先清洗，請直接裝袋冷藏保存，這點十分重要。使用前再清洗即可。整顆或1/4顆冷藏時，先在菜心劃下刀口，可阻止其成長。

麻婆白菜

材料與做法（2人份）

❶將150公克板豆腐切成1公分小丁。
❷在平底鍋裡倒入1茶匙麻油加熱，加入1茶匙蒜末、100公克豬絞肉、1茶匙豆瓣醬拌炒。
❸加入1/2量杯的冷水，煮到沸騰，再加入①煮2～3分鐘。
❹加入150公克**切成方便入口大小的冷凍白菜**，繼續煮。加入1/4茶匙鹽、2茶匙蠔油調味，淋上太白粉水（1茶匙太白粉＋1大匙冷開水）勾芡。
❺盛盤，依照個人喜好放上紅辣椒絲。

品種 一年四季都有在市面上流通，不過原本是冬季的蔬菜。天氣一冷，植株就會長大，並產生甜味。

橘色結球白菜

外葉呈綠色，但裡面的菜葉是鮮豔的橘色。甜味強，口感佳。建議可利用其鮮豔的顏色做成沙拉。

紫色結球白菜

沙拉專用的紫色白菜。太陽曬到的外葉帶有綠色，但裡面是鮮豔的紫色，含有大量紫色色素「花青素」。尺寸比一般結球白菜小顆。

迷你結球白菜

重量約1公斤的小型結球白菜。方便一次性使用完，因此相當受歡迎。生吃口感佳，煮熟後變軟也依舊美味。

漬 1週（冷藏）

發酵鹽漬白菜

❶1/4顆結球白菜對半縱切（放在太陽下曝曬4～5小時能夠增加甜度）。
❷把①裝進塑膠袋，加入15公克的鹽，均勻搓揉，讓白菜入味。
❸加入1根紅辣椒、1片昆布，排出空氣後，放在室溫中約3天。
❹等到產生清爽的酸味，便大略清洗並擠乾水，切成方便入口的大小。酸味如果逐漸變強，就放入冰箱冷藏室保存。

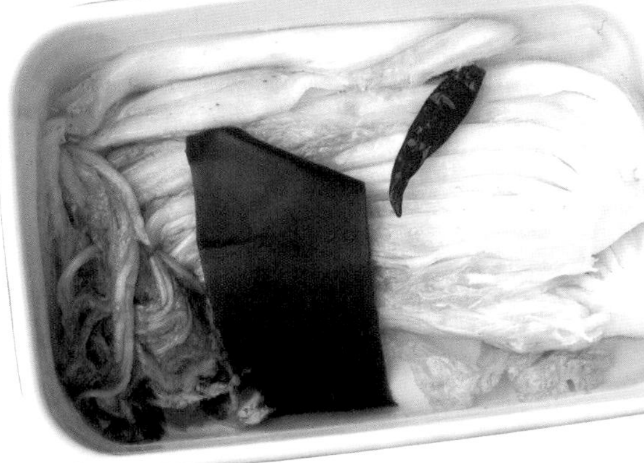

蔬菜

菠菜

流通時期 1 2 3 4 5 6 7 8 9 10 11 12

常溫	冷藏	乾燥	冷凍
×	○	×	○

冷凍過後，營養也不會流失。

一年四季都能買到，但出貨高峰期是10～12月，這段時期的菠菜味道濃，營養價值也更高。菠菜的草酸所帶來的澀味，一般是以水煮去除，不過像是沙拉菠菜這種品種的話，其澀味少，所以可以生吃。菠菜含有豐富的β-胡蘿蔔素、維生素C、葉綠素、鈣、礦物質等。

可食用部分 100%

藏 1週（生食）／5天（水煮）

水煮到略硬狀態是重點

煮到還有些硬的狀態，裝入保存容器中放冷藏。或是以濕的廚房紙巾包好，以生食狀態放冷藏。

水煮保存時的注意事項

水煮後冷藏、冷凍時，如果菠菜煮得太軟，烹調時就會變軟爛，所以放進熱水煮的時候，稍微變軟就要撈起泡冷開水，把水分徹底擠乾後再冷藏、冷凍。

解凍方法

不需要解凍，可直接烹調。

凍 1個月

一把把地冷凍，不要交疊存放

水煮至略硬的狀態後冷凍。冷凍過，其營養也不會流失。

- **在冷凍狀態下放入便當盒或收納盒，過一陣子就會出水，所以必須把水分徹底擠乾。**

營養成分（可食用部分每100g）

項目	含量
熱量	20大卡
蛋白質	2.2公克
脂質	0.4公克
碳水化合物	3.1公克
礦物質	
鈣	49毫克
鐵	2.0毫克
維生素A β-胡蘿蔔素RE	4200微克
維生素B_1	0.11毫克
維生素B_2	0.20毫克
維生素C	35毫克

柴魚片涼拌菠菜

材料與做法（2人份）

❶準備1把冷凍菠菜，用流動的水大略清洗，切成5～6公分長，輕輕擰乾。

❷在調理盆中放入①和2茶匙醬油、2大匙高湯、適量柴魚片，混合均勻即可。

品種

一年四季都能買到，不過冬季的菠菜更加鮮甜美味。
有些品種是春夏採收，不過香氣比較淡。

紅菠菜

特徵是莖呈紅色。澀味少，可生吃，也可當作沙拉配色的材料。通常為綜合貝比生菜*的材料之一，利用家中的小菜園也可以輕鬆栽種。

＊編注：即當季蔬菜的幼苗嫩菜。

次郎丸

產期／11月～翌年2月
二十世紀初期種植於愛知縣稻澤市治郎丸地區的東方品種。葉片的裂紋深，而且略顯細長。根部呈鮮豔的紅色。經歷過寒冬，因此有甜味。

皺葉菠菜

多半是露天栽種，在寒冷的環境下長大，因此莖葉不是往上長，而是貼著地面匍匐生長。葉片厚且甜味強。

山形紅根菠菜

產期／10月中旬～翌年2月下旬
日本山形市種植的東方品種，從一九二七～一九二八年左右栽種的作物之中，特別挑選根是紅色的品種，配合土地進行改良。這種菠菜的特徵是根為鮮紅色，帶有甜味。

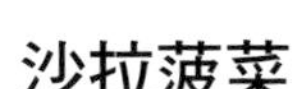

沙拉菠菜

特徵是圓葉長莖。不需要事先水煮，可以直接用來做沙拉，相當方便。

蔬菜

小松菜

流通時期

1 2 3 4 5 6 7 8 9 10 11 12

常溫	冷藏	乾燥	冷凍
✕	○	✕	○

可食用部分 100%

營養豐富，適合保存當作常備菜。

一年四季都能夠買到，不過寒冷季節的小松菜更甜更好吃。營養價值高，尤其是鈣的含量與牛奶差不多。特徵是即使存放一整年，營養成分仍舊不會流失。少澀味，所以可直接使用，無須事先汆燙。原本是江戶*傳統野菜，現在因種植在東京小松川附近，因此稱為小松菜。

＊編注：東京的舊稱。

凍 1個月

切成方便入口的大小

切掉根部，切成方便入口的大小，裝進容器或塑膠袋保存。澀味少，含有豐富的鈣與鐵，冷凍保存的話營養也不會流失。

・冷凍保存會破壞原本的纖維，所以吃起來會變得順口，不會有纖維多又難嚼的口感。

解凍方法

不需要退冰，可直接烹煮。

藏 1週

小心避免乾燥

用稍微沾濕的廚房紙巾包好，裝進塑膠袋冷藏。也可以切成大段，裝進塑膠袋或保存容器冷藏。

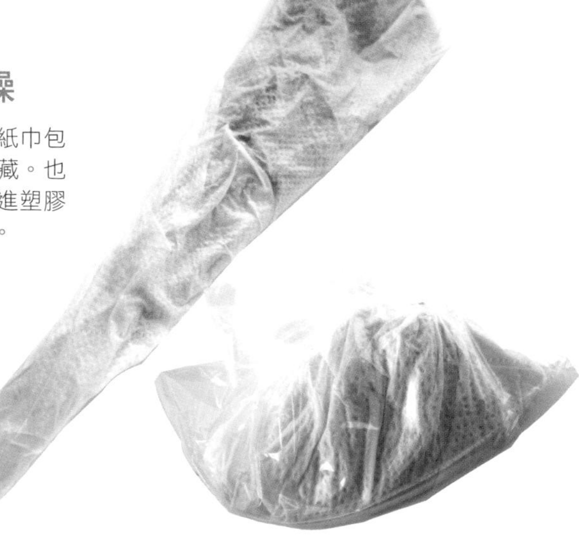

營養成分（可食用部分每100g）

項目	含量
熱量	14大卡
蛋白質	1.5公克
脂質	0.2公克
碳水化合物	2.4公克
礦物質	
鈣	170毫克
鐵	2.8毫克
維生素A β-胡蘿蔔素RE	3100微克
維生素B_1	0.09毫克
維生素B_2	0.13毫克
維生素C	39毫克

品種

由工廠栽種，因此一年四季都能夠在市面上流通，不過冬天的小松菜更具風味更好吃，是在日本大都市近郊生產的綠色蔬菜。

傳統小松菜

產期／10月中旬～翌年4月上旬

有說法認為小松菜是葛西村（現在的東京都江戶川區）的「葛西菜」，經過隔壁小松川村改良，並改名成現在的「小松菜」。傳統小松菜呈鮮綠色，葉子和葉莖都很柔軟，而且沒有澀味。

皺葉小松菜

歷經冬天的寒冷，所以菜體更加結實。甜味強，鮮味濃。近期還有經過品種改良而誕生的皺葉品種。

東京黑水菜

過去在日本部分地區稱小松菜為「水菜」。這種小松菜的菜色較深，耐寒，能夠持續採收到春初。適合做成涼拌菜、燉煮、醃漬等料理。

酒蒸小松菜蛤蜊

材料與做法（方便製作的份量）

於平底鍋裡放入1把冷凍小松菜、100公克冷凍蛤蜊、2大匙料理酒，蓋上鍋蓋，以小火蒸煮到蛤蜊張開。

小松菜香蕉蔬果昔

材料與做法（方便製作的份量）

準備1/2把冷凍小松菜、1根冷凍香蕉、1量杯的牛奶，放進果汁機或蔬果調理機攪打均勻。

油菜花

流通時期 1 2 3 4 5 6 7 8 9 10 11 12

常溫	冷藏	乾燥	冷凍
✕	○	✕	○

可食用部分 100%

趁著產季時冷凍，聰明活用。

屬於十字花科蔬菜，花苞、花莖、嫩葉均可食用。冬天～隔年春天會經常在市場看到。營養價值高，含有大量有抗氧化作用的維生素C、E、β-胡蘿蔔素。穗尖的花朵柔軟，葉莖偏硬，所以烹調時葉莖部分需要加熱久一點。

凍 1個月

以鹽水煮過，裝袋保存

以鹽水煮過之後，擦乾水分，裝進塑膠袋放冷凍。冷凍後，其營養價值也幾乎不會流失。

- 冷凍狀態磨成泥，可以做成醬汁或湯。
- 在冷凍狀態淋上柴魚片和醬油，做成醬油漬油菜花。

解凍方法

不需要退冰，可直接烹煮。

藏 5天

以鹽水煮過，裝進容器保存

以鹽水煮過之後，擦乾水分，裝入保存容器冷藏。或是以生食狀態用濕廚房紙巾包好，裝進塑膠袋放冷藏。

漬 3～4天（冷藏）

鹽昆布漬油菜花

材料與做法（方便製作的份量）

❶ 準備1把油菜花，切掉根部，以鹽水煮到略硬後擠乾水分。

❷ 在調理盆中放入①和2大匙切細絲的鹽昆布，拌勻之後，壓上比較輕的醬菜石醃漬2～3小時。

❸ 擠掉湯汁，切成4～5公分長。

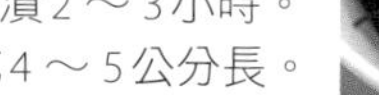

營養成分（可食用部分每100g）	
熱量	35大卡
蛋白質	4.1公克
脂質	0.4公克
碳水化合物	6.0公克
礦物質	
鈣	97毫克
鐵	0.9毫克
維生素A β-胡蘿蔔素RE	2600微克
維生素B_1	0.11毫克
維生素B_2	0.24毫克
維生素C	110毫克

品種

屬於春季蔬菜，於春初流通在市面上。許多品種是以油菜進行改良，相當受歡迎。

蘆筍菜

以中國蔬菜「紅菜薹（紫菜薹）」與「菜心」培育出來的新品種。葉子和莖柔軟，微帶甜味。莖有類似蘆筍的風味，因此在日本被稱為蘆筍菜。

三重油菜花

產期／11月中旬～翌年3月

日本三重縣的特產。原本是種植來壓榨提取其植物油，到了一九五五年左右，有人吃了它的嫩葉，因此開始以「三重油菜花」的名稱推出。適合用在涼拌、熱炒等各種料理上。

常溫	冷藏	乾燥	冷凍	流通時期 1 2 3 4 5 6 7 8 9 10 11 12
×	○	×	○	

山茼蒿

冷凍可以減少特殊氣味，變得順口。

山茼蒿多半在10月～翌年4月出現在市場上。特徵是營養價值高，β-胡蘿蔔素的含量比同樣是葉菜類蔬菜的菠菜、小松菜更多。其獨特香氣來自於針葉樹也有的「α-蒎烯」這個芳香成分。具有放鬆效果，也有促進流汗、消化的作用。

可食用部分 100%

凍 1個月

生食狀態冷凍，香氣更強烈

整株放冷凍，或以鹽水煮到略硬，再切大段放進塑膠袋冷凍。

- 用山茼蒿做的熱那亞醬，可作為水煮肉的醬汁或沙拉淋醬。可裝進塑膠袋或保存容器冷凍、冷藏。
- 水煮過後，維生素會幾乎流失，所以建議以冷凍狀態加進湯裡，或是做成沙拉醬、涼拌菜。與油脂十分搭配，所以也適合用於熱炒。

解凍方法

不需要退冰，可直接烹煮。從冷凍室中拿出後就要馬上使用，是維持其美味的祕訣。

藏 5天

莖切成小段

大略切過後，裝塑膠袋放冷藏。或是生食狀態下用濕廚房紙巾包好，裝塑膠袋冷藏。

品種

一年四季都有在市面上流通，不過都是工廠種出來的，因此風味較差。

細莖山茼蒿

香氣溫和，苦味少，且沒有怪味。長莖帶有很好的口感，特別美味。適合做沙拉、涼拌、火鍋等料理。

大葉山茼蒿

葉子沒有一般山茼蒿的鋸齒狀，裂口淺。葉子顏色偏淡，葉片厚，香氣沒那麼強烈。日本九州地區經常栽種此品種。

營養成分（可食用部分每100g）

項目	含量
熱量	22大卡
蛋白質	2.3公克
脂質	0.3公克
碳水化合物	3.9公克
礦物質	
鈣	120毫克
鐵	1.7毫克
維生素A β-胡蘿蔔素RE	4500微克
維生素B_1	0.10毫克
維生素B_2	0.16毫克
維生素C	19毫克

蔥

流通時期

1 2 3 4 5 6 7 8 9 10 11 12

常溫	冷藏	乾燥	冷凍
○	○	○	○

可食用部分 99%

冷凍可以緩和辛辣，蔥綠部分也會變得容易入口。

日本最具代表性的辛香料之一，一年四季都有在市面上流通。關東地區主要使用蔥白多的「根深蔥」，關西地區主要使用蔥綠多的青蔥。刺鼻的辛辣味來自於二烯丙基二硫這種成分，具有揮發性，屬於水溶性；要吃之前再切碎，最能夠有效攝取到此成分。不可以在水裡泡太久。

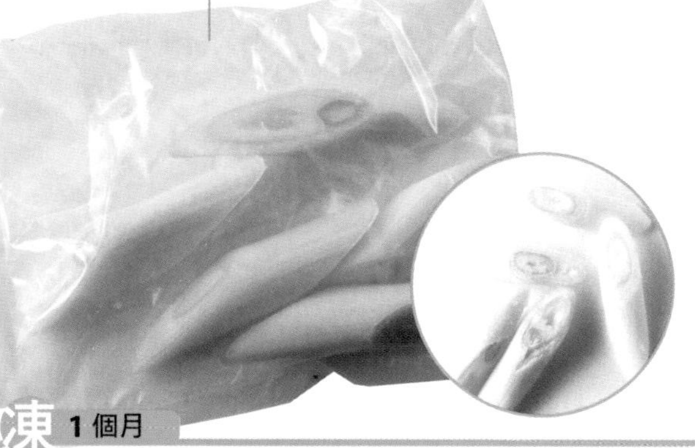

凍 1個月

斜切成粗段冷凍

斜切成略粗的蔥段，裝進塑膠袋冷凍。

- 冷凍過的口感會變軟，適合煮味噌湯或火鍋等可以享受蔥甜味的料理。
- 容易變硬的蔥綠部分，冷凍之後反而會變軟，蔥的臭味也會消失。
- 冷凍蔥直接用烤爐慢慢烤過再吃，甜味和抗氧化力都會倍增。

解凍方法

一離開冷凍室就要盡快使用。

藏 10天

切成方便使用的蔥花

切成蔥花，裝進容器冷藏或冷凍，煮麵或味噌湯時就可以方便使用。或是用濕的廚房紙巾包好，裝進塑膠袋冷藏。

蔥綠的部分可以做成蔥醬

準備1根蔥切碎，用1大匙麻油炒成蔥油，加入1大匙味噌、1大匙味醂調味，就完成蔥醬了。

可裝進容器冷藏或冷凍保存。在水煮好的白蘿蔔或熱騰騰的白飯上，適合放一點享用，或是當作熱炒的調味醬。

品種

一年四季都在市面上流通，不過冬天的蔥更甜更好吃。
西日本喜歡蔥綠多的青蔥，東日本喜歡根深蔥，喜好各有不同。

根深蔥

根深蔥即為長蔥、白蔥。到了盛產期的冬季，蔥的糖分和果膠增加，甜度也隨之增加。

深谷蔥

產期／11月中旬～翌年2月
秋冬蔥品種的代名詞，也是日本埼玉縣深谷市一帶栽種的根深蔥統稱。特徵是甜度高，而且纖維細，白皙又柔軟。

下仁田蔥

產期／11月中旬～12月下旬
群馬縣特產的鱗莖單生蔥。外觀粗壯，但口感柔軟。帶有甜味與辣味，加熱之後甜味會增加。加入燉煮料理能夠提升食物鮮味。

紅青蔥

產期／11月中旬～翌年2月上旬
十九世紀末、二十世紀初，於現在的茨城縣東茨城郡城里町的 地區栽種。蔥白的部分表面是紅紫色，裡面仍是白色。蔥綠部分十分柔軟。

淺蔥

青蔥的近親，顏色比青蔥淺。主要被當作辛香料使用。跟生魚片放在一起，據說有殺菌效果。

乾 2週（冷藏）

蔥綠切成蔥花曬乾

蔥綠的部分切成蔥花，分散放在廚房紙巾上曬乾。可以濃縮鮮味。

漬 1週（冷藏）

麻油鹽漬蔥

材料與做法（方便製作的份量）
準備1根蔥，切碎，與1大匙麻油、1/2茶匙鹽混合後，放入保存容器冷藏。

常 1週

關鍵是直接保存，不清洗

蔥最怕水。務必整根蔥裝進紙袋，直立保存即可，不需要清洗。

營養成分（可食用部分每100g）

項目	含量
熱量	34大卡
蛋白質	1.4公克
脂質	0.1公克
碳水化合物	8.3公克
礦物質	
鈣	36毫克
鐵	0.3毫克
維生素A β-胡蘿蔔素RE	83微克
維生素B_1	0.05毫克
維生素B_2	0.04毫克
維生素C	14毫克

蔬菜

韭菜

流通時期

1 2 3 4 5 6 7 8 9 10 11 12

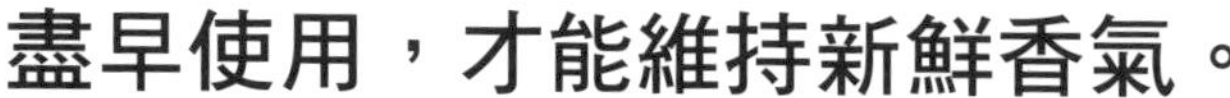

常溫	冷藏	乾燥	冷凍
△	○	×	○

盡早使用，才能維持新鮮香氣。

韭菜是歷史悠久的蔬菜，在日本的《古事記》*1、《萬葉集》*2中也曾出現過。除了一般品種之外，市面上還可以看到不曬太陽、以人工遮光栽種的韭黃，以及吃其柔軟花莖與花苞的韭菜花。韭菜獨特的香氣是硫化物造成，搭配含維生素B_1的豬肝等食用，可達到消除疲勞的效果，因此也是眾所熟悉的補充精力蔬菜。

＊編注1：日本最早的歷史書，完成於西元七一二年。

＊編注2：日本最早的詩歌總集，收錄四世紀～八世紀的作品，完成於七世紀後半～八世紀後半。

可食用部分 100%

凍 1個月 藏 5天

切成方便烹調的長度

預先切成方便烹調的長度，裝進保存容器冷凍或冷藏保存。

- 冷凍後會失去口感，不過能夠縮短加熱時間。也適合作為煎餃的內餡、什錦燒的材料，以及做成韭菜炒蛋等。
- 獨特的香氣也會稍微減弱，所以即便是冷凍保存，也建議盡早使用完。
- 適合搭配肉烹煮。冷凍的韭菜可以直接炒青菜，或與肉類搭配做成韭菜炒豬肝等菜色。

解凍方法

從冷凍室拿出來後，要盡快使用。

韭菜醬

材料與做法（方便製作的份量）

❶準備1/2把冷凍韭菜，切成細末，加入1/2塊嫩薑磨成的薑泥、2大匙醬油、1大匙醋、1/2大匙麻油、1/2大匙熟白芝麻、1/2茶匙白糖，混合均勻。

❷放冷藏約1～2小時，使味道均勻。

營養成分（可食用部分每100g）

項目	含量
熱量	21大卡
蛋白質	1.7公克
脂質	0.3公克
碳水化合物	4.0公克
礦物質	
鈣	48毫克
鐵	0.7毫克
維生素A β-胡蘿蔔素RE	3500微克
維生素B_1	0.06毫克
維生素B_2	0.13毫克
維生素C	19毫克

韭菜炒蛋

材料與做法（2人份）

❶準備2顆蛋打散，加入冷凍韭菜（份量可依照個人喜好）、1茶匙白糖、少許鹽和胡椒，攪拌均勻。

❷在平底鍋裡倒入沙拉油加熱潤鍋，倒入①，拿長筷子快速畫圈攪拌，等到材料都煮熟便可以盛盤。

常溫	冷藏	乾燥	冷凍
△	○	×	○

流通時期 1 2 3 4 5 6 7 8 9 10 11 12

青江菜

菜葉和菜梗在不同時候下鍋，才能保持爽脆。

青江菜是中菜料理經常用到的蔬菜，據說是於一九七〇年代傳入日本。產季在秋天，不過以溫室栽種的青江菜一年四季都能買到。沒有澀味也不易煮爛，因此很適合熱炒、煮湯、燉煮等各式各樣的烹調方式。含有維生素C、β-胡蘿蔔素、鈣、鉀等營養成分，是營養價值很高的蔬菜。

可食用部分 100%

凍 1個月

無須解凍，可直接使用

可配合料理用途，切絲或切塊冷凍保存。

- 冷凍青江菜很快就能煮熟。
- 菜葉薄，因此冷凍後會變軟，不過菜梗還是口感爽脆有甜味。
- 青江菜搭配油脂一起攝取，能夠更加提高其營養價值。冷凍青江菜可直接變成熱炒等。

解凍方法

從冷凍室拿出來要盡早用完。

藏 5天

配合用途，直接冷藏或切開冷藏

整株或切好的青江菜，用濕的廚房紙巾包好，裝進塑膠袋冷藏。

蠔油青江菜炒牛肉

材料與做法（2～3人份）

❶用平底鍋加熱1茶匙麻油，放入100公克的牛邊肉炒熟。

❷炒至肉變色後，加入少許的鹽和胡椒、2茶匙蠔油調味，再加入1株預先切成方便食用大小後冷凍的青江菜的量，拌炒均勻。

營養成分（可食用部分每100g）	
熱量	9大卡
蛋白質	0.6公克
脂質	0.1公克
碳水化合物	2.0公克
礦物質	
鈣	100毫克
鐵	1.1毫克
維生素A β-胡蘿蔔素RE	2000微克
維生素B_1	0.03毫克
維生素B_2	0.07毫克
維生素C	24毫克

紫蘇

流通時期

1	2	3	4	5	6	7	8	9	10	11	12

常溫	冷藏	乾燥	冷凍
△	◎	○	○

冷凍紫蘇最適合搭配醬油和味噌。

日本香草的一種，主要使用葉子的部分，其嫩芽、花穗、未成熟的果實也可食用。5～6月會在市場看到紅紫蘇，它含高度抗氧化作用的花青素。紫蘇的香氣成分紫蘇醛除了具防腐效果，還有發汗、止咳、促進食慾的作用。

藏 10天

稍微沾濕後，裝進容器保存

廚房紙巾用噴水瓶稍微噴濕，包住紫蘇，放入保存容器等冷藏。這樣做可以使紫蘇葉比剛買來時更為鮮嫩。

乾 1個月（冷藏）

與乾燥巴西里（香料）的用法差不多

曝曬陽光至完全乾燥，或是用微波爐加熱3分鐘。

凍 3天

直接冷凍或切開冷凍均可

配合料理用途，切絲或切塊之後冷凍。

- 冷凍能夠保留其香氣，但顏色會稍微變黑，因此適合搭配有醬油的料理，或是當作湯料。
- 加上味噌可以做成紫蘇味噌等。

解凍方法

從冷凍室拿出後，就要立刻使用。

漬 4～5天

醃漬後更美味

10片青紫蘇淋上1～2大匙醬油，放到變軟後即完成。需要冷藏保存，可用來代替海苔來捲飯糰。醃過紫蘇的醬油會變成帶有香味的醬油，可以運用在其他料理上。

營養成分（可食用部分每100g）

項目	含量
熱量	37大卡
蛋白質	3.9公克
脂質	0.1公克
碳水化合物	7.5公克
礦物質	
鈣	230毫克
鐵	1.7毫克
維生素A β-胡蘿蔔素RE	11000微克
維生素B_1	0.13毫克
維生素B_2	0.34毫克
維生素C	26毫克

青紫蘇包涮豬肉

材料與做法（方便製作的份量）

❶準備100公克涮涮鍋用的豬肉片，一片片水煮，煮到變色後取出，過冷水，瀝乾水分。

❷用**醬油漬青紫蘇**（可參考上面做法）包住豬肉片。

常溫	冷藏	乾燥	冷凍
△	○	○	○

流通時期 1 2 3 4 5 6 7 8 9 10 11 12

香菜

與香菜根一起切碎冷凍。

香菜，也叫芫荽，是全世界廣泛使用的食用香草之一。日本近年來飲食流行多國混搭，香菜也因此成為一般人熟悉的食材。其獨特的香氣在切碎或壓成泥之後更明顯。香菜也是營養價值很高的蔬菜，含有豐富具抗氧化作用的β-胡蘿蔔素、維生素C。

可食用部分 100%

藏 10天

泡水保存

葉子切碎，浸泡在裝水容器內冷藏保存，或是連根一起放在裝水容器裡冷藏。最重要的是，根要確實泡在水裡，能夠提升其爽脆口感。

乾 1個月（冷藏）

微波加熱，做成乾燥香菜

洗好、擦乾水分之後再擰乾。在耐熱容器裡鋪上廚房紙巾，把香菜攤開放在廚房紙巾上，用微波爐加熱3分鐘，做成乾燥香菜。

凍 1個月

冷凍可保留香氣

配合料理用途，切細末或大略切過之後冷凍。莖也切成碎末，與葉子一起冷凍。

・冷凍香菜的香氣不會跑掉。其香味成分具有健胃、整腸、解毒的功用，因此腸胃不舒服等時候，可以積極攝取香菜。跟醬油搭配也很適合。

解凍方法

從冷凍室拿出後，就要立刻使用。

酪梨香菜起司沙拉

材料與做法（2～3人份）

❶準備1顆冷凍酪梨，切成方便食用的大小。
❷把①和1大匙橄欖油、1茶匙檸檬汁、20公克自己喜歡的起司混合後，加入1把預先切好的冷凍香菜。
❸盛盤，灑上適量的黑胡椒和黑橄欖。

鴨兒芹

流通時期

1 2 3 4 5 6 7 8 9 10 11 12

常溫	冷藏	乾燥	冷凍
△	◎	○	○

根部泡水放冷藏保存，可保持爽脆度！

自行生長在日本各地，因此日本人自古以來就食用，直到江戶時代（十七～十九世紀）之後才開始人工栽種。溫室水耕栽培的鴨兒芹，一年四季都能買到。其特有的清爽香氣，具有緩和焦慮、促進食慾的效果。

藏 1天

連根一起泡水

容器內裝水，連根一起浸泡水裡，放冷藏保存，並盡早使用完。因其根部泡水，所以葉子能夠常保爽脆度。

凍 1個月

冷凍仍能保留香氣

不切除根部，一起冷凍，可以連莖心都凍透，解凍時就會恢復香氣。

・冷凍鴨兒芹適合用來灑在湯上，或當作茶碗蒸的配色食材，以及用於涼拌和醋漬物等料理上。

解凍方法

從冷凍室拿出後，就要立刻使用。

乾 1個月（冷藏）

適合灑在湯上

用微波爐（600W加熱3分鐘）就能簡單製作出來。

・乾燥鴨兒芹比冷凍鴨兒芹的香氣更強烈。

營養成分（可食用部分每100g）

成分	含量
熱量	13大卡
蛋白質	0.9公克
脂質	0.1公克
碳水化合物	2.9公克
礦物質	
鈣	47毫克
鐵	0.9毫克
維生素A β-胡蘿蔔素RE	3200微克
維生素B_1	0.04毫克
維生素B_2	0.14毫克
維生素C	13毫克

鴨兒芹拌柴魚片

材料與做法（方便製作的份量）

在容器裡裝入適量預先切成一口大小的冷凍鴨兒芹，放上適量的柴魚片，淋上適量的醬油。

常溫	冷藏	乾燥	冷凍
△	◎	△	○

流通時期 1 2 3 4 5 6 7 8 9 10 11 12

西洋菜（豆瓣菜、水芥菜）

蔬菜

可食用部分 100%

分成小份量冷凍，是最理想的做法。

原產地在歐洲，生長於山區乾淨的水邊，十九～二十世紀引進日本之後，也開始在日本各地自行生長。微帶辣味是因為含有與白蘿蔔、山葵同樣的成分「異硫氰酸烯丙酯」，因此據稱有殺菌、促進食慾的效果。

漬 4～5天

醬油漬西洋菜

❶準備2把西洋菜，切掉根部，再切碎。
❷裝進塑膠袋，加入2大匙醬油、2茶匙熟白芝麻調味，使西洋菜入味。排出空氣後，封好袋子，放冷藏室冰1小時。
・莖的部分也含有大量營養，所以別丟掉，切碎使用。

凍 1個月

冷凍保存，香氣才能夠持久保留

配合料理用途，大略切段或切碎後冷凍。西洋菜不耐溫度變化，所以冷凍時要用塑膠袋分裝成小包裝。

・放**2～3**天香氣就會改變，因此要盡早冷凍。
・冷凍西洋菜不適合生吃，比較適合煮湯、熱炒、加熱之後涼拌。
・冷凍後，用菜刀也能輕鬆切斷莖的部分，可不退冰直接使用。

解凍方法

從冷凍室拿出後，就要立刻使用。

藏 1天

莖部泡水

容器裡裝水，莖部泡水冷藏。大約一天都還能夠保持水嫩。水要每2～3天換一次。

營養成分（可食用部分每100g）

項目	含量
熱量	15大卡
蛋白質	2.1公克
脂質	0.1公克
碳水化合物	2.5公克
礦物質	
鈣	110毫克
鐵	1.1毫克
維生素A β-胡蘿蔔素RE	2700微克
維生素B_1	0.10毫克
維生素B_2	0.20毫克
維生素C	26毫克

巴西里
（荷蘭芹、歐芹）

流通時期
1 2 3 4 5 6 7 8 9 10 11 12

常溫	冷藏	乾燥	冷凍
△	○	◎	○

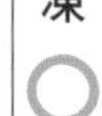

可一次性大量購買，做成乾燥巴西里粉。

因為採用溫室栽種，所以市面上一年四季都可以買到巴西里，不過3～5月、9～11月是產季，產季的巴西里葉片柔軟，而且風味更佳。巴西里多半是當作料理的配角，不過這種香草也含有豐富的維生素C、β-胡蘿蔔素等營養成分。其獨特的香氣是來自於洋芹醚這種成分，除了抗菌作用之外，還有預防口臭、增進食慾等功用。

可食用部分 100%

藏 10天　常 2～3天

泡水保存的話，放常溫也沒問題

巴西里的莖部泡水，就可以放常溫保存。冷藏的話，莖部可用濕的廚房紙巾包住，放塑膠袋裡冷藏。

・不耐溫差，所以保存時要注意。

乾 半年（冷藏）

只有葉子可選擇日曬或以微波爐烘乾

葉子部分撕成方便入口的大小，攤開放在竹篩等，在太陽下曬乾。如果採用微波爐加熱的方式，可在容器裡鋪上廚房紙巾，放上取掉莖部的巴西里，以微波爐600W加熱3分鐘。加熱到變酥脆時，顏色也會變得漂亮，香氣也更強烈。使用微波爐，便可以輕鬆做出乾燥巴西里。乾燥完畢後，把巴西里裝進容器放冷藏保存。

・**巴西里的維生素C含量比檸檬多，以新鮮狀態做保存處理，可以避免營養不流失。**
・**自製的乾燥巴西里色彩鮮豔，香氣也比市售產品強烈。**
・**乾燥巴西里浸泡在油裡，可以製作巴西里風味油。**

營養成分（可食用部分每100g）

項目	含量
熱量	43大卡
蛋白質	4.0公克
脂質	0.7公克
碳水化合物	7.8公克
礦物質	
鈣	290毫克
鐵	7.5毫克
維生素A β-胡蘿蔔素RE	7400微克
維生素B_1	0.12毫克
維生素B_2	0.24毫克
維生素C	120毫克

凍 1個月

裝進塑膠袋

用廚房紙巾包好，裝進塑膠袋放冷凍。

・徒手剝開裝在袋子裡的冷凍巴西里，可以輕鬆剝散。

解凍方法

從冷凍室拿出後，就要立刻使用。

常溫	冷藏	乾燥	冷凍
△	○	○	○

流通時期
1 2 3 4 5 6 7 8 9 10 12

羅勒

蔬菜

做成熱那亞青醬保存。

在日本市場流通的主要是甜羅勒。其香氣是來自於稱為丁香油酚的成分，具有抗菌、鎮靜作用。一般人常覺得羅勒多半出現在義大利菜裡，不過羅勒的原產地其實是印度，古老的傳統醫學阿育吠陀更將羅勒視為能夠延年益壽、使人不老不死的植物。

可食用部分 100%

凍 1個月

可用來煮湯或做燉煮料理

用保鮮膜包好，平放冷凍，避免疊放。

・冷凍羅勒可用在增添義大利麵、湯等的香氣。冷凍過後會變軟，不適合用於沙拉等。

解凍方法

從冷凍室拿出後，就要立刻使用。

乾 半年（冷藏）

使用自製乾燥羅勒，豐富料理香氣

放在太陽下曝曬，或是用微波爐（600W加熱3分鐘）都可以輕鬆製作。

・乾燥羅勒不會有巴西里那麼鮮豔的綠色，不過其香氣還是會保留下來。

藏 1週

保存時要避免水分流失

用濕的廚房紙巾包好，放回買來時裝羅勒的容器裡放冷藏。羅勒很容易壞掉，所以利用一些小技巧才能保存久一點。此外，羅勒不耐溫度變化，因此必須避免溫差。

熱那亞青醬

材料與做法（方便製作的份量）

❶準備食物調理機或果汁機，放入40公克**羅勒葉**、30公克起司粉、1顆蒜仁、1/3茶匙鹽、1/3量杯橄欖油，打成泥狀。

❷裝入容器，表面淋上少許橄欖油（另外準備），放冰箱冷藏保存。

營養成分（可食用部分每100g）

項目	含量
熱量	24大卡
蛋白質	2.0公克
脂質	0.6公克
碳水化合物	4.0公克
礦物質	
鈣	240毫克
鐵	1.5毫克
維生素A β-胡蘿蔔素RE	6300微克
維生素B_1	0.08毫克
維生素B_2	0.19毫克
維生素C	16毫克

蘘荷

流通時期

1 2 3 4 5 6 7 8 9 10 11 12

常溫	冷藏	乾燥	冷凍
×	○	○	○

可食用部分 100%

務必分成小包裝保存。

一年四季都可以買到溫室栽種的蘘荷，不過主要產季在夏初到秋天。淺紅色的外觀是具抗氧化作用的花青素所造成，碰到醋或檸檬等的酸類之後，顏色就會變得更鮮豔，因此經常作為醃漬製品的材料。主要食用的部位為花苞集結成的花穗，不過葉子和莖也含有對人體有益的成分，可以用來泡澡。

凍 1個月

用保鮮膜包好裝塑膠袋

一個個用保鮮膜包好，裝進塑膠袋放冷凍。或是用廚房紙巾包好，裝塑膠袋放冷凍也可以。配合料理用途切成小段、切絲等冷凍保存也很適合。

・冷凍後會喪失爽脆口感，不過烹調時會更容易入味。

解凍方法

一拿出冷凍室就要立刻使用，用菜刀就能夠輕鬆切開。

藏 10天

泡水能夠保留爽脆口感

如果10天左右就會使用完，可以在容器內裝水，放冷藏泡水保存。

乾 5天（冷藏）

對半切開或切成小段曬乾

對半切開或切成小段曬太陽。

・對半切開曬乾的蘘荷，適合作為熱炒或煮湯的材料。
・切小段的蘘荷適合當成辛香料使用。

營養成分（可食用部分每100g）

熱量	12大卡
蛋白質	0.9公克
脂質	0.1公克
碳水化合物	2.6公克
礦物質	
鈣	25毫克
鐵	0.5毫克
維生素A β-胡蘿蔔素RE	31微克
維生素B_1	0.05毫克
維生素B_2	0.05毫克
維生素C	2毫克

漬 2天（冷藏）

酸蘘荷

材料與做法（方便製作的份量）

❶準備6個蘘荷對半縱切，50公克嫩薑去皮，切成薄片。
❷小鍋中倒入基本醃漬液（請見P.27），以中火加熱到沸騰後，轉小火倒入①。加熱1分鐘後關火放涼。
❸裝入容器，放冰箱冷藏保存半天以上。

常溫	冷藏	乾燥	冷凍
○	○	○	○

流通時期 1 2 3 4 5 6 7 8 9 10 11 12

迷迭香

雞肉料理少不了它，適合很多種的保存方式。

迷迭香在香草植物中，特別具有強大的抗氧化作用，因此也被稱為「回春草」。其清爽的香氣與抗氧化作用，來自於針葉樹也含有的成分「萜烯」。葉子摸起來有點黏的，表示精油含量多，被視為是優質品。

可食用部分 100%

藏 1週

保存時要避免水分流失

用濕的廚房紙巾包好，放回購買時所附的容器，冷藏保存。

凍 1個月

整株冷凍才能保留香氣

生的迷迭香，連同莖部一起裝進塑膠袋冷凍。
・冷凍後，依舊帶有迷人的香氣。

解凍方法

含水量少，因此從冷凍室拿出來也不會出水。

乾 半年（冷藏）

曝曬陽光或以微波爐加熱

徒手從莖上撕下葉子，放在太陽下曬乾，或是用微波爐加熱2分鐘。

- 乾燥迷迭香混入奶油或奶油起司，可製成迷迭香醬，香氣會更加明顯。
- 乾燥後的香氣依舊能夠完整保留，因此也適合用在肉類料理的提味上。

迷迭香醬

材料與做法（方便製作的份量）

❶準備食物調理機或果汁機，放入30公克核桃、1顆蒜仁切成的蒜末、70毫升橄欖油、50公克撕碎的迷迭香葉子（洗淨並瀝乾水分）、1/3茶匙鹽。
❷用機器打到變成糊狀。
❸裝入容器，淋上少許橄欖油（另外準備），放冰箱冷藏保存。

蔬菜

香草類

流通時期

1 2 3 4 5 6 7 8 9 10 11 12

常溫	冷藏	乾燥	冷凍
△	◎	○	○

泡水保存就可以保鮮。

可食用部分 100%

藏 2週

確保水分，泡水保存

放入裝水的容器裡，冷藏保存。或是將濕的廚房紙巾輕輕擰乾多餘水分，包住香草類蔬菜冷藏。廚房紙巾一變乾，就要用噴水瓶等稍微噴濕。冷藏約可存放2週。

・**泡水放冷藏保存的香草類，香氣會比剛買來時更強烈。**

凍 1個月

可以連同莖部一起冷凍

直接裝進塑膠袋冷凍保存。或者，把薄荷葉放入製冰盒，加水進去，結凍後就是薄荷冰塊了。

・做成氣泡水或薄荷茶，其香氣不輸給新鮮的香草。

・香草類都含有耐熱的成分，所以冷凍香草可直接加熱烹調，不需要退冰。

解凍方法

一拿出冷凍室就要立刻使用。尤其是薄荷，離開冷凍室後葉子就會變黑，所以要馬上用掉。

乾 半年(冷藏)

乾燥薄荷也適合拿來做甜點

徒手從莖上撕下葉子，放在陽光下曬乾，或是用微波爐加熱3分鐘。

・**乾燥薄荷搭配羔羊肉等特殊氣味明顯的肉類時，可以消除異味。**

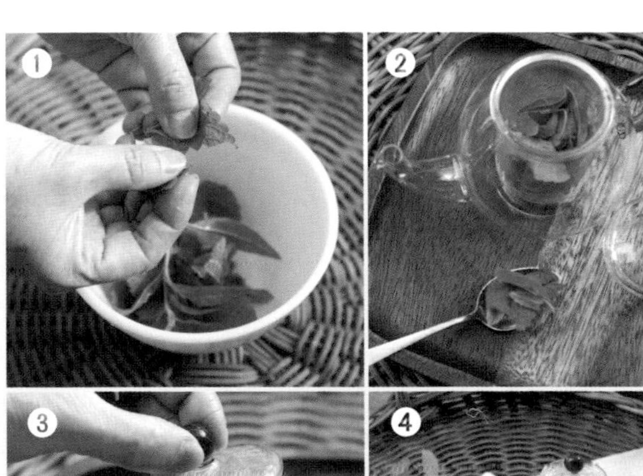

香草茶

❶香草類植物（冷藏）輕輕洗去髒污，拿掉粗莖和損傷的葉子後，徒手撕碎（較容易釋放出香草類的精華）。準備適量的檸檬草，用廚房料理剪刀剪成適當長度。

❷把1茶匙（尖匙）的①倒入茶壺（1人份）。注入95～98℃的熱水蓋過香草葉，蒸煮3分鐘。莖和花苞等較硬的部分要泡5分鐘。

❸輕輕搖晃茶壺，使茶水濃度均勻後，倒入茶杯。

※茶杯最好事先溫熱過。

常溫	冷藏	乾燥	冷凍	流通時期 1 2 3 4 5 6 7 8 9 10 11 12
△	○	△	○	

白花菜

冷凍後，可用於各類料理。

日本全國都有錯開採收期栽種，因此一年四季都能買到白花菜，不過最好吃的季節是11月～翌年3月左右。通常隱身在青花菜的陰暗處，所以含有豐富的維生素C，含量甚至是高麗菜的2倍。可以生吃，所以也適合做成西式醃漬。

可食用部分 98% 葉子也可使用

凍 1個月

不分切小塊，直接保存

莖和花蕾的部分硬度差不多，所以不分切，直接裝進塑膠袋冷凍保存，使用前不必解凍，可直接做成濃湯或是水煮做沙拉、熱炒等，各式各樣的料理皆可使用。

- 冷凍破壞了纖維，很快就變軟，因此建議煮湯。
- 水煮過後維生素C的含量會減半，因此建議直接熱炒或做成西式醃漬等。

解凍方法

拿出冷凍室後，要盡快使用。

酸白花菜

材料與做法（方便製作的份量）

❶準備150公克冷凍白花菜，大略洗過之後擦乾水分。

❷小鍋中倒入基本醃漬液（請見P.27），放入3粒丁香，加熱煮到沸騰後轉小火，加入①，繼續加熱2分鐘之後，關火放涼。

❸裝進容器裡，放冰箱冷藏保存半天以上。

藏 10天

注意避免乾燥

一旦乾燥，花蕾就會變黃，風味也會變差，因此要先用廚房紙巾包好，再裝進塑膠袋冷藏保存。

常 1天

整顆保存是基本原則

放在陰涼處保存。有時可能只放一天花蕾就會變褐色，必須留意。

乾 3天（冷藏）

鬆軟口感充滿魅力

分成小朵清洗乾淨後，擦乾水分，放在太陽下曬2～3天。最適合用於熱炒。

營養成分（可食用部分每100g）

項目	含量
熱量	27大卡
蛋白質	3.0公克
脂質	0.1公克
碳水化合物	5.2公克
礦物質	
鈣	24毫克
鐵	0.6毫克
維生素A β-胡蘿蔔素RE	18微克
維生素B_1	0.06毫克
維生素B_2	0.11毫克
維生素C	81毫克

蔬菜

青花菜

流通時期

常溫	冷藏	乾燥	冷凍
△	○	△	○

可食用部分 100% 除去葉子

冷凍仍能保留口感。

一年四季都能買到的代表性黃綠色蔬菜，含有大量具抗氧化作用的β-胡蘿蔔素、維生素C。值得注意的是其辣味成分「蘿蔔硫素」，據說有預防癌症等文明病的效果。想要有效攝取青花菜的水溶性維生素，相較於水煮，更建議用少量的水清蒸。

凍 1個月

莖和花蕾的部分分開保存

將莖和花蕾切開，分別裝進塑膠袋放冷凍。莖和花蕾的硬度不同，這樣保存比較方便分開烹調。以生食狀態直接冷凍，才能夠確保維生素等營養不流失。花蕾部分可直接用於奶油白醬等料理。

- 解凍後也不會變太軟，仍然有口感，可以做成沙拉等料理。
- 用於熱炒、清蒸等料理的方法，新鮮青花菜也一樣。

花蕾部分可直接用於奶油白醬等。

解凍方法

一拿出冷凍室就要盡早使用完。

莖的部分無須解凍，直接用於西班牙橄欖油蒜味蝦或熱炒等。

藏 10天

注意避免乾燥

一旦乾燥，花蕾就會變黃，風味也會變差，因此要先用廚房紙巾包好，再裝進塑膠袋冷藏保存。

常 1天

整顆保存是基本原則

放在陰涼處保存。有時可能只放一天，花蕾就會變褐色，必須留意。

乾 3天（冷藏）

爽脆口感最具魅力

分成小朵，清洗乾淨後擦乾水分，放在太陽下曬2～3天。最適合燉煮、熱炒使用。

營養成分（可食用部分每100g）

項目	含量
熱量	33大卡
蛋白質	4.3公克
脂質	0.5公克
碳水化合物	5.2公克
礦物質	
鈣	38毫克
鐵	1.0毫克
維生素A β-胡蘿蔔素RE	810微克
維生素B_1	0.14毫克
維生素B_2	0.20毫克
維生素C	120毫克

品種

產季是秋天～翌年春天，不過夏季時有種植在涼爽高地的青花菜可以採收。進口商品則是從美國西岸冷凍運送，大約2～3天的海運時間。

青花菜

原產於地中海沿岸地區，從野生高麗菜（甘藍）演變成的蔬菜。我們一般吃的是其小花苞集結構成的花蕾，以及莖的部分。選購時要挑花苞密集的青花菜。

青花筍

不需要分成小朵處理的人氣品種。長莖的部分也很柔軟，味道類似蘆筍。在日本最具代表性的品種是「阪田種子」公司研發出來的「Broccolini*」。通常用於製作沙拉或肉類料理等的配菜。

＊編注：Broccolini就是臺灣一般看到的青花筍。日本阪田種子公司於九〇年代研發出來之後，推廣到墨西哥、美國等地，在美國稱為Broccolini，在墨西哥則稱為Asparation。

紫花菜

特徵是花蕾呈鮮豔的紫色，這個顏色來自於花青素（多酚的一種）。水煮之後會變綠色，也帶有甜味。

青花菜濃湯

材料與做法（2人份）

❶以鍋子融化10公克的奶油，加入150公克分成小朵的冷凍青花菜（花蕾），炒到變軟為止。
❷加水，至勉強可以蓋過青花菜的高度後，以小火煮到青花菜軟爛。
❸關火，用蔬果調理機*打到變滑順（沒有蔬果調理機，也可拿湯杓等器具壓碎）。
❹倒入1量杯牛奶加熱，加入少許鹽和胡椒調味。
❺盛盤，可依照個人喜好淋上鮮奶油。

＊編注：可以用果汁機、食物調理機、均質機（手持攪拌棒）代替，但是要注意容器是否耐熱。用果汁機、食物調理機攪打時，上蓋不要完全密封，方便熱氣排出，才不會噴發爆開。

清蒸鮭魚青花菜

材料與做法（2人份）

在平底鍋裡放入2片生鮭魚，以及6～8朵冷凍青花菜，加入少許鹽和胡椒、2大匙白葡萄酒，加熱煮到沸騰後，蓋上鍋蓋，改以小火蒸約5分鐘。

青花菜香腸拿波里義大利麵

材料與做法（1人份）

❶準備100公克義大利麵（圓直麵），按照包裝袋上的建議時間水煮。
❷在義大利麵水煮完成前的2分鐘，加入5朵冷凍青花菜，以及1條切成薄片的德式香腸一起水煮，再用篩網撈起瀝乾。
❸在平底鍋裡加入2大匙番茄醬，以小火炒1～2分鐘，加入②，讓所有食材均勻裹上番茄醬，再加入少許鹽和胡椒調味。
❹盛盤，灑上適量的起司粉。

蔬菜

蘆筍

流通時期

1 2 3 4 5 6 7 8 9 10 11 12

常溫	冷藏	乾燥	冷凍
△	○	△	○

可食用部分 98% 只丟棄硬皮

水煮後，泡水冷藏保存。

因為有進口蘆筍的緣故，因此一年四季都能買到，不過日本國產的露天栽種蘆筍上市時期為春天～夏初。蘆筍含有大量能夠消除疲勞的天門冬胺酸，以及有助於預防貧血的葉酸，其穗尖的營養價值也很高。事前備料時，在水煮蘆筍時加入削掉的蘆筍硬皮，可增加其風味。

藏 5天（生食）／4天（水煮）

汆燙後冷藏，口感更好

蘆筍燙熟之後泡水保存。如果是生蘆筍，可用濕的廚房紙巾包好，再裝進塑膠袋放冷藏。

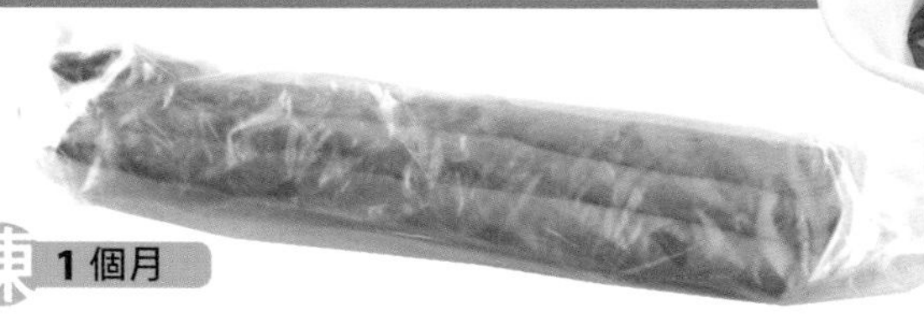

凍 1個月

生的放冷凍，無須解凍即可使用

蘆筍裝進塑膠袋冷凍保存。

・口感會變軟，但烹調時容易入味，因此適合燉煮等湯汁多的料理。
・不適合熱炒。
・當季的蘆筍具有5倍以上的抗氧化力，所以將盛產期的蘆筍冷凍起來，能夠保留其營養。

解凍方法

無須泡水，放在常溫中約30秒，就能夠用菜刀順利切開。解凍後不會出水也不會變色。

蘆筍切碎食用，味道十分美味！

冷凍蘆筍用中大火炒過或水煮，就會變柔軟。但蘆筍有粗纖維，冷凍過也會變得比較沒有嚼勁，所以搭配肉類或蔬菜等其他材料一起烹調，會比單吃更容易掩飾這種缺點。另外，切碎來吃也很美味。

營養成分（可食用部分每100g）

項目	含量
熱量	22大卡
蛋白質	2.6公克
脂質	0.2公克
碳水化合物	3.9公克
礦物質	
鈣	19毫克
鐵	0.7毫克
維生素A β-胡蘿蔔素RE	380微克
維生素B_1	0.14毫克
維生素B_2	0.15毫克
維生素C	15毫克

鯷魚炒蘆筍

材料與做法（方便製作的份量）

❶在熱好的平底鍋裡加入1茶匙橄欖油、1/2茶匙蒜末，炒出香氣後，加入4根切成方便入口大小的冷凍蘆筍。

❷蘆筍炒熟後，加入1條罐頭鯷魚柳，將所有材料混合均勻。

常溫	冷藏	乾燥	冷凍	流通時期 1 2 3 4 5 6 7 8 9 10 11 12
○	○	○	○	

西洋芹

蔬菜

冷凍保存後，香氣會變得較溫和。

日本全國各地均有錯開採收期栽種，因此一年四季都能買到。其獨特的香氣含有稱為「芹菜鹼」的多酚，能夠有效消除焦慮及不安的情緒。西洋芹的葉子營養價值比根莖部更高，因此使用時不要浪費。

可食用部分 100%

凍 1個月 常 2天

切成喜歡的大小保存

冷凍西洋芹可以用菜刀輕鬆切開，所以可切成喜歡的大小，再裝進塑膠袋放冷凍。葉子和莖部要一起冷凍。

- 冷凍西洋芹的葉子適合用來煮湯等料理。
- 加入湯裡就會變濃稠，但不會有特殊的臭味，討厭西洋芹的人建議可以嘗試此種做法。
- 西洋芹所含的營養成分很耐熱，所以冷凍後可直接用於燉煮或熱炒。

解凍方法

從冷凍室拿出後，就要立刻使用。

藏 5～7天

補充水分，避免乾燥

拿噴水瓶稍微噴濕廚房紙巾，包好西洋芹後放冷藏保存。用毛巾包裹的話，需要時不時噴水，以補充水分避免乾燥，才能夠保存得更久。

乾 1週（冷藏）

香氣得以濃縮

葉子和莖部分開乾燥。最適合用於燉煮料理或煮湯。

西芹拌烏賊

材料與做法（2人份）

❶準備1根冷凍西洋芹，去筋，斜切成5公釐的薄片。1/2尾冷凍烏賊撕去皮，切成7公釐厚的圈狀。
❷把①的材料汆燙後瀝乾。
❸調理盆中加入3大匙白酒醋、1大匙芥末籽醬、1大匙蜂蜜、1大匙鮮榨檸檬汁，混合均勻。
❹加入②，放涼等待入味。

營養成分（可食用部分每100g）

項目	含量
熱量	15大卡
蛋白質	0.4公克
脂質	0.1公克
碳水化合物	3.6公克
礦物質	
鉀	410毫克
鈣	39毫克
鐵	0.2毫克
維生素A β-胡蘿蔔素RE	44微克
維生素B_1	0.03毫克
維生素B_2	0.03毫克
維生素C	7毫克

蔬菜

豆芽菜

流通時期

1 2 3 4 5 6 7 8 9 10 11 12

常溫	冷藏	乾燥	冷凍
×	◎	○	○

可食用部分 100%

泡水冷藏，才能夠享受爽脆口感。

豆芽菜有95%都是水分，是很適合減肥時吃的蔬菜，而且營養豐富，含有能消除疲勞的維生素B_1、強化骨頭與牙齒的鈣、具抗氧化作用的維生素C。涼水下鍋煮至沸騰，能夠煮出爽脆口感。若直接用滾水汆燙，會把豆芽菜煮軟，不過能夠保留比較多的營養成分。

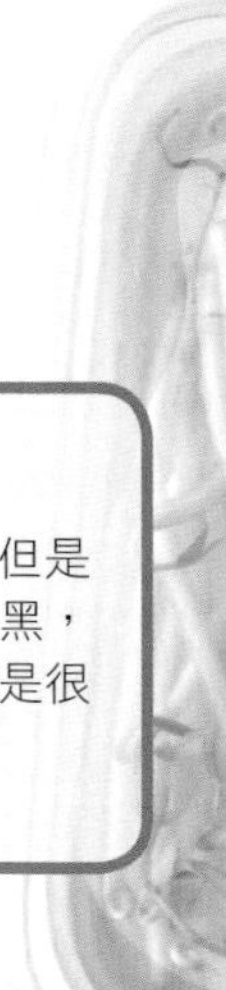

藏 1週

泡水冷藏

以泡水的狀態冷藏，大約可保存1天，但是每2天就要換一次水。根部如果有點發黑，就代表食材的新鮮度即將下降。雖然還是很爽脆，但建議盡早烹煮為佳。

乾 4天（冷藏）

體積縮小，可以吃下更多份量

洗淨後瀝乾水分，攤開放在竹篩上曝曬2天。

凍 3週

用廚房紙巾包住

拿廚房紙巾包好後，再裝塑膠袋裡放冷凍。如此保存的話，烹調時，豆芽菜就能夠維持完美的狀態。泡水或放在常溫中退冰的話，豆芽菜會變得水水的，風味也會變淡，導致美味減半。

- 口感雖然會變得比較軟，不過更容易入味。
- 豆芽菜冷凍時，拔掉鬚根會使營養流失，所以要保留鬚根一起冷凍。鬚根也含有豐富的維生素C和膳食纖維。

解凍方法

從冷凍室拿出後，就要立刻使用。

營養成分（可食用部分每100g）

項目	含量
熱量	14大卡
蛋白質	1.7公克
脂質	0.1公克
碳水化合物	2.6公克
礦物質	
鈣	10毫克
鐵	0.2毫克
維生素A β-胡蘿蔔素RE	6微克
維生素B_1	0.04毫克
維生素B_2	0.05毫克
維生素C	8毫克

品種

一年四季都能買到，而且價格都很實惠。其中約有85%是以綠豆為原料，因為是工廠生產，所以不受天候影響。

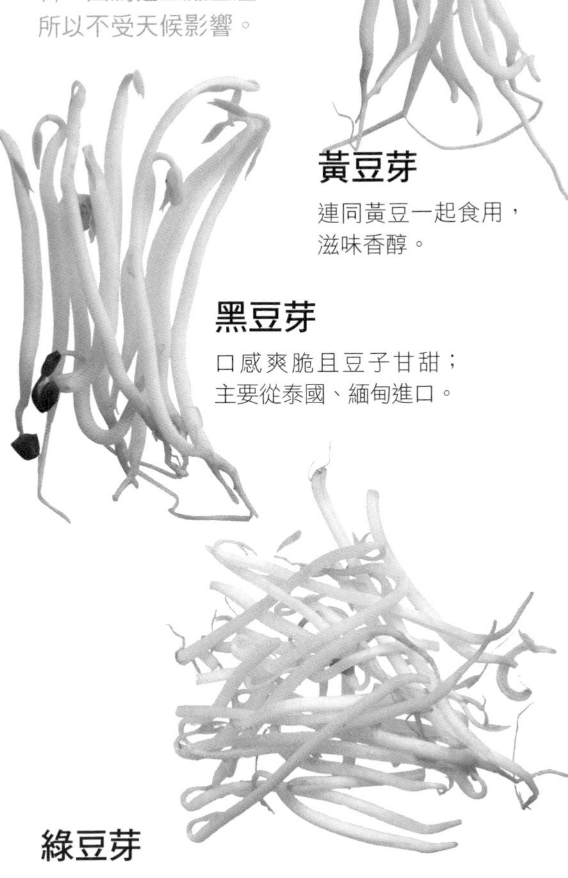

黃豆芽

連同黃豆一起食用，滋味香醇。

黑豆芽

口感爽脆且豆子甘甜；主要從泰國、緬甸進口。

綠豆芽

由綠豆發芽而成；白色部分有光澤，帶有甜味。

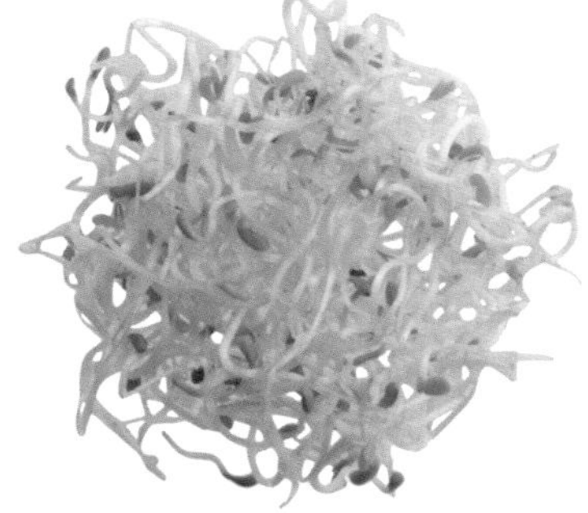

苜蓿芽

由牧草「紫花苜蓿」的種子發芽而成，含有豐富的營養成分。

韓式涼拌豆芽菜

材料與做法（方便製作的份量）

❶準備1/2包冷凍黃豆芽，以熱水汆燙後，撈起擠乾水分。

❷在調理盆中放入2茶匙麻油、1/3茶匙鹽、1大匙磨碎的白芝麻、少許蒜泥，混合均勻。

❸加入①拌勻。

蒜鹽炒豆芽

材料與做法（方便製作的份量）

平底鍋裡放入1茶匙蒜末、1茶匙橄欖油加熱，炒出香味後，加入冷凍豆芽菜，以大火快炒1分鐘，再加入1/4茶匙鹽、少許胡椒調味。也可以依照個人喜好灑些咖哩粉。

豌豆苗

流通時期

1 2 3 4 5 6 7 8 9 10 11 12

常溫	冷藏	乾燥	冷凍
○	○	×	○

可食用部分 80% 只丟棄根

價格經濟實惠，而且營養豐富。

豌豆苗是豌豆發芽的嫩芽，一年四季都可以買到水耕栽種的產品。可以生吃，不過汆燙過能夠緩和其獨特的草味。含有豐富的β-胡蘿蔔素、維生素C、維生素K。用油炒過可以減少其體積，而且更容易入口，也能夠提高脂溶性維生素的吸收率。

藏 10天 常 1週

保存時，要防止水分蒸發

切掉根部，用濕的廚房紙巾包住莖部，再裝進容器裡冷藏保存。另一種方式是泡在裝水容器裡保存，這種方法就不需要用到廚房紙巾。冷藏方式與豆芽菜相同。

- **豌豆苗所含的營養成分適合與油脂一起攝取，所以烹調方式建議熱炒為主。**

凍 3週

適合有湯水的料理

切掉根部，切成5公分長，裝進塑膠袋冷凍保存。

- 會失去爽脆口感，因此適合煮湯等料理。
- 想要熱炒烹調時，可以淋上蛋液一起炒，或是當作澆頭配料的材料。

解凍方法

從冷凍室拿出後，就要立刻使用。

豆苗鮪魚沙拉

材料與做法

（方便製作的份量）

❶調理盆中放入1/2包切成方便食用大小的冷凍豌豆苗、1罐的罐頭鮪魚（小罐）、2公克柴魚片、少許醬油，拌勻。

❷盛盤，可依照個人喜好繞圈淋上辣油。

營養成分（可食用部分每100g）

項目	含量
熱量	27大卡
蛋白質	3.8公克
脂質	0.4公克
碳水化合物	4.0公克
礦物質	
鈣	34毫克
鐵	1.0毫克
維生素A β-胡蘿蔔素RE	4100微克
維生素B_1	0.24毫克
維生素B_2	0.27毫克
維生素C	79毫克

切斷的地方會長出新芽，可以再採收一次

從包裝盒取出豌豆苗後，在容器內裝水，放入豌豆苗和海綿，再放到日照良好的地方栽種。要使用時，從莖部切斷，保留根部，放在同樣的地方繼續種植，就會再長出來新芽，便可繼續切下使用。

常溫	冷藏	乾燥	冷凍
○	○	×	○

流通時期 1 2 3 4 5 6 7 8 9 10 11 12

芽菜

拿濕的廚房紙巾包好放冷藏。

蔬菜的新芽統稱「芽菜」，特徵是含有許多成長必須的營養成分。因為水溶性維生素很豐富，直接生吃新鮮的芽菜，能夠更有效率地吸收其營養。

可食用部分 90% 只丟棄根

蘿蔔嬰

青花菜芽

藏 5天

避免水分流失

拿濕的廚房紙巾包住莖部後，放入容器冷藏保存。或是直接放進裝水的容器裡冷藏。

・泡水會造成水溶性維生素流失，不過能夠保留其爽脆口感。

凍 3週

冷凍狀態直接吃也很爽脆

切掉根部，裝進塑膠袋冷凍保存。

・冷凍芽菜的營養價值不變。

・冷凍芽菜的口感會變得較差。

解凍方法

從冷凍室拿出後，就要立刻使用。

芽菜薯泥

材料與做法

（方便製作的份量）

❶準備1顆馬鈴薯，去皮，切成方便食用的大小，水煮後壓成泥，加入2茶匙美乃滋、少許的鹽和胡椒調味。

❷取適量冷凍芽菜，切成方便食用的大小，與薯泥拌在一起。

營養成分（可食用部分每100g）

項目	含量
熱量	21大卡
蛋白質	2.1公克
脂質	0.5公克
碳水化合物	3.3公克
礦物質	
鈣	54毫克
鐵	0.5毫克
維生素A β-胡蘿蔔素RE	1900微克
維生素B_1	0.08毫克
維生素B_2	0.13毫克
維生素C	47毫克

蔬菜

大蒜

流通時期	常溫	冷藏	乾燥	冷凍
1 2 3 4 5 6 7 8 9 10 11 12	○	○	○	○

家中常備材料，可用於各類料理。

大蒜是具有強健滋養功用的辛香料蔬菜，原本作為藥用植物。大蒜也含有蔥類特有的硫化物，與維生素B_1結合後，能夠加強消除疲勞的效果。生蒜刺激性很強，因此生吃時要避免過量。

凍 1個月 藏 3週 常 3週

分成一顆顆的蒜仁保存

將蒜仁一顆顆分開，不需要剝皮，裝入容器後可常溫保存。冷凍、冷藏保存也是以同樣的方式。

- 冷凍過的蒜仁會稍微變軟，不過不影響烹調使用。
- 切碎冷凍的蒜末並用油炒過，能夠更加提升消除疲勞的效果。

解凍方法

冷凍大蒜可直接使用，一拿出冷凍室就要立刻用完。放一陣子才使用就會變得軟濕，並失去香氣。

發芽也沒關係嗎？

蒜芽並沒有毒，所以吃了也沒關係。只是蒜芽比較硬，建議切碎後再吃。

漬 1～2個月（冷藏）

醬油漬大蒜

材料與做法（方便製作的份量）

❶準備1整顆大蒜（蒜球），切掉根部、去皮，裝進瓶中保存。

❷倒入醬油蓋過大蒜。

※醃漬過的醬油可作為調味料，大蒜則切碎當作辛香料使用。可放在冷藏室長期保存。

※如果用帶皮冷凍保存的蒜仁製作，可去皮之後直接使用。

漬 1～2個月（冷藏）

油漬大蒜

材料與做法（方便製作的份量）

❶準備1整顆大蒜（蒜球）切碎。

❷把①裝進瓶中保存，倒入基本的油漬液（請見P.8）混合。放入冰箱冷藏1天以上。

乾 半年

切成薄片後徹底乾燥

去芯，切成薄片後曬乾。曬乾後，不裹粉漿直接油炸就十分美味。

營養成分（可食用部分每100g）

項目	含量
熱量	136大卡
蛋白質	6.4公克
脂質	0.9公克
碳水化合物	27.5公克
礦物質	
鈣	14毫克
鐵	0.8毫克
維生素A β-胡蘿蔔素RE	2微克
維生素B_1	0.19毫克
維生素B_2	0.07毫克
維生素C	12毫克

常溫	冷藏	乾燥	冷凍
○	○	◎	◎

流通時期 1 2 3 4 5 6 7 8 9 10 11 12

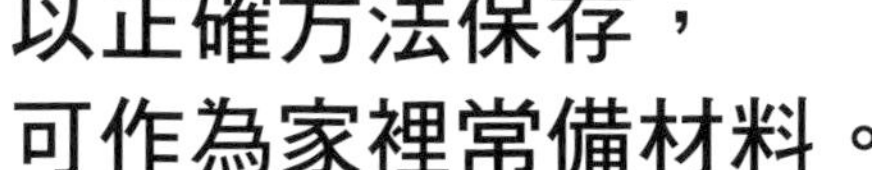

薑

可食用部分 99%

以正確方法保存，可作為家裡常備材料。

一年四季都能買到的辛香料蔬菜，7～8月會出現纖維柔軟水嫩的嫩薑。原產於熱帶亞洲，不過日本也是自古以來就有栽種和使用。其特有的辣味是來自於被稱為「薑醇（或稱薑辣素）」的成分，經過加熱或乾燥後，就會變成具有促進血液循環作用的薑酚。

凍 1個月 藏 2週 常 5天（整塊）

用廚房紙巾包好，再裝塑膠袋

用廚房紙巾包好，再裝進塑膠袋冷凍、冷藏保存。

- 冷凍或生吃的口感、風味幾乎相同，而且能鎖住營養。
- 冷凍、冷藏的薑，辣度會比生吃低一點。

解凍方法

冷凍薑放在室溫下只要約30秒，就能用菜刀輕易切開，也可以很輕鬆磨成薑泥，香氣也十分強烈，可直接用來烹調。

←曝曬1天半的乾燥狀態。

乾 半年（冷藏）

乾燥後能提升溫熱效果

切成薄片，排列在竹篩上，曝曬2天。乾燥薑片可用於薑湯、一般湯品、紅茶等溫熱身體的料理。

皮削掉比較好嗎？

靠近皮的地方香氣最強烈，辛辣成分也很強，所以使用時不用去皮。事先用湯匙等把外皮的髒污刮除乾淨即可。

發黴該怎麼辦？

局部出現白黴菌時，只要切成大塊，剩下的部分還是可以使用。如果長的是藍黴菌、黑黴菌、粉紅黴菌，對身體會有不良影響，因此最好不要再使用。

糖漬甜薑片

❶準備300公克冷凍薑塊，放在室溫下30秒～1分鐘，再用菜刀切成薄片。
❷鍋中倒入①、4量杯的水、200公克二號砂糖，以中火加熱，煮到糖液剩下一半時，再倒入瓶中保存。

營養成分（可食用部分每100g）

項目	含量
熱量	30大卡
蛋白質	0.9公克
脂質	0.3公克
碳水化合物	6.6公克
礦物質	
鈣	12毫克
鐵	0.5毫克
維生素A β-胡蘿蔔素RE	5微克
維生素B_1	0.03毫克
維生素B_2	0.02毫克
維生素C	2毫克

蔬菜

甘藷

流通時期

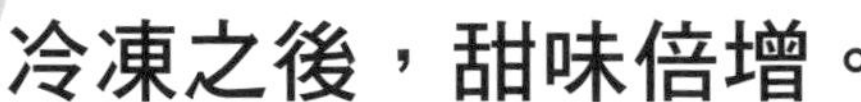

常溫	冷藏	乾燥	冷凍
○	○	◎	◎

冷凍之後，甜味倍增。

甘藷在貧瘠土地上也能夠長得很好，因此自古以來就是歉收、饑荒時珍貴的應急蔬菜。除了熱量來源的碳水化合物之外，還含有加熱也不易遭受破壞的維生素C、β-胡蘿蔔素、鉀、鈣等。表皮含具有抗氧化作用的多酚類，因此建議把皮洗乾淨，連皮一起吃。放在低溫環境容易凍傷，因此不適合直接冷藏保存。

常 1個月 藏 3週

放蔬果室保存

用廚房紙巾包好，再裝進塑膠袋，放在陰涼處或冰箱的蔬果室保存。

用瓦斯爐加熱比用微波爐更好

比起用微波爐加熱，用蒸的或烤的方式，更能使甘藷的甜度加倍。表皮含有大量抗氧化作用的多酚，所以建議連皮食用。

凍 1個月

稍微壓扁保存

切成1公分厚的圓片，水煮到變軟後，再裝進塑膠袋，用手輕輕壓扁，放冷凍保存。簡單加工之後，就可使用於各種料理上，例如：做成地瓜球、加進湯裡、做甘藷蒸糕或栗金團*。只要折斷取出要用的份量即可。

- 冷凍甘藷的甜味更高，是讓人放鬆的滋味。
- 事先切好冷凍，方便料理時使用。

*編注：栗金團是日本年菜之一，以調成甜味的甘藷泥混入糖煮栗子製成。

解凍方法

整顆冷凍的生甘藷可直接烘烤。烤甘藷時，用鋁箔紙包好再放烤箱。也可以冷凍狀態直接清蒸或水煮。切好冷凍的甘藷可用來做炸天婦羅或燉煮等料理。

營養成分（可食用部分每100g）

項目	含量
熱量	140大卡
蛋白質	0.9公克
脂質	0.5公克
碳水化合物	33.1公克
礦物質	
鈣	40毫克
鐵	0.5毫克
維生素A β-胡蘿蔔素RE	40微克
維生素B_1	0.10毫克
維生素B_2	0.02毫克
維生素C	25毫克

乾 1週

清蒸或水煮後脫水

蒸過或水煮過變軟的甘藷，曝曬大約1天，使其乾燥。乾燥的甘藷甜味會增加，可直接食用。紅春香（焦糖地瓜）、安納芋這類偏黏的品種適合這種處理方式。

品種

高甜度的品種愈來愈大受歡迎，9月到翌年4月左右較常見。通常會花2～3個月儲藏熟成，提高其甜度之後再出貨。

紅東

日本關東地區的代表品種，果肉呈鮮黃色。挑選時要挑表皮顏色均勻、整體圓胖的，質地偏粉且甜味強。

安納芋*

日本鹿兒島縣種子島安納地區的特產。甜味強，只要烤過就帶有濕黏滑順的口感。其橘色果肉是因為含有β-胡蘿蔔素，也有果肉為紫色的品種。目前在日本全國各地都有栽種。

＊編注：在臺灣稱安納地瓜。

鳴門金時*

主要產地在西日本，表皮呈均勻的鮮紅色。果肉帶有黏性，加熱後有高雅的清甜味。常用來製作烤甘藷或蜜甘藷等。

＊編注：在臺灣稱為栗子地瓜。

紫甘藷（Purple Sweet Lord）

風味是過去的紫色甘藷遠遠所不能及。含有豐富的甜味，不管是烤或蒸都十分美味。建議利用其鮮豔的顏色做成甘藷餅*。

＊編注：甘藷餅為日本發明的西點，用過篩的甘藷泥加入白糖、無鹽奶油、牛奶、香草或肉桂粉、烘焙用酒等，整成橢圓形，表面塗上蛋黃液後，放入烤箱烘烤製成。

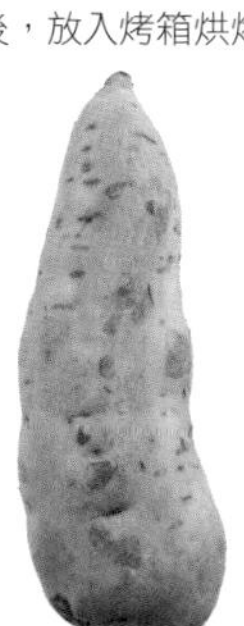

黃金千貫

此品種的甘藷因為當作燒酒（燒酎）原料而出名。表皮顏色類似馬鈴薯，而且有芽眼。果肉呈白色，特徵是有著清爽的甜味與濕黏的口感。

漬 4～5天

糖漬甘藷

將甘藷切成1公分厚的圓片，水煮到變軟，泡在糖水（白糖與水以1：1的比例溶解而成）中，冷藏保存。

義式風味甘藷炒豬肉

材料與做法（4人份）

❶將300公克豬肉切成1公分寬，以菜刀拍打，再灑上少許鹽和胡椒。

❷取300公克**整顆冷凍甘藷**，微波加熱4分鐘解凍（甘藷的大小會影響解凍時間）。等到甘藷變軟、可用菜刀切開，就帶皮切成滾刀塊，泡水後排列在耐熱容器裡，蓋上保鮮膜，微波加熱4～5分鐘。

❸以平底鍋加熱適量的橄欖油，把①煎到兩面金黃。

❹加入②和適量的巴西里香料，再加入巴薩米克醬（3大匙巴薩米克醋、1茶匙醬油、1茶匙蜂蜜，煮到濃稠收汁），大略拌炒直到所有食材裹上醬汁。

蔬菜

栗子

可食用部分 80% 只丟棄外殼

流通時期

1	2	3	4	5	6	7	8	9	10	11	12

常溫	冷藏	乾燥	冷凍
△	◎	◎	◎

冷凍後的甜度會增加3倍！

秋天的代表食材之一，產季很短，只在9～10月底左右。可食用的部分含有澱粉、維生素B_1、C、鉀等，澀皮（內側的薄皮）則含有大量抗氧化力強的單寧。生栗子容易乾掉，所以必須裝進塑膠袋等容器，再放入冷藏室保存。

凍 3個月 藏 3天 常 2天

帶殼保存

生的直接冷凍，或是帶殼水煮後，裝進塑膠袋冷藏、冷凍保存。

- 冷凍栗子的甜味十分強烈。
- 常溫無法長期保存，冷凍保存的話會變得更好吃。
- 栗子的營養成分耐熱，所以冷凍栗子可以直接帶殼水煮或清蒸。

解凍方法

如果是帶殼冷凍的生栗子，可直接放進滾水裡，以小火煮約50分鐘。冷凍過的栗子，外殼和澀皮之間會形成縫隙，可以輕鬆地剝開。

栗子澀皮煮

材料與做法（方便製作的份量）

❶鍋子裡煮沸大量熱水後關火，放入500公克帶殼冷凍栗子。等到熱水變溫，便取出栗子去殼，泡水。

❷栗子放入鍋中，倒入可以蓋過栗子的水量，加入1茶匙小蘇打粉攪拌，加熱到沸騰後轉小火，繼續煮約20分鐘。

❸用篩網撈起②瀝乾，再以流動的清水輕輕沖洗栗子。

❹重複②和③的步驟兩次。

❺拿竹籤挑掉栗子的筋，以手指輕輕搓掉澀皮後泡水。

❻把⑤的水分瀝乾後秤重，準備其重量40%的白糖。

❼在鍋中放入栗子與差不多蓋過栗子的水，加熱直到快要沸騰時，倒入1/3份量的白糖煮到溶解，再分兩次加入剩下的白糖。以極小火一邊煮一邊去除雜質，煮約1小時後關火放涼。

❽用篩網撈起⑦，剩下的糖水以大火煮到剩下2/3的量，再把栗子放回糖漿裡，加熱到快要沸騰時關火，趁熱裝瓶保存。

營養成分（可食用部分每100g）

項目	含量
熱量	164大卡
蛋白質	2.8公克
脂質	0.5公克
碳水化合物	36.9公克
礦物質	
鈣	23毫克
鐵	0.8毫克
維生素A β-胡蘿蔔素RE	37微克
維生素B_1	0.21毫克
維生素B_2	0.07毫克
維生素C	33毫克

常溫	冷藏	乾燥	冷凍
×	○	○	○

流通時期
1 2 3 4 5 6 7 8 9 10 11 12

竹筍

蔬菜

冷凍保存的話，要在 1 個月內用完。

竹筍是竹子埋在土裡的嫩芽，採收期通常是在4～6月。含有豐富的鮮味成分麩胺酸、天門冬胺酸，以及能有效預防高血壓的鉀等。其澀味來源的草酸，從採收下來後含量就會愈來愈多，所以必須盡早先汆燙處理。

切成方便入口的大小

水煮後切成方便入口的大小，裝進塑膠袋攤平，放冷凍保存。保存期限如果超過1個月以上，竹筍口感就會變得不佳，必須留意。

・冷凍竹筍可以直接水煮來吃。水煮後的口感不會改變，所含的營養成分也幾乎不會流失。

解凍方法

從冷凍室拿出後，就要立刻使用。

藏 1週

整根泡水

水煮後，放進裝水的容器冷藏保存。

乾 1週（冷藏）

水煮竹筍切成薄片曬乾

竹筍曬乾脱水能夠提升鮮味，適合用來煮竹筍飯。

竹筍炒時蔬

材料與做法（2人份）

❶準備1/2根冷凍竹筍、1/2顆紅甜椒、1/2顆黃甜椒，分別切絲。將1/2塊油豆腐切成1.5公分厚的薄片。

❷以平底鍋加熱適量的沙拉油，放入①拌炒。炒熟後，加入3大匙蠔油、2茶匙魚露、1大匙白糖、1茶匙蒜泥調味。最後繞圈淋上適量的太白粉水勾芡，稍微拌一下即可。

營養成分（可食用部分每100g）

項目	含量
熱量	26大卡
蛋白質	3.6公克
脂質	0.2公克
碳水化合物	4.3公克
礦物質	
鈣	16毫克
鐵	0.4毫克
維生素A β-胡蘿蔔素RE	11微克
維生素B_1	0.05毫克
維生素B_2	0.11毫克
維生素C	10毫克

山菜

流通時期

1 2 3 4 5 6 7 8 9 10 11 12

常溫	冷藏	乾燥	冷凍
△	○	○	○

可食用部分 98%

楤木芽

藏 3天

生食直接裝入容器保存

生的楤木芽用廚房紙巾包好，放入容器冷藏保存。

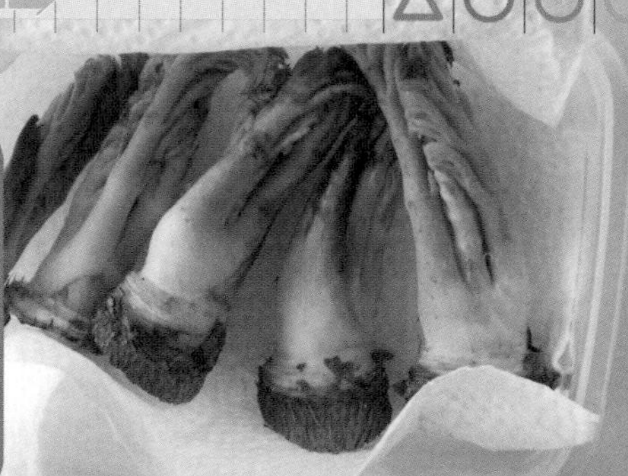

汆燙後，擦乾冷藏保存

汆燙30秒，擦乾水分，削掉褐色硬皮後，再裝進塑膠袋冷藏。

凍 1個月

汆燙後，擦乾冷凍保存

汆燙30秒，擦乾水分，削掉褐色硬皮後，再裝進塑膠袋放冷凍，或是抹上楤木芽重量10%的鹽，裝進容器或塑膠袋冷藏、冷凍。

解凍方法

從冷凍室拿出後，要盡快使用。

莢果蕨

解凍方法

從冷凍室拿出後，要盡快使用。

流通時期

1 2 3 4 5 6 7 8 9 10 11 12

抹上莢果蕨重量10%的鹽，裝進容器或塑膠袋，冷藏或冷凍保存。

凍 1個月 藏 3天

水煮後，擦乾保存

清洗乾淨，用滾水煮1分鐘，擦乾水分，再裝進容器或塑膠袋，冷藏或冷凍保存。

・快速冷凍保存，可以完全保留住香氣。

第2章

水果

水果保存的基本原則

水果包括草莓、哈密瓜這類的「人工栽培作物」，以及柿子、桃子這類「果樹結果作物」。

其中，還可分為熟成之後採收的水果，以及採收之後再「催熟」的水果。有些水果放冰箱冷藏會延遲催熟，導致缺乏了熟成後的風味；但也有些水果放常溫會過熟，很快就腐爛掉。

水果的甜味來自於「蔗糖」、「果糖」和「葡萄糖」。當中「果糖」在冰過之後，甜味會更加明顯。蘋果、梨、葡萄等果糖含量高，香蕉、鳳梨等則幾乎不含果糖。

水果的甜味、酸味、香氣達成平衡時最為美味，希望各位也一起學會保存水果美味的方式。

熱帶地區栽種的水果，採低溫保存往往會破壞風味。但夏天就是想吃冰冰涼涼的水果，這種時候就建議在食用之前，先把水果放在冷藏室幾個小時，將其冰透。

催熟後再吃的水果

大部分的水果，通常是尚未成熟時就會採收下來，陳列在店裡後才催熟。因為完全成熟的水果銷售時間短，而且容易腐爛掉。

像是香蕉、鳳梨、西洋梨等水果就必須催熟。而冬季常見的柑橘類，近來也是在採收後經過一段時間催熟，提高甜度之後才出貨。

了解恰當的品嚐時機，以適合的溫度保存管理，就是水果好吃的關鍵。

小心會產生乙烯氣體的水果！

草莓、櫻桃、藍莓等果肉柔軟、容易損傷的水果，要放在冰箱冷藏室保存。另外，會產生大量乙烯氣體的蘋果、哈密瓜、柿子、桃子等，如果放在蔬果室保存，必須裝進塑膠袋徹底密封，才能夠避免造成其他蔬果過熟壞掉。相反地，如果有水果想要催熟，則可以跟蘋果一起裝進塑膠袋，就能夠加速熟成。

在家也能輕鬆製作水果乾

將水果切成薄片，攤開放在網子或竹篩上，不要重疊，擺在通風良好的地方直到徹底晾乾即可完成。完成的時間根據水果的種類與含水量而有不同，不過大致上的參考值是 2 天（48 小時）。在比較乾燥的冬季，也可以放在室內晾乾。完成的水果乾裝進密封罐放冷藏保存，記得要在 1 週內食用完畢。

冷凍水果要小心 別過度解凍

成熟的水果沒有立刻要吃的話，建議冷凍保存。冷凍水果如果退冰過度，就會出水變得軟爛，所以建議以半解凍狀態當成冰沙享用；或是不退冰，直接加進燉煮、湯等料理加熱。

整顆用保鮮膜包好

奇異果、桃子、柿子等外皮薄的水果，可以整顆帶皮冷凍。解凍時，泡水變成半解凍狀態，就能夠徒手將皮撕下。

切法

檸檬、鳳梨等切成一口大小再冷凍會比較方便。鳳梨的纖維多，切塊冷凍也不會改變口感，冰凍的狀態下直接吃也很美味。

果醬的基本製作方式

果醬是以前的人們為了保存盛產水果而想出來的保存方法。為了留住大量吃不完的美味水果，不如試試做成果醬吧！白糖能夠幫助食材保存得更久，甜度愈高就可以存放愈久。水果與白糖的比例為2：1時，放冰箱冷藏保存的期限是2週；比例為3：1的話，大約是7～10天。

❶梅子果醬

材料（方便製作的份量）

完全成熟的梅子…300公克
白糖…100～150公克（可依照個人喜好調整）
水…1/2量杯

做法

❶以竹籤挑掉梅子的蒂頭後，準備接下來的去澀。把梅子和大量的水放進大鍋裡，加熱直到快要沸騰，倒掉熱水。
❷再加一次水，到差不多蓋過梅子，以小火加熱20分鐘，關火。稍微降溫後，整鍋倒在篩網上過濾出梅子，拿木杓等器具將果肉和籽分離。
❸把②的去籽梅肉放進鍋中，加入砂糖和材料表中的水，加熱到沸騰後轉小火，一邊攪拌一邊煮10～15分鐘後收汁。放涼後，裝瓶放冰箱冷藏室保存。

❷草莓果醬

材料（方便製作的份量）

草莓（去蒂）…400公克
精製細砂糖…160公克（參考值為草莓果肉重量的40%）
檸檬汁…1大匙

做法

❶將草莓洗淨擦乾，放進調理盆裡，裹上精製細砂糖，靜置3個小時以上等待出水。期間要不時翻拌草莓，但動作要輕，避免壓爛果肉。
❷把①的草莓用篩網撈起，瀝出汁液。
❸把②的汁液倒入小鍋裡，以中火加熱，煮至黏稠狀。
❹在③裡加入②的草莓與檸檬汁，一邊煮一邊撈除雜質。等到草莓吸飽糖漿膨脹、整體變得軟爛，即可完成。

水果

蘋果

流通時期

1 2 3 4 5 6 7 8 9 10 11 12

常溫	冷藏	乾燥	冷凍
○	○	○	◎

可食用部分
99%
切成圓片可減少損失

冷凍後更容易去皮。

產季為秋～冬天的水果，不過久放也不易流失風味，所以幾乎一年四季都能買到。蘋果被視為人類最早食用的水果，營養含量豐富，甚至有著「一天一蘋果，醫生遠離我」的說法。因為蘋果含鉀，能把人體多餘的鹽分排出體外，因此被認為有助於改善文明病。

凍 3個月（整顆）／1個月（切開）

整顆冷凍，可以連果核一起吃掉

不去皮，整顆帶皮用保鮮膜包好，裝進塑膠袋後放冷凍或冷藏。為了避免釋出乙烯氣體，裝進塑膠袋後，開口必須朝下。冷凍蘋果吃起來更加香甜，還帶有爽脆的口感，而且連蘋果核都能食用。

・蘋果皮含有大量具抗氧化作用的多酚。

常 1個月

常溫下也可以耐久存放

用廚房紙巾一顆顆包好，裝進紙袋或紙箱內，不要疊放，放在陰涼處保存。

善加利用乙烯氣體

蘋果會釋放乙烯氣體，跟硬梆梆的奇異果、柿子等水果裝在同一個袋子裡保存，有助於催熟。唯一的例外只有馬鈴薯，跟蘋果放在一起可延遲馬鈴薯發芽。

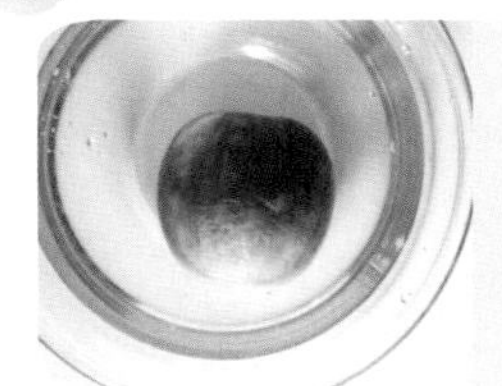

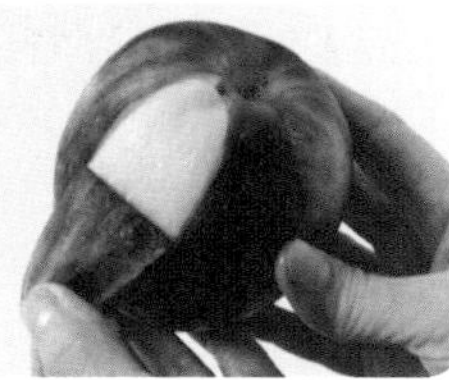

解凍方法

在調理盆內裝水，將冷凍蘋果放進去泡30秒～1分鐘，就能徒手將果皮輕鬆撕下。

速成版糖漬蘋果

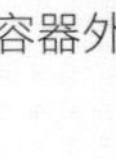

材料與做法（方便製作的份量）

❶從塑膠袋取出1顆整顆冷凍的蘋果，泡水約30秒～1分鐘，徒手剝掉大部分的果皮，把蘋果切成12等分，去除果核。

❷在可微波的耐熱容器裡放入①、30公克精製細砂糖、1大匙檸檬汁、1大匙白葡萄酒、1/2茶匙迷迭香（乾燥或新鮮皆可），攪拌均勻後攤平，表面緊貼著蘋果覆上一層保鮮膜，接著在耐熱容器外蓋上一層保鮮膜，但不要完全封死。

❸微波加熱4分鐘後，直接放涼。

※這個做法因為只利用少量水分微波加熱，為了避免蒸發，所以包上兩層保鮮膜。蘋果變得有點透明即完成。

營養成分（可食用部分每100g）

熱量	61大卡
蛋白質	0.2公克
脂質	0.3公克
碳水化合物	16.2公克
礦物質	
鈣	4毫克
鐵	0.1毫克
維生素A β-胡蘿蔔素RE	27微克
維生素B_1	0.02毫克
維生素B_2	0.01毫克
維生素C	6毫克

品種

日本國內品種的採收期只在短短的秋季，不過各產地的保存方式日新月異，已經能夠儲藏到翌年春季才出貨，而且仍能維持美味。

紅玉（喬納森）

產期／10月中旬～翌年4月　產地／青森縣
源於美國的品種。特徵是果皮呈深紅色，香氣強烈，滋味酸甜。果肉不易煮爛，因此適合加熱烹調。含有豐富的蘋果酸。

信濃甜點（信濃 Dolce）

產期／9月中旬～10月上旬　產地／長野縣
帶有蘋果天生的清爽酸味，與甜味達到和諧，多汁。二〇〇五年註冊的品種，產期很短暫，只有2天，在市面上還不是很常見。

信濃金

產期／11月～翌年6月
產地／青森縣、長野縣
「金冠蘋果」（Golden Delicious）和「千秋」的交配種。果肉偏硬，香氣豐富且多汁。除了生吃之外，也適合製作成甜點。可以耐久存放。

津輕

產期／9月中旬～10月中旬
產地／青森縣、長野縣
主要產地在青森縣。多汁又和諧的甜味為其魅力，而且酸味少，在早生種的蘋果中風味數一數二，口感爽脆。

富士

產期／一年四季　產地／青森縣
日本國內產量第一、最具代表性的品種。多汁且酸甜味平衡，口感爽脆，可耐久儲藏。

世界一

產期／9月下旬～10月下旬　產地／青森縣
主要產地在青森縣，其名稱來自於當初人稱它是「世界最大的蘋果」，最大可超過1公斤。多汁且甜度高，果肉偏硬。

喬納金*

產期／10月～11月中旬　產地／青森縣
「金冠蘋果」和「紅玉」的交配種。果皮呈帶粉紅色的紅色，具有光澤。特徵是果肉多汁且有恰到好處的酸味。
＊編注：又稱為「紅龍蘋果」。

秋映

產期／10月上旬～中旬　產地／長野縣
「千秋」與「津輕」的交配種。果肉非常多汁，香氣強烈，滋味濃郁。完全成熟後的秋映果皮呈暗紅色。

未希來福（MIKI Life）

產期／8月下旬　產地／青森縣
青森縣為主要產地，「津輕」和「千秋」的交配種。口感佳，甜味與酸味均衡，風味清爽。

信濃蜜（信濃甜）

產期／10月　產地／長野縣
在長野縣以「富士」和「津輕」培育出的交配種。甜味強，多汁少酸味，果肉爽脆。耐儲藏。

陽光富士*

產期／11月中旬～翌年4月　產地／青森縣
以「富士」不套袋而栽種出來的品種。因為直接曝曬陽光，甜味比「富士」更強烈，顏色也較深。果皮帶有些斑駁紋路。
＊編注：在臺灣稱為「蜜富士」。

王林

產期／11月～翌年6月　產地／青森縣
黃蘋果的代表品種。口感類似梨子，酸味少，甜度高，果皮薄，可以整顆連皮食用。耐儲藏。

水果

梨

流通時期

1 2 3 4 5 6 7 8 9 10 11 12

常溫	冷藏	乾燥	冷凍
○	○	○	◎

可食用部分 99%

切成圓片可減少損失

冷凍過後能提升甜味。

8～11月是梨子的產季，市面上可看到褐色外皮的褐皮種，以及黃綠色外皮的青皮種這兩大類。其獨特的粗粒口感是來自於「石細胞」的膳食纖維集合體，可增加腸道糞便的體積，促進排便。另外還有蘆筍也含有、可有效消除疲勞的胺基酸和蘆筍酸。

凍 2個月（整顆）／1個月（切開）

適合做成冰沙或果汁

用購買時包裹的保護套或廚房紙巾一顆顆包好，避免損傷，裝進塑膠袋後放冷凍或冷藏；或是用保鮮膜包好，裝進塑膠袋冷凍或冷藏。

・解凍後會出水，所以要在半解凍的狀態下做成冰沙或果汁。

藏 1個月　常 2週

解凍方法

在調理盆中裝水，泡30秒～1分鐘，就能夠徒手撕下果皮，減少用刀削皮的損耗。直接放在常溫中退冰，就會變得軟爛難吃，所以要盡早吃完。

漬 2～3天

酸梨子

材料與做法（方便製作的份量）

❶準備1顆冷凍梨子，不要退冰，去皮，切成1公分厚的塊狀。

❷裝進容器，加入2大匙白酒醋、少許鹽，如果有的話就加入適量粉紅胡椒粒，混合均勻，把①泡進去。待梨肉變軟後，即可食用。

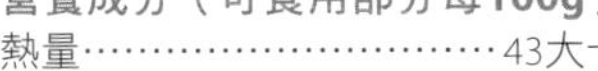

營養成分（可食用部分每100g）

項目	含量
熱量	43大卡
蛋白質	0.3公克
脂質	0.1公克
碳水化合物	11.3公克
礦物質	
鈣	2毫克
維生素B_1	0.02毫克
維生素C	3毫克

常溫	冷藏	乾燥	冷凍
○	○	×	◎

流通時期
1 2 3 4 5 6 7 8 9 10 11 12

西洋梨

要食用時，再從冷藏室取出催熟。

西洋梨的產季是10～12月。相較於日本原產的梨子，西洋梨的特徵是下半部圓胖粗壯，而日本市面上常見的品種包括La France、Le Lectier等。口感滑順，擁有入口即化的濃郁甘甜。含有能夠分解檸檬酸、蘋果酸等有機酸與蛋白質的酵素。

2個月（整顆）／1個月（切開）

小心輕放，避免碰傷

不去皮，用保鮮膜或廚房紙巾整顆包好，裝進塑膠袋冷藏或冷凍。西洋梨用這兩種方式保存，狀態都不會改變。

・冷凍保存，更添甜味。

解凍方法

泡水約1分鐘進入半解凍狀態，便可以輕鬆徒手撕下果皮。半解凍狀態的梨子十分美味。若是不剝皮、直接放在室溫下，西洋梨會變得軟爛難吃，所以建議要盡快食用完。

紅酒燉洋梨

材料與做法（方便製作的份量）

❶準備2顆整個冷凍La France西洋梨，泡水約1分鐘後去皮。切成4等分，除去果核。

❷在小鍋中放入100公克精製細砂糖、1量杯水、1量杯紅葡萄酒，開火加熱，放入①排好。

❸將2片檸檬片對半切成半圓形加入鍋中，也放入1根肉桂棒、4粒丁香，貼著食材壓上小木蓋*，以中火加熱，煮至沸騰後轉小火繼續煮15～20分鐘收汁。關火，直接放涼即可。

※可以使用其他品種的西洋梨。熟透的西洋梨可能會容易煮爛，所以建議挑選偏硬的品種來製作。

＊編注：日本料理重要的調理工具，可固定鍋中食材。家裡若沒有小木蓋，可用料理紙代替，配合鍋子尺寸剪成正好蓋住食材的大小，貼著食材表面蓋住即可。

營養成分（可食用部分每100g）

項目	含量
熱量	54大卡
蛋白質	0.3公克
脂質	0.1公克
碳水化合物	14.4公克
礦物質	
鈣	5毫克
鐵	0.1毫克
維生素B_1	0.02毫克
維生素B_2	0.01毫克
維生素C	3毫克

水果

柿子

流通時期 1 2 3 4 5 6 7 8 9 10 11 12

常溫	冷藏	乾燥	冷凍
△	○	◎	◎

可食用部分 98% 只丟棄果皮、葉子、籽

冷凍時，不要去皮，也不要去掉蒂頭。

柿子出現市面上是在9～12月，是原產於日本的水果。有句話說「柿子紅了，醫生的臉就綠了」，就是在形容柿子的營養含量豐富。柿子的維生素C含量比柑橘類更高，也含有大量具抗氧化作用的β-胡蘿蔔素。澀味成分的單寧具有分解酒精的作用，能夠有效消除宿醉。

凍 2個月（整顆）／1個月（切開）

整顆冷凍能夠維持鮮度

不去皮，整顆用保鮮膜或廚房紙巾包好，裝進塑膠袋冷藏或冷凍。

藏 1個月　常 3天

柿餅也可利用冷凍方式長期保存

用澀柿做成柿餅後，維生素C的含量就會減少，不過β-胡蘿蔔素、鉀、膳食纖維會增加。柿餅建議一顆顆用保鮮膜包好，再裝進塑膠袋冷凍保存。

營養成分（可食用部分每100g）

項目	含量
熱量	60大卡
蛋白質	0.4公克
脂質	0.2公克
碳水化合物	15.9公克
礦物質	
鈣	9毫克
鐵	0.2毫克
維生素A β-胡蘿蔔素RE	420微克
維生素B_1	0.03毫克
維生素B_2	0.02毫克
維生素C	70毫克

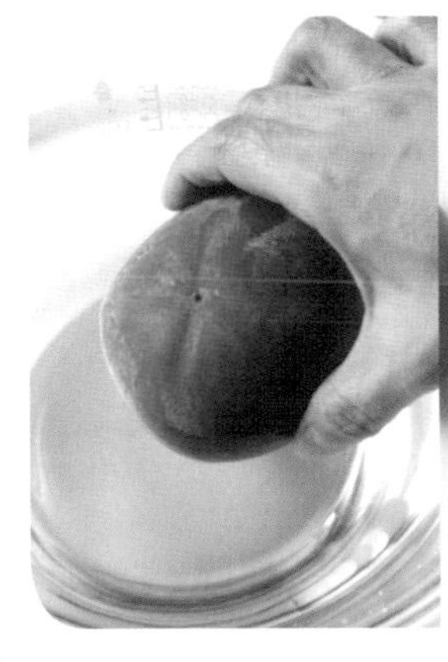
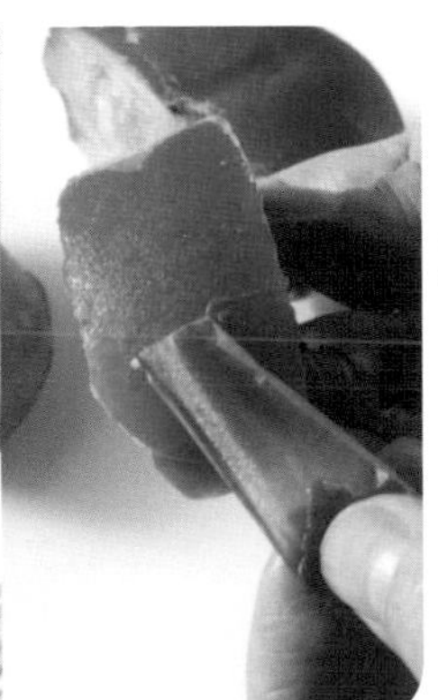

解凍方法

泡水30秒～1分鐘解凍，就能夠輕鬆徒手撕下果皮。風味會更甜且多汁。

品種

9～11月期間會有各種不同品種採收，但保存期限不長，因此出現在市場上的產量有限。

甜柿

富有

產期／10月下旬～11月下旬
產地／奈良縣、岐阜縣
原產於岐阜縣的甜柿，晚生種的代表。佔甜柿產量的一半以上，口感滑順且甜味強。

筆柿

產期／9月下旬～10月下旬
產地／愛知縣
名稱來自於其外型像毛筆尖，大多生產於愛知縣。風味醇厚，而且帶有溫和的甜味。

次郎

產期／10月下旬
產地／愛媛縣、靜岡縣
原產於靜岡縣。自江戶時代（十七～十九世紀）開始就在栽種的晚生種甜柿。外型是四角形，果肉略硬，很有口感。

澀柿

平核無

產期／10月中旬～11月上旬
產地／山形縣
各地的暱稱與品牌名稱均不同。屬於無籽澀柿，多汁且帶有順口的甜味。除了生吃之外，也被常用來製作成柿餅。

西條

產期／10月上旬～11月上旬
產地／島根縣、岡山縣
原產於廣島縣的澀柿。外型細長，有著四條凹溝。去澀之後，其味道就變成優雅的甜味。做成柿餅十分美味。

柿子果昔

材料與做法（方便製作的份量）

❶準備1顆冷凍柿子，無須解凍，並去皮去籽。
❷與150毫升牛奶一起放入蔬果調理機打成奶昔。

桃子

流通時期

1 2 3 4 5 6 7 8 9 10 11 12

常溫	冷藏	乾燥	冷凍
△	△	×	◎

冷凍後可以輕鬆撕下果皮，十分方便！

原產於中國，據說是在彌生時代（西元前三百年～西元二百五十年）傳到日本，產季在夏初～秋初。有白鳳、白桃、黃桃等品種，含有豐富的水溶性膳食纖維「果膠」。靠近皮的地方含有多酚之一的兒茶素，因此撕掉果皮時盡量別帶走太多果肉。

可食用部分 **80**％ 只丟棄籽

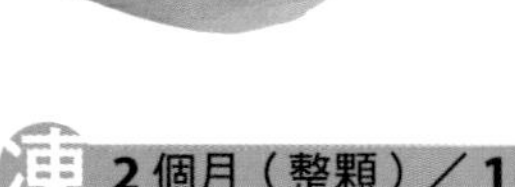

凍 **2個月（整顆）／1個月（切開）**

必須小心輕放，避免碰傷

用保鮮膜包好，再套上保護套，或是用一張保鮮膜把兩顆桃子緊靠著包在一起，再裝進塑膠袋裡保存。

常 **2天**

留意勿冷藏過頭

桃子一遇冷，風味就會變差，因此不適合冷藏保存。還不夠熟的桃子放進冰箱冷藏，會不容易產生甜味，所以要在常溫中催熟。

營養成分（可食用部分每**100g**）

熱量	40大卡
蛋白質	0.6公克
脂質	0.1公克
碳水化合物	10.2公克
礦物質	
鈣	4毫克
鐵	0.1毫克
維生素A β-胡蘿蔔素RE	5微克
維生素B_1	0.01毫克
維生素B_2	0.01毫克
維生素C	8毫克

解凍方法

常溫靜置約30秒，就能夠輕鬆徒手撕下果皮。

品種

桃子被視為高級水果，在日本盛行以溫室栽種。通常是在可以吃之前，就會先被採收送到市場賣，所以要吃之前請先檢查果肉的熟度。

白鳳

產期／5月中旬～7月下旬
產地／山梨縣、和歌山縣
在眾多品種之中也是人氣王。果肉白嫩柔軟，酸味少，帶有豐富的甜味。

黃金桃

產期／8月下旬～9月中旬
產地／長野縣
從「川中島白桃」意外誕生的品種。果皮、果肉都呈黃色，與白桃不同，有著濃郁飽滿的甜味和入口即化的口感。

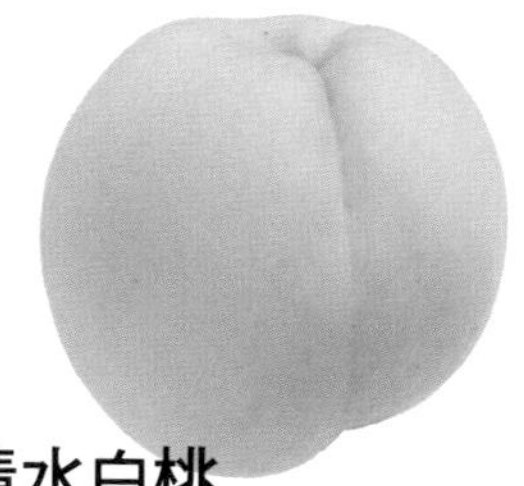

清水白桃

產期／7月下旬～8月中旬
產地／岡山縣
果皮和果肉皆呈美麗的白色。果肉質地細緻，多汁且甜度高。不耐久放，因此建議盡早品嚐。

油桃（甜桃）

產期／8月中旬～下旬
產地／長野縣
桃子的變種，果皮呈鮮紅色，沒有絨毛且帶有光澤。果肉比桃子硬，口味多半是酸中帶甜。

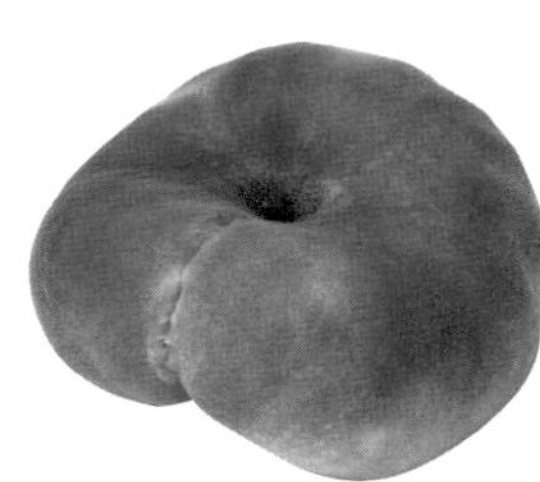

蟠桃

產期／8月中旬～下旬
產地／福島縣
原產於中國，《西遊記》中也有出現的品種。特徵是其特殊的形狀。風味濃郁香甜，口感濕黏。

糖漬黃金桃

材料與做法（方便製作的份量）

❶準備2顆冷凍桃子放置在常溫中約30秒後，撕下果皮。
❷去籽，果肉切成楔形，沾附上1大匙檸檬汁。
❸小鍋裡放入100公克精製細砂糖、2量杯水，加熱煮到細砂溶解後，把桃子放進鍋裡排好，貼著食材蓋上小木蓋，以極小火煮約10分鐘後，關火放涼。

桃子冰沙

材料與做法（1份）

❶準備1顆冷凍桃子，稍微沖水之後，撕下果皮。
❷用菜刀等去籽。
❸用蔬果調理機、叉子或打蛋器壓碎桃子果肉。
※需要再次冷凍的話，可拌入幾滴檸檬汁。

葡萄

流通時期

1 2 3 4 5 6 7 8 9 10 11 12

常溫	冷藏	乾燥	冷凍
△	○	◎	◎

冷凍或冷藏保存，切記要保留綠色果梗（穗梗）。

葡萄產季在8～10月，這段期間市面上會出現許多品種。黑皮和紅皮的品種，含有大量具抗氧化作用的多酚。果皮表面的白色粉末稱為「果粉」，是葡萄為了保護果實，自行產生的物質，吃了也不會有問題。

果皮具有豐富的營養

果皮含具有抗氧化作用的多酚，可有效防止老化、恢復視力等。建議挑選可以連皮吃的品種。

凍 2個月（整串） 藏 10天 常 2天

保留綠色果梗能夠保鮮

可以保留綠色的果梗（穗梗）冷凍或冷藏。葡萄是十分嬌弱的水果，保存時，要在容器底部鋪上廚房紙巾，避免碰傷，再蓋上保鮮膜冷藏。採用冷凍保存的話，先以保鮮膜緊貼著葡萄，再蓋上容器的蓋子，阻斷空氣。

營養成分（可食用部分每100g）

項目	含量
熱量	59大卡
蛋白質	0.4公克
脂質	0.1公克
碳水化合物	15.7公克
礦物質	
鈣	6毫克
鐵	130毫克
維生素A β-胡蘿蔔素RE	21微克
維生素B_1	0.04毫克
維生素B_2	0.01毫克
維生素C	2毫克

解凍方法

不泡水，靜置在常溫下約30秒，就能夠徒手輕鬆撕下果皮。甜度也會增加，而且多汁，顏色也維持漂亮的狀態。

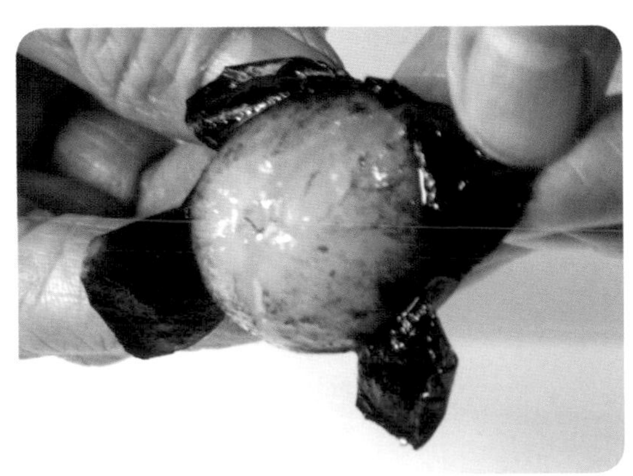

品種

品種很多，在市面上流通的時間也長。近年來來自南半球的進口葡萄增加，因此一年四季都可以買到。

貓眼

產期／8月上旬～11月下旬
產地／岡山縣
黑皮的大果粒品種，甜味強。吃起來順口，口感佳，而且價格實惠，因此近年來在日本人氣高漲。

德拉瓦

產期／5月上旬～9月中旬
產地／山形縣、山梨縣
日本人自古以來就熟悉的品種，無籽且果粒小。甜度高，酸味少，因此一般民眾的接受度很高。

藤稔

產期／8月中旬～9月中旬
產地／山梨縣
果粒大顆，最大可以到日幣五百元硬幣的尺寸。果肉柔軟多汁，甜度高。果皮容易分離，吃起來十分方便。

巨峰

產期／4月上旬～12月下旬
產地／長野縣、山梨縣
人稱葡萄之王，也是日本國內產量第一的黑皮種葡萄。高甜多汁，近年來市面上也常看到無籽的品種。

晴王麝香

產期／7月上旬～9月下旬
產地／長野縣、山梨縣
麝香葡萄之中特別甜的品種，無籽。果皮薄，可以連皮吃。近年來流通量逐漸增加。

美人指

產期／8月下旬～9月下旬
產地／山梨縣
特徵是甜味清爽，帶有適度的酸味，以及Q彈的口感。果皮柔軟，可以連皮吃。

巨峰葡萄果醬

材料與做法（方便製作的份量）

❶冷凍巨峰葡萄（去梗後400公克）用菜刀切成4等分。如果有籽就去籽。
❷把①放入厚底鍋，加熱煮到沸騰後轉中火，撈除雜質，時不時攪拌即可，煮10～15分鐘。
❸煮到果皮變軟後，加入100公克精製細砂糖、1大匙檸檬汁，繼續煮約5分鐘。
❹再加入50公克精製細砂糖，煮約5分鐘收汁後關火。

水果

無花果

可食用部分 100%

流通時期

常溫	冷藏	乾燥	冷凍
△	○	×	◎

無法久放，必須立刻冷凍。

無花果產季在8～11月。特徵是籽有著噗滋噗滋的口感，以及清淡的甜味，可以連皮吃。含有豐富的水溶性膳食纖維「果膠」，因此能夠有效改善便祕、預防文明病。切口流出的白汁是稱為無花果蛋白酶的蛋白質分解酵素，碰到會有刺激感，所以一旦沾到皮膚，請用清水沖洗。

凍 1個月（整顆） 常 2天

請小心輕放，避免碰傷

冷凍的話，用保鮮膜或廚房紙巾包好，再裝進塑膠袋冷凍。

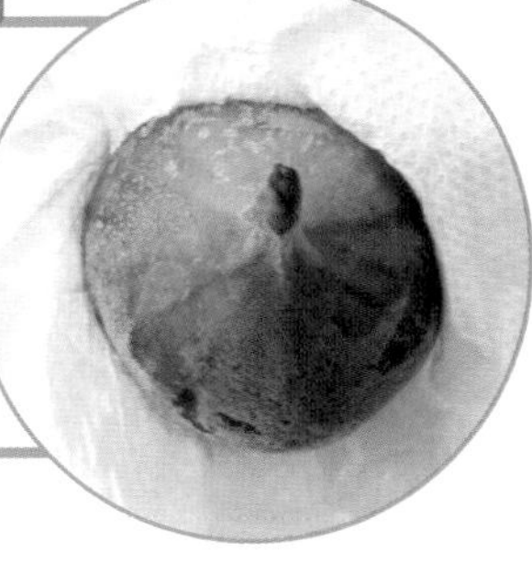

解凍方法

訣竅是一拿出冷凍室，在退冰之前，就要立刻剝去果皮。去了皮，果肉也仍然是冷凍狀態，不太能感覺到甜味，需要靜置約1分鐘，直到退冰變軟，甜味才會恢復。如果要做成果醬，連皮一起煮就會變成粉紅色；若不去皮，並放在室溫下退冰，內部的水分就會跑出來，果實則會變得軟爛難吃。

藏 5天

最能感受其甜味的保存方式

用廚房紙巾包好，裝進塑膠袋冷藏，大約1天都能維持新鮮狀態。果皮可以徒手剝下。果肉甜度很高。

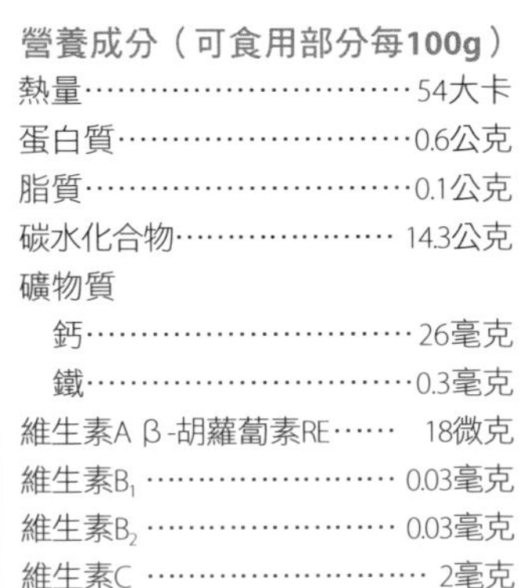

營養成分（可食用部分每100g）

熱量	54大卡
蛋白質	0.6公克
脂質	0.1公克
碳水化合物	14.3公克
礦物質	
鈣	26毫克
鐵	0.3毫克
維生素A β-胡蘿蔔素RE	18微克
維生素B_1	0.03毫克
維生素B_2	0.03毫克
維生素C	2毫克

品種

在市面上流通的時間很短，表面柔軟容易碰傷，因此保存時必須小心。

瑪斯義陶芬
（大瑪，Masui Dauphine）

產期／4月上旬～10月
產地／愛知縣
日本國內市佔率最高的代表品種。有恰到好處的甜味與清爽的風味，保存期限較長。

豐蜜姬

產期／7月下旬～11月下旬
產地／福岡縣
二〇〇六年註冊的品種，為福岡縣限定的品牌。果肉厚實，有入口即化的口感，甜度高。

香蕉無花果

產期／8月下旬～10月上旬
果皮呈淺綠色，尺寸比瑪斯義陶芬無花果大一圈。肉質濕黏，帶有酸味。適合烹調使用。

卡獨太

產期／7月中旬～8月中旬
外型嬌小，只有一口的大小，甜度高。市面上販售的多半是為了自家栽培用，常用來製作成加工品。

紫色索萊斯

產期／8月上旬～11月上旬
產地／佐賀縣、新潟縣
原產地為法國，在法國和土耳其是主流品種。特徵是外型略小，有著深紫色的果皮。果肉柔軟且甜味強。

蓬萊柿

產期／8月中旬～10月下旬
產地／廣島縣
日本自古以來就有栽種，也被稱為「日本早生種」。主要產地在西日本，帶有高雅的甜味與適度的酸味。無法久放。

果王

產期／9月中旬
特徵是鮮綠色的果皮，果肉柔軟，帶有滑順的口感。夏天會在市場上看到。

糖漬無花果

材料與做法（方便製作的份量）

❶ 從冷凍室拿出5顆冷凍無花果，立刻去皮，留下蒂頭。果皮不要丟掉。
❷ 在小鍋裡放入①的無花果皮、3/4量杯白葡萄酒、1量杯水、150公克精製細砂糖，加熱直到砂糖溶解，糖水變成果皮的顏色，就可以關火，用篩網過濾，留下糖水。
❸ 在②的小鍋裡放入無花果肉、2片檸檬圓片、1大匙檸檬汁，把②的糖水倒回來，緊貼著食材蓋上小木蓋，以中火加熱。煮滾後轉小火，繼續煮約10分鐘收汁，最後關火放涼。

奇異果

流通時期

常溫	冷藏	乾燥	冷凍
△	○	○	◎

冷凍後，剝皮更輕鬆！

一年四季都可以買到進口貨，不過近年來日本國內的栽種風氣也很盛行。含有大量具抗氧化作用的維生素C、E，在加成作用下，能夠有效改善肌膚乾燥、預防傳染病與文明病。

可食用部分 **95**% 只丟棄果皮

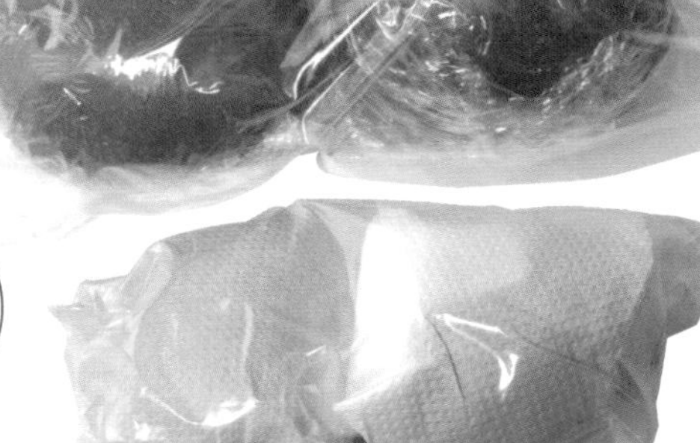

凍 1個月（整顆）

整顆冷凍，水分不流失

可以整顆帶皮冷凍、冷藏。用保鮮膜包好，再裝進塑膠袋冷凍即可。

藏 1～2週

常 2天

營養成分（可食用部分每100g）
綠肉奇異果

項目	含量
熱量	53大卡
蛋白質	1.0公克
脂質	0.1公克
碳水化合物	13.5公克
礦物質	
鈣	33毫克
鐵	0.3毫克
維生素A β-胡蘿蔔素RE	66微克
維生素B_1	0.01毫克
維生素B_2	0.02毫克
維生素C	69毫克

營養成分（可食用部分每100g）
黃肉奇異果

項目	含量
熱量	59大卡
蛋白質	1.1公克
脂質	0.2公克
碳水化合物	14.9公克
礦物質	
鈣	17毫克
鐵	0.2毫克
維生素A β-胡蘿蔔素RE	41微克
維生素B_1	0.02毫克
維生素B_2	0.02毫克
維生素C	140毫克

乾 5～7天

乾燥後，甜味更加濃縮

去皮之後，切成約5公釐厚的圓片。竹篩鋪上廚房紙巾，把奇異果圓片放在紙巾上，不互相重疊，每天翻面一次，曬到完全脫水為止。也可用微波爐加熱2分鐘，翻面再加熱2分鐘即完成。

利用奇異果使肉類軟化

奇異果含有豐富的酵素，能夠分解蛋白質。烹調前的肉類，可以事先浸泡在奇異果汁或抹上奇異果肉，就能使肉變得軟嫩，也有助於消化。

奇異果醬

材料與做法（方便製作的份量）

❶整顆冷凍奇異果（去皮400公克）泡水約30秒後撕下果皮，切成5公釐的小丁。
❷準備厚底鍋，放入①和80公克精製細砂糖，加熱到沸騰後轉中火，一邊撈除雜質一邊煮約15分鐘。
❸再加入80公克精製細砂糖、1大匙檸檬汁，一邊攪拌混合一邊加熱，煮5～10分鐘收汁後關火。

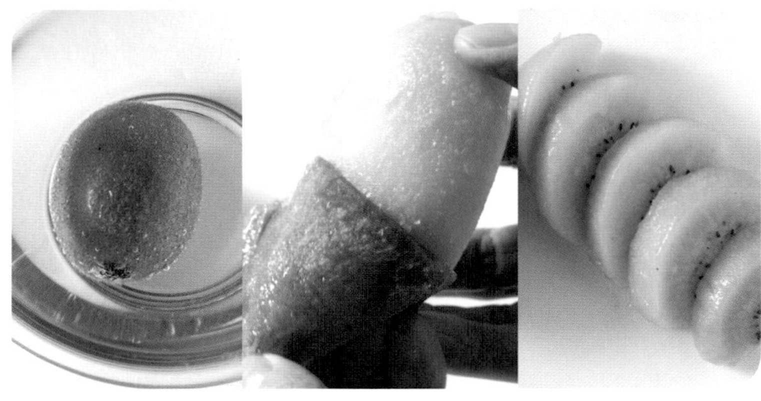

解凍方法

冷凍奇異果泡水約30秒，就能夠輕鬆徒手撕下果皮。切開看的話，果肉還是冷凍狀態。冷凍後的甜味也很強烈，可直接去皮切成圓片享用。在室溫下放太久的話，就會軟爛出水，風味也會變差，這點必須留意。

品種

市面上一年四季都能看到的主要為進口貨，但日本國產的奇異果產量也在逐年增加中。採收後需要催熟才適合食用，所以請根據食用的方式挑選保存時機。

海沃德

產期／一年四季（進口）
　　　12月上旬～翌年4月中旬（日本國產）
產地／紐西蘭、愛媛縣、福岡縣
全世界栽種最多的品種。甜味與酸味均衡，口感獨特，順口美味。

香綠

產期／ 11月中旬～翌年3月下旬
產地／香川縣
種植於香川縣，從「海沃德」選拔育種而成的品種。外型細長，果肉呈深綠色。最大可達150公克。

袖珍奇異果

產期／ 2月～ 3月（智利產）
　　　9月～ 10月（美國產）
產地／美國
長度2 ～ 3公分的小型品種。果皮沒有絨毛，可以整顆連皮吃。原本是日本「猿梨」（奇異莓）的近親、從日本傳出去的品種，卻反而被進口回去日本。

黃金奇異果

產期／一年四季（進口）
　　　10月下旬～ 12月（日本國產）
產地／紐西蘭、愛媛縣、佐賀縣
特徵是形狀像屁股，果肉呈鮮黃色。甜度高，適合日本人的口味。日本國內的愛媛縣、佐賀縣均有栽種。

彩虹奇異果

產期／ 10月中旬～ 12月上旬
產地／福岡縣
極早生種。尺寸略小，酸味少，甜度高。果肉中央有紅色素形成的漸層色。

鳳梨

流通時期

1 2 3 4 5 6 7 8 9 10 11 12

常溫	冷藏	乾燥	冷凍
○	○	○	◎

整顆保存時，上下顛倒放，甜度更均勻。

鳳梨是副熱帶地區普遍都有栽種的水果，日本也以沖繩為主要產地。含有能夠分解蛋白質的酵素，具有促進消化的作用；之所以吃在嘴裡會有刺麻感，就是此酵素在作用。另外還含有能消除疲勞的維生素B_1、B_6、C、檸檬酸。

可食用部分 80% 丟棄葉子和果皮

黃金鳳梨（菲律賓品種）

凍 1個月（切開）

切開放冷凍保存，一拿出來就可以吃

事先切好後，裝進塑膠袋放冷凍。一拿出冷凍室就可以直接品嚐。

藏 10天（整顆）／5天（切開）

常 10天（整顆）

果皮可以煮成鳳梨茶

鳳梨皮加水煮，就變成了清甜又有鳳梨香氣的茶飲。也可以加氣泡水飲用。

營養成分（可食用部分每100g）	
熱量	53大卡
蛋白質	0.6公克
脂質	0.1公克
碳水化合物	13.7公克
礦物質	
鈣	11毫克
鐵	0.2毫克
維生素A β-胡蘿蔔素RE	38微克
維生素B_1	0.09毫克
維生素B_2	0.02毫克
維生素C	35毫克

讓豬排變得更加多汁！

煎豬排時，先將1片鳳梨果肉和1片豬肉一起裝在塑膠袋裡，靜置20分鐘（超過20分鐘的話，會因其酵素的作用，導致豬肉變得易碎，必須注意）。

品種

市面上一年四季都能看到的，主要是進口貨，沖繩也有日本國產的品種。採收後需要催熟才適合食用，所以請根據吃的方式挑選保存時機。

釋迦鳳梨*
（零嘴鳳梨）

產期／5～7月
產地／沖繩縣
酸味比一般鳳梨少，順口又好吃。也被稱為「零嘴鳳梨」，因為跟零嘴一樣，可以連皮一塊塊徒手剝下來吃。
＊編注：日本沖繩引進種植的釋迦鳳梨來自於臺灣的臺農4號。

黃金鳳梨*

產期／一年四季（進口）
產地／菲律賓
甜中帶酸的人氣熱帶水果，為美商德爾蒙新鮮農產品公司（Fresh. Del Monte Produce Inc.）開發的品種，特徵是強烈的甜味和香氣。除了直接生吃之外，也常被加工製成果汁、甜點等。
＊編注：此品種與臺灣的臺農21號同名。

水蜜桃鳳梨（正式名稱：Soft Touch）

產期／5月中旬
產地／沖繩縣
果肉偏白，帶有水蜜桃的香氣。酸味溫和，甜味強。果皮呈現紅色時，正是最美味的時候。

鳳梨果醬

材料與做法（方便製作的份量）

❶ 切開的冷凍鳳梨（去皮400公克）無須解凍，直接放入食物調理機打成果泥。
❷ 厚底鍋裡放入①、80公克精製細砂糖，以小火加熱。沸騰後轉中火，一邊撈除雜質一邊繼續煮約10分鐘。
❸ 加入80公克精製細砂糖和1大匙檸檬汁，煮約10分鐘，直到變稠後就關火。

BBQ 烤雞

材料與做法（1人份）

❶ 準備1顆青椒切圈。1片雞胸肉切成大塊。
❷ 在鋁箔紙放上①和2片切好的冷凍鳳梨，無須解凍，淋上1/4量杯的市售烤肉醬，將鋁箔紙上方封住，放在燒烤架*上烤約20分鐘，直到雞肉烤熟。
＊編注：電烤爐、烤肉爐、鐵板燒機、烤網等都可以。

水果

西瓜

流通時期

	1	2	3	4	5	6	7	8	9	10	11	12

常溫	冷藏	乾燥	冷凍
○	◎	×	◎

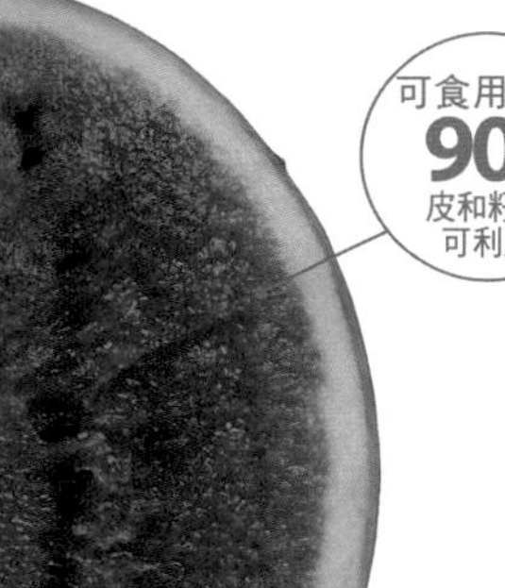

可食用部分 **90**％ 皮和籽也可利用

西瓜皮含有大量使血管變年輕的瓜胺酸。

西瓜有90%以上都是水分，也是夏天能夠幫忙補充水分的水果。紅色果肉品種含有番茄也有的番茄紅素，黃色果肉品種則含有β-胡蘿蔔素，兩者都具有抗氧化的作用。西瓜皮和西瓜籽也含有對健康有益處的成分，而且皆可食用。請多加利用，切勿浪費。

凍 1個月（切開）

用保鮮膜緊貼包好，能夠保留水分

整顆放在蔬果室裡很佔空間，可以切成4等分，用保鮮膜包緊，放冷凍、冷藏保存。

藏 10天（整顆）／5天（切開）

常 10天（整顆）

解凍方法

在常溫下靜置約1分鐘，就能夠用菜刀輕鬆切開，切成方便食用的大小。冷凍前如果切得太小塊，會流失許多果汁，建議要吃的時候再分切。如此，就能夠品嚐到爽脆的口感與令人滿足的甜味。

營養成分（可食用部分每100g）

項目	含量
熱量	37大卡
蛋白質	0.6公克
脂質	0.1公克
碳水化合物	9.5公克
礦物質	
鈣	4毫克
鐵	0.2毫克
維生素A β-胡蘿蔔素RE	830微克
維生素B_1	0.03毫克
維生素B_2	0.02毫克
維生素C	10毫克

漬 4～5天

味噌漬瓜皮

材料與做法（方便製作的份量）

❶準備200公克的西瓜皮，切除綠色表皮，切成方便入口的大小。
❷放入調理盆裡，加入略多的鹽（覺得有點鹹的程度），蓋上保鮮膜放置一晚。擠掉水分（太鹹的話，可用冷開水稍微洗過），加入1茶匙味噌翻拌，放冷藏室冰涼。

品種

屬於夏天的水果，不過市面上愈來愈多溫室栽種的品種，因此出現在市場的時間也有提早。

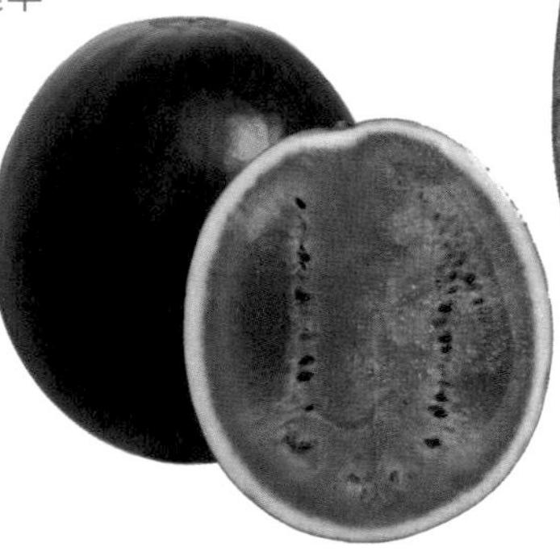

黑美人

產期／7～8月
橢圓形的小玉西瓜。皮色很深，看起來偏黑。果肉有清脆的口感。

佩斯里（Paisley）

產期／8月上旬
橄欖球形的品種。香氣足，甜度高，可以整顆放入冰箱蔬果室。

炸藥黑皮西瓜

產期／7月中旬～8月下旬
產地／北海道
北海道月形町栽種的品種。由歐洲的黑皮種與日本直條種交配生成，帶有清爽的甜味與清脆的口感。

黃小玉

產期／4～7月
黃色果肉的小玉西瓜。甜味清爽，多汁，纖維少，吃起來很順口。

夏花火（金小町）

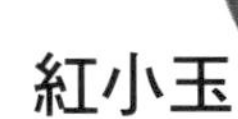

產期／6月上旬～中旬
千葉縣富里町生產的罕見品種。特徵是外皮黃色，果肉呈紅色，質地細緻，甜味強。

紅小玉

產期／3～7月
尺寸雖小，不過皮很薄，因此可食用的部分更多。可以整顆放進蔬果室，冰透之後再享用。

西瓜皮和西瓜籽的活用方式

西瓜皮除了淺漬之外，也可以採用米糠漬、味噌漬，或是當作熱炒的材料。西瓜籽可日曬1～2天脫水後食用，或是加鹽調味之後炒過再吃。

漬 4～5天

淺漬瓜皮

材料與做法（方便製作的份量）

❶ 200公克西瓜皮切掉綠色表皮，切成方便食用的大小。
❷ 放進調理盆或容器裡，加入1茶匙鹽抹勻，放冰箱冷藏室保存半天以上。
❸ 出水後就即可食用。

水果

藍莓

流通時期

1	2	3	4	5	6	7	8	9	10	11	12

常溫	冷藏	乾燥	冷凍
○	◎	○	◎

冷凍藍莓直接吃最美味！

產季在6～9月，日本到了一九八〇年代後期之後，才因為對眼睛好而成為眾所熟悉的水果。藍莓含有的多酚之一「花青素」，據說能夠有效改善視力衰退、眼睛疲勞等問題。也含有脂溶性的維生素E，因此搭配優格等乳製品一起吃，能夠提高吸收率。

凍 1個月

冷凍藍莓有各式各樣的食用方式

用廚房紙巾包好，裝進塑膠袋冷凍。

- 不管是新鮮現吃或冷凍，營養價值不會改變。
- 有許多種品嚐方式，例如：現吃、放在冰淇淋或優格上、做成蔬果昔等。

解凍方法

冷凍藍莓可以直接吃，無須退冰也很美味。

藏 10天 常 4天

用廚房紙巾包裹的步驟最重要

如果購買的是盒裝藍莓，可用廚房紙巾把藍莓包好，再放回商品包裝盒裡冷藏保存。

驚人的抗氧化力

藍莓的抗氧化力是蘋果、香蕉的5倍以上，不需要去皮就能夠輕鬆享用。莓果的種類很多，不過營養價值大同小異。

營養成分（可食用部分每**100g**）

項目	含量
熱量	49大卡
蛋白質	0.5公克
脂質	0.1公克
碳水化合物	12.9公克
礦物質	
鈣	8毫克
鐵	0.2毫克
維生素A β-胡蘿蔔素RE	55微克
維生素B_1	0.03毫克
維生素B_2	0.03毫克
維生素C	9毫克

藍莓果醬

材料與做法（方便製作的份量）

❶把300公克冷凍藍莓放入小鍋裡，加入70公克精製細砂糖，以小火加熱。煮出水分之後，轉中火繼續煮約10分鐘。

❷加入70公克精製細砂糖和1大匙檸檬汁，繼續煮10～15分鐘，直到變稠後就關火。

品種 市面上一年四季都能看到的，主要是進口貨，不過日本國內的產量也在逐年增加中。保存方式可根據吃法來做調整。

覆盆子

產期／6月中旬～9月（日本國產）
4月～9月（進口）
產地／美國、紐西蘭
含有稱為「覆盆子酮」的香氣成分，香味強。可以生吃，不過甜味較少，所以適合加工做成果醬或醬汁。

黑莓

產期／7～8月（進口）
產地／美國
帶有充滿魅力的酸甜滋味，在歐美等國是很受歡迎的夏季水果。若帶有些許紅色表示尚未成熟，完全成熟後會變成黑色。含有豐富的花青素。

蔓越莓

產期／9月中旬～11月上旬（進口）
產地／美國、加拿大
紅色果實表示完全成熟，正是可以吃的時候。酸味強烈，不適合生吃。一般常用來製作果醬或醬汁。含有豐富的維生素C。

西印度櫻桃

產期／5月上旬～11月
產地／沖繩縣、鹿兒島縣
大約在五十年前來到日本，給人的印象是含有大量維生素C的水果。多半用於製作果汁等加工品。

枸杞

產期／9～11月
產地／中國、韓國
乾燥枸杞比葡萄乾小一圈，是藥膳中不可或缺的食材。也常用在中式甜點的杏仁豆腐作為外觀裝飾。

綜合莓果果醬

材料與做法（方便製作的份量）

❶小鍋裡放入200公克精製細砂糖、1/4量杯水，開火加熱。
❷煮到砂糖溶解後，加入400公克冷凍綜合莓果（藍莓、黑莓、紅醋栗等一共400公克）。
❸煮到沸騰後轉小火，一邊撈除雜質一邊繼續煮到變稠。

草莓

流通時期 1 2 3 4 5 6 7 8 9 10 11 12

常溫	冷藏	乾燥	冷凍
△	○	○	○

可食用部分 98% 只丟棄蒂頭

連同蒂頭一起保存。

露天栽種的草莓產季是5～6月，不過隨著溫室栽種技術不斷發展，目前冬天～翌年夏初這半年期間也能夠採收到草莓。草莓被稱「維生素C的金庫」，可預防感冒、具有美肌效果，也含有可預防蛀牙的木糖醇。

凍 1個月 藏 5天

要吃之前再洗，才能夠留住美味

草莓一買來就要立刻冷藏或冷凍保存。最理想的方式是不清洗、不切掉蒂頭，用廚房紙巾等一顆顆包好，再放入容器裡，蓋上蓋子保存。要吃之前再清洗、摘除蒂頭即可。

解凍方法

無須解凍，直接用菜刀等切成小塊食用，才能夠享受水嫩口感的美味。冷凍草莓的外觀看起來就跟新鮮的一樣。

常 1天

要注意避免疊放

直接放在常溫下不處理，就會流出液體變難吃。

乾 1週

甜味更加濃縮，營養價值也更提升

草莓乾的製作方法是將草莓切成薄片，排列在竹篩上曝曬約2天，期間需要翻面。曬過之後的草莓甜味會倍增，營養價值也更高。適合加進磅蛋糕或早餐穀片中。

❶ 草莓洗乾淨，擦乾水分，去除蒂頭。

❷ 切成薄片，排列在竹篩上。

❸ 在晴天的戶外曬2天陽光（晚上收進屋裡）。用烤箱烘乾的話，以130℃烤約30分鐘即可。

營養成分（可食用部分每100g）

項目	含量
熱量	34大卡
蛋白質	0.9公克
脂質	0.1公克
碳水化合物	8.5公克
礦物質	
鈣	17毫克
鐵	0.3毫克
維生素A β-胡蘿蔔素RE	18微克
維生素B_1	0.03毫克
維生素B_2	0.02毫克
維生素C	62毫克
葉酸	90微克

原為夏初的水果，不過在日本為了配合年末及新年時的需求，溫室栽種逐漸成為主流，因此盛夏時反而少見。夏天從南半球進口草莓的情況也逐漸增加。

栃木少女

產期／10月中旬～翌年5月上旬
產地／栃木縣
主要產地為栃木縣，是東日本市佔率最高的品種。果實大顆，酸味少，甜度高。

女峰

產期／12月上旬～翌年4月下旬
產地／栃木縣
名稱來自於栃木縣日光市的女峰山。甜中帶酸，香氣佳。顏色與形狀皆美，也經常作為商業產品的原料。

甘王

產期／12月上旬～翌年5月下旬
產地／福岡縣
福岡縣的主打品種，其名稱來自於其特徵「紅色、圓潤、大顆、好吃」＊。

＊編注：這幾個字的日文開頭平假名合併起來，即為「甘王」的日文「あまおう」。

章姬

產期／12月上旬～翌年5月下旬
產地／靜岡縣
靜岡縣培育出來的品種，主要流通在東日本。口感佳，肉質滑順。甜味高，酸味少。

初戀的香氣

產期／12月下旬～翌年3月中旬
別名／和田初戀
外觀呈白色，吃起來卻甜度很高，酸味少。紅色草莓與白色草莓搭配組合的禮盒，相當受歡迎。

草莓黑胡椒果醬

材料與做法（方便製作的份量）

❶在調理盆裡放入冷凍草莓（去蒂400公克）、160公克精製細砂糖，靜置3小時以上。期間要不時地輕輕翻拌，不要壓爛草莓。
❷把①以篩網過濾，分開果實和果汁。果汁先暫放一旁備用。
❸把②的果汁倒進厚底鍋，以中火加熱，煮到產生黏性後，加入②的果實和1大匙檸檬汁，一邊撈除雜質一邊煮。
❹煮到果實吸飽糖水膨脹，整體軟爛之後，灑上1/4茶匙粗磨黑胡椒，關火。

水果

檸檬

流通時期 1 2 3 4 5 6 7 8 9 10 11 12

常溫	冷藏	乾燥	冷凍
○	○	○	○

可食用部分 99% 只丟棄籽

切成圓片，冷凍、冷藏都很方便。

日本幾乎都是進口檸檬，不過瀨戶內沿岸地區產的檸檬，也可以在市面上看到。維生素C的含量居柑橘類水果之冠。其香氣成分「檸檬烯」也被用來製成芳香精油，具有促進血液循環、健胃等作用。

凍 1個月

配合要用的形狀切好冷凍

事先切成要用的形狀，再裝進容器，覆上保鮮膜放冷凍。

藏 1個月 常 10天

解凍方法

放在室溫下3～5分鐘解凍。擠檸檬時，果汁不會四處飛濺，而且能夠擠得很乾淨。

直接放在廚房紙巾上冷凍會黏住，反而難以取出。

乾 3個月（只有檸檬皮）

皮切絲後曬乾

檸檬皮切絲，在篩網上攤開曝曬2天，期間要翻面。或是在耐熱容器裡鋪上廚房紙巾，放上切好的檸檬皮絲排好，用微波爐（600W）加熱2～3分鐘。

・乾燥的檸檬皮可碾碎、拌入鹽和胡椒，做成調味料。

營養成分（可食用部分每100g）	
熱量	54大卡
蛋白質	0.9公克
脂質	0.7公克
碳水化合物	12.5公克
礦物質	
鈣	67毫克
鐵	0.2毫克
維生素A β-胡蘿蔔素RE	26微克
維生素B_1	0.07毫克
維生素B_2	0.07毫克
維生素C	100毫克

檸檬乾調味料

檸檬鹽的做法

乾燥檸檬皮用研磨缽等磨碎，加入鹽（個人喜好的份量）混合均勻。

檸檬胡椒的做法

乾燥檸檬皮用研磨缽等磨碎，加入胡椒（個人喜好的份量）混合均勻。

蜂蜜檸檬

材料與做法（方便製作的份量）
準備3顆切成圓片冷凍的檸檬，塞滿玻璃瓶，加入1又1/4量杯的蜂蜜。
※檸檬請盡量選用無蠟檸檬。

品種

市面上一年四季都能看到的，主要是進口貨，不過日本瀨戶內地區開始盛行栽種，國產檸檬的產量也因此逐年增加。進口的柑橘類水果，依規定必須做驅除害蟲的收成後處理，因此有不少消費者擔心外皮會殘留藥劑。不過日本的國產品連果皮都能使用，可以放心食用。

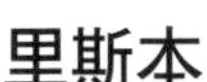

里斯本

產期／一年四季（進口）、9～12月（日本國產）
產地／美國（進口）、廣島縣、愛媛縣（日本國產）
香酸柑橘類的代表。含有豐富的維生素C與檸檬酸。適合用來消除疲勞。

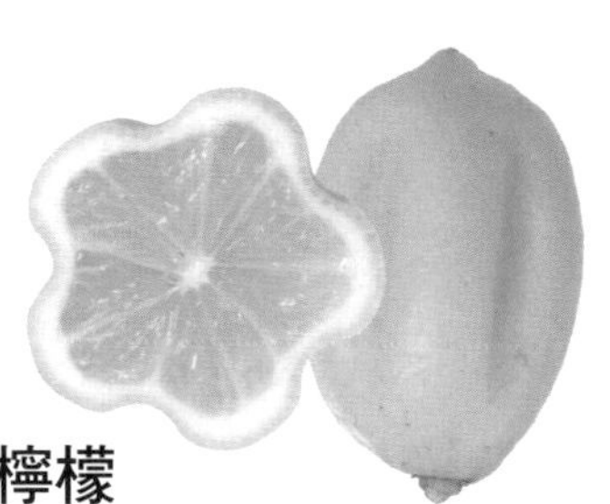

櫻花檸檬

產期／9～12月
產地／愛媛縣
產地是愛媛縣。在生長過程中裝進造型模具中，使它長成花的形狀，適合當作裝飾的品種。經常用來裝飾料理。

小笠原檸檬

產期／9月～翌年1月
產地／東京都小笠原村
梅爾檸檬的一種，為東京都小笠原村的特產，等到完全成熟才採收。果實偏大且多汁。

萊姆檸檬

產地／墨西哥
檸檬與萊姆交配產生的品種。特徵是恰到好處的酸味與甜味，多汁又好擠。在世界其他國家很普遍，不過在日本的知名度很低。

梅爾檸檬

產期／1～3月
產地／紐西蘭
與橘子雜交誕生的品種。酸味比一般檸檬醇厚，也帶有微微的甜味。外型略偏圓，而且外皮帶有紅色。

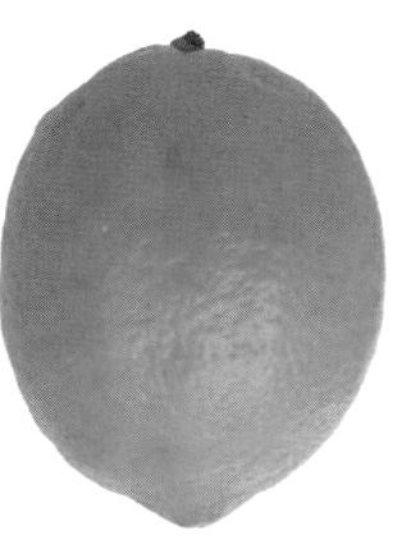

水果

葡萄柚

流通時期

1	2	3	4	5	6	7	8	9	10	11	12

常溫	冷藏	乾燥	冷凍
○	○	△	○

可食用部分 99% 只丟棄籽

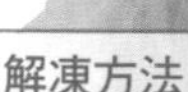

冷凍過後可徒手剝去果皮。

日本國內主要以進口為主，所以一年四季都能夠買到，不過在鹿兒島、熊本等溫暖地區也有栽種。葡萄柚是柚子和橘子類自然交配誕生的品種，其清爽的香氣具有提振心情的效果。

解凍方法

冷凍葡萄柚整顆泡水約2分鐘，表面就會變軟，可以徒手剝下果皮。適合用來做成調酒，例如：氣泡燒酒、角High等。

凍 2個月

整顆帶皮冷凍

裝進塑膠袋裡整顆冷凍，如此可以保留水分，品嚐果肉依舊水嫩的風味。

藏 1個月　常 10天

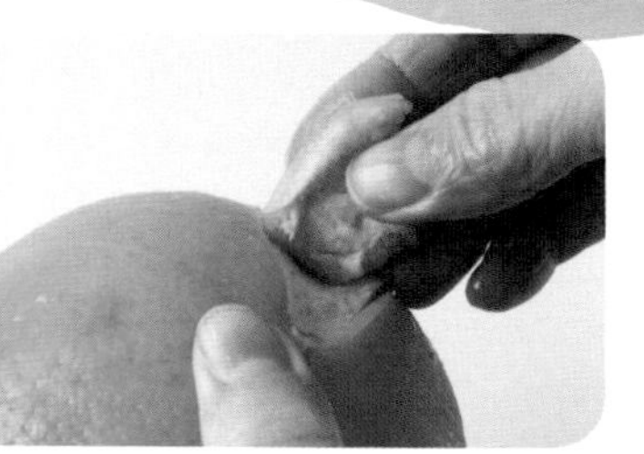

乾 3個月（只有皮）

果皮切成喜歡的形狀曬乾

剝下果皮，直接曬乾，或是切成喜歡的形狀曬乾。中途要翻面，曝曬約2天。可用於甜點的製作。

使用果皮須留意

果皮使用之前，要先用鹽搓過後，再以流動的清水沖洗乾淨，就能清除食品用防黴劑。

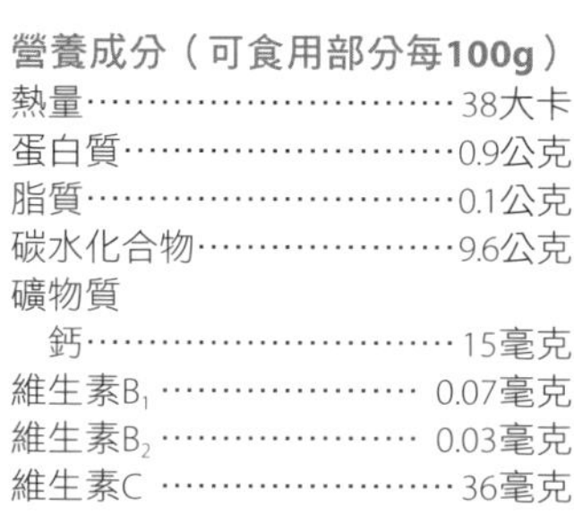

營養成分（可食用部分每100g）

熱量	38大卡
蛋白質	0.9公克
脂質	0.1公克
碳水化合物	9.6公克
礦物質	
鈣	15毫克
維生素B_1	0.07毫克
維生素B_2	0.03毫克
維生素C	36毫克

葡萄柚醋漬海藻

材料與做法（2人份）

❶準備1顆整顆冷凍的葡萄柚，泡水約1分鐘，徒手剝下果皮。靜置於室溫約2分鐘後，將外層薄膜也剝除。
❷8公克綜合海藻（乾燥）泡水還原，與①混合。
❸在調理盆裡放入1/2茶匙醬油、2大匙醋、2茶匙果寡糖、少許鹽，混合均勻。
❹把③繞圈淋在②上，翻拌即可。

常溫	冷藏	乾燥	冷凍
○	○	△	○

流通時期 1 2 3 4 5 6 7 8 9 10 11 12

蜜柑、柑橘類

用果皮製作的果醬堪稱極品！

柑橘類的果皮能夠簡單就剝下，所以也是能輕鬆補給維生素C的人氣水果。果肉的顏色來自色素成分「β-隱黃素」，有助於骨骼健康。果肉外層的薄膜和白色橘絡則含有強化微血管的成分。

可食用部分 **99%** 只丟棄蒂頭

凍 1個月

整顆帶皮冷凍

不去皮，直接裝進塑膠袋裡冷凍、冷藏保存。

橘子皮若要作為其他用途的話，可剝下橘皮，一起裝塑膠袋冷凍或冷藏。

常 2週

泡水約1分鐘，半解凍狀態就可以食用了。可以徒手剝下果皮。

冷凍蜜柑泡過一次水就能防止變乾，也不會影響其風味。

剝下的果皮撕碎後曬乾

剝下的橘子皮撕碎後曬乾，曬到乾癟狀態即完成。可裝進網格細小的網子，泡在浴缸裡，當成入浴劑。曬乾後也可以磨成粉狀泡茶飲用，能預防感冒。

如何簡單製作橘皮果醬

冷凍柑橘類泡水約1分鐘後，外皮就會變軟，可以用湯匙括除內側的白色橘絡。接著把橘子皮切成絲，放入小鍋裡水煮2次。橘子皮對白糖的比例為1：1，1顆柑橘的橘子皮對1大匙白糖。加入鍋中後，倒入差不多淹過橘子皮的水，以小火煮到湯汁收乾，即可完成。

材料與做法（方便製作的份量）

❶5顆整顆帶皮冷凍的橘子泡水約1分鐘，剝下橘子皮。

❷小鍋裡放入180公克精製細砂糖、2又1/4量杯的水，加熱煮到砂糖溶解、沸騰之後關火。把①放進鍋裡排好，加入1大匙檸檬汁。

❸緊貼橘子蓋上小木蓋，以小火煮約5分鐘後關火，直接放涼。

營養成分（可食用部分每100g）

項目	含量
熱量	46大卡
蛋白質	0.7公克
脂質	0.1公克
碳水化合物	12.0公克
礦物質	
鈣	21毫克
鐵	0.2毫克
維生素A β-胡蘿蔔素RE	1000微克
維生素B_1	0.10毫克
維生素B_2	0.03毫克
維生素C	32毫克

香蕉

流通時期

1 2 3 4 5 6 7 8 9 10 11 12

常溫	冷藏	乾燥	冷凍
○	△	○	○

可食用部分 99% 皮也可利用

冷凍外皮會變黑，但裡面果肉仍是白色。

含有豐富的果糖、葡萄糖、蔗糖等醣類，可迅速在體內轉換成能量。完全成熟的香蕉會出現稱為「糖斑」的黑色斑點，也是通知你此刻香蕉最美味的信號。香蕉除了含有幫助代謝蛋白質的維生素 B_6、能預防高血壓的鉀之外，還有大量會在體內轉換成穩定神經物質的色胺酸。

凍 1個月

帶皮冷凍可維持鮮度

香蕉不去皮，整根用保鮮膜或廚房紙巾包好，裝進塑膠袋放冷凍。

也可以去皮之後整根或切開，用保鮮膜包好，裝進塑膠袋放冷凍。

常 5天

解凍方法

冷凍保存的香蕉泡水約30秒，就能夠用菜刀輕易切開。

營養成分（可食用部分每100g）

項目	含量
熱量	86大卡
蛋白質	1.1公克
脂質	0.2公克
碳水化合物	22.5公克
礦物質	
鈣	6毫克
鐵	0.3毫克
維生素A β-胡蘿蔔素RE	56微克
維生素B_1	0.05毫克
維生素B_2	0.04毫克
維生素C	16毫克

乾 3週

乾燥可使甜味更加濃縮

去皮，切成5公釐厚的圓片，泡過檸檬汁之後，排列在竹篩上曝曬2～3天，期間要不時地翻面。香蕉的香甜氣味會吸引蟲子聚集，所以必須加上網罩，或用防塵曬籠等。

・**可用來做甜點或當作優格的配料。**

香蕉焦糖醬

材料與做法（方便製作的份量）

❶整根帶皮冷凍的香蕉（去皮200公克）泡水約30秒後去皮。切成1.5公分厚的圓片，沾附上1/2大匙的檸檬汁。

❷在厚底鍋裡放入100公克精製細砂糖、1大匙水，以中火加熱，並且偶而轉動鍋子。等糖煮成焦糖色後就關火，加入2大匙熱開水*。

❸把①加入②，以小火加熱煮20～30分鐘，期間要不時地輕輕攪拌。

❹加入1大匙蘭姆酒與少許肉桂粉，拌勻後關火。

＊編注：用熱開水比較不會噴濺，但還是要小心焦糖的高溫。

品種

百分之百都是來自國外的進口貨，不過最近幾年也能在市面上看到少量沖繩等的特產品種。進口香蕉要在日本國內催熟後才會產生甜味，適合品嚐的期間短暫，因此保存處理上必須費點心思。

巴貝多矮蕉

產期／一年四季（進口）
產地／菲律賓、厄瓜多
日本流通的香蕉幾乎都是這個品種。全球市佔率5成。滋味滑順清爽。可以耐久放。

猴子蕉

產期／一年四季（進口）
產地／菲律賓
長度不到15公分的小型品種。栽種在海拔500公尺以上的高地。皮薄，甜味濃郁。果肉柔軟，兒童也容易入口。

紅皮蕉

產期／一年四季（進口）
產地／菲律賓
紅褐色的外皮，偏粗的圓筒狀外型。口感Q彈。不會太甜，帶有微微的酸味，味道清爽。

呂宋蕉

產期／一年四季（進口）
產地／菲律賓
產地是菲律賓。個頭小又圓滾滾的外型，方便攜帶。含有豐富的礦物質、檸檬酸，適合作為運動員的營養補給品。

臺灣蕉

產期／一年四季（進口）
產地／臺灣
日本民眾從昭和初期（二十世紀初）起就熟悉的臺灣品種。市面上會看到的是「北蕉」和「仙人蕉」這兩個品種。特徵是果肉綿密黏稠，滋味濃郁。

水果

櫻桃

流通時期

1 2 3 4 5 6 7 8 9 10 11 12

常溫	冷藏	乾燥	冷凍
○	△	△	○

可食用部分 98% 只丟棄籽

冷凍時不要拔掉櫻桃梗。

櫻桃含有可有效預防貧血的葉酸、鐵、有抗氧化作用的多酚和維生素C。日本國產櫻桃因為產地不多，因此售價昂貴，而且流通時期偏短，只有5～8月。果肉柔軟、容易壞掉，所以用一般方式保存必須盡早食用完畢。

凍 1個月

帶梗冷凍

保留櫻桃梗，裝進容器放冷凍。拿掉櫻桃梗的話，果實上就會有洞，導致內部果肉風味流失、變乾。

解凍方法

拿出冷凍室後靜置約1分鐘，表面變軟就可以吃了。

常 5天

小心別冷藏過頭，以免風味流失

櫻桃不耐冷藏，所以建議放在常溫中通風良好的地方保存。想吃冰涼口感的話，要食用前的1～2小時再放入冰箱冷藏即可。

乾 3週

用糖水煮過後曬乾

❶準備100公克櫻桃（去籽）與2大匙白糖，混合後以小火煮10分鐘。

❷倒在濾網上瀝乾湯汁，把櫻桃排在烘焙用調理紙上曬太陽。

❸曝曬約3天即可完成，期間偶而要翻面。也可以用烤箱以100℃烤90分鐘。

營養成分

(日本國產 可食用部分每100g)

項目	含量
熱量	60大卡
蛋白質	1.0公克
脂質	0.2公克
碳水化合物	15.2公克
礦物質	
鈣	13毫克
鐵	0.3毫克
維生素A β-胡蘿蔔素RE	98微克
維生素B_1	0.03毫克
維生素B_2	0.03毫克
維生素C	10毫克

酸櫻桃果醬

材料與做法（方便製作的份量）

❶準備400公克冷凍酸櫻桃，放在常溫下約1分鐘，再以食物調理機打碎。

❷把①倒進厚底鍋，加入80公克精製細砂糖，以中火加熱。一邊攪拌一邊撈除雜質，煮約10分鐘。

❸加入80公克精製細砂糖和1大匙檸檬汁，繼續加熱5～10分鐘，煮到變稠就關火。

常溫	冷藏	乾燥	冷凍
○	○	△	○

流通時期
1 2 3 4 5 6 7 8 9 10 11 12

哈密瓜

切好後冷凍，十分方便。

哈密瓜是送禮人氣王的高價位水果，6～9月是盛產期。含有可快速轉換成能量的蔗糖和葡萄糖，以及能有效消除疲勞的檸檬酸，因此可說是最適合夏天的水果。必須常溫保存直到熟透。

可食用部分
95%
只丟棄外皮

解凍方法

拿出冷凍室後靜置約1分鐘，變成半解凍狀態即可食用。

凍 1個月 藏 3天

想要直接吃，必須等到半解凍狀態

去皮後，切成一口大小，裝進塑膠袋冷凍。

・半解凍狀態下與冰淇淋拌在一起也十分美味。

常 5天

皮也很美味！「醋醃哈密瓜皮」

材料與做法（方便製作的份量）

❶哈密瓜的皮（切掉有紋路的外皮）切成薄片，2片里肌火腿切絲。

❷把①和1/4茶匙鹽、2茶匙橄欖油、1茶匙醋混合均勻，靜置約30分鐘即可。

營養成分（可食用部分每100g）

項目	含量
熱量	42大卡
蛋白質	1.1公克
脂質	0.1公克
碳水化合物	10.3公克
礦物質	
鉀	340毫克
鈣	8毫克
鐵	0.3毫克
維生素A β-胡蘿蔔素RE	33微克
維生素B_1	0.06毫克
維生素B_2	0.02毫克
維生素C	18毫克

水果

芒果

流通時期	常溫	冷藏	乾燥	冷凍
1 2 3 4 5 6 7 8 9 10 11 12	○	○	○	○

有著各式各樣的烹調方式。

屬於南方國家的水果，不過4～9月在市場上也會看到日本宮崎縣、沖繩縣、鹿兒島縣等地種植的國產成熟芒果。尚未成熟的芒果必須放在常溫中催熟。成熟的芒果則建議盡早食用完，或是冷凍保存。

凍 1個月 藏 3天

當季的美味冷凍後，隨時都可以享用

去皮後，切成一口大小，再裝進塑膠袋放冷凍。

常 3天

解凍方法

剛拿出冷凍室的芒果甜度會有些降低，不過暫時放一下，甜度就會恢復了。

芒果比目魚捲

材料與做法（方便製作的份量）

❶ 準備6片比目魚生魚片，灑上少許的鹽。
❷ 用①捲起冷凍芒果（1/2顆分切成6份）。
❸ 盛盤，繞圈淋上適量的橄欖油，準備1片羅勒葉切絲後灑上。

印度芒果酸辣醬

材料與做法（方便製作的份量）

❶ 整顆冷凍芒果（去皮去籽200公克）放在常溫下約30秒，再把果肉切成小丁。芒果籽上的果肉可用湯匙刮下。
❷ 在小鍋裡放入50公克洋蔥泥、5公克薑泥、1/4量杯白酒醋、1/4量杯番茄汁、25公克精製細砂糖、1/4茶匙鹽、1/2根去籽紅辣椒、①，加熱煮到沸騰後轉中火，一邊撈除雜質一邊繼續煮約15分鐘。
❸ 加入少許香料（可依照個人喜好選擇肉豆蔻粉或肉桂粉等），煮到稍微變稠就可以關火。

營養成分（可食用部分每100g）	
熱量	64大卡
蛋白質	0.6公克
脂質	0.1公克
碳水化合物	16.9公克
礦物質	
鈣	15毫克
鐵	0.2毫克
維生素A β-胡蘿蔔素RE	610微克
維生素B_1	0.04毫克
維生素B_2	0.06毫克
維生素C	20毫克

常溫	冷藏	乾燥	冷凍	流通時期 1 2 3 4 5 6 7 8 9 10 11 12
○	○	○	○	

酪梨

水果

可食用部分 70% 只丟棄籽

整顆冷凍，果皮更容易剝下。

日本市面上看到的酪梨，有9成都是墨西哥產的進口貨，一年四季都能買到。含有豐富的不飽和脂肪酸，能夠有效預防文明病。必須在常溫下放到變軟、熟透，才能裝進塑膠袋放入蔬果室保存。

不夠熟的酪梨，要先催熟後再冷凍、冷藏

無須去皮，整顆裝進塑膠袋裡，冷凍或冷藏保存。

解凍方法

泡水解凍後，徒手剝下外皮。此時果肉已經變得很柔軟，加上奶油、起司等做成沾醬十分美味。

放在室溫下解凍，並不會讓果實變水水的。先將酪梨放在抹布上，用菜刀切開時便可防止菜刀滑掉。跟泡水解凍一樣，將酪梨切成兩半後，徒手剝掉外皮。與蜂蜜等黏稠的食材混合，也很美味。

酪梨用菜刀切開後，為了防止變色，建議繞圈淋上檸檬汁。

酪梨醬

材料與做法（2～3人份）

❶準備1顆整顆冷凍的酪梨，去皮去籽，放入調理盆裡，用木杓等器具壓碎。

❷在①裡加入2大匙美乃滋、2茶匙檸檬汁、少許的鹽和胡椒後拌勻。

營養成分（可食用部分每100g）

熱量	187大卡
蛋白質	2.5公克
脂質	18.7公克
碳水化合物	6.2公克
礦物質	
鈣	9毫克
鐵	0.7毫克
維生素A β-胡蘿蔔素RE	75微克
維生素B_1	0.10毫克
維生素B_2	0.21毫克
維生素C	15毫克

惜食精神與日本的「食物浪費」

全球每九人之中，就有一人深受饑餓所苦。發展中國家的糧食不足問題漸趨嚴重，然而日本等先進國家卻處於糧食吃不完、必須丟掉的「食物浪費（Food Loss）」情況中。

令人想不到的是，日本每年大約會浪費掉646萬公噸的食物，數量驚人，相當於國民每人每天倒掉一飯碗（約139公克）的食物。

在這個數字中，由生產者、零售商、店舖等公司行號造成的浪費約佔55%。除此之外，我們一般家庭產生的浪費約佔45%。

1. 丟掉其實可以食用的部分：過度丟棄
2. 過期或沒碰過就丟掉：直接報廢
3. 煮太多卻吃不完：剩食

無論是上述哪個原因，都可以根據我們的觀念去改善，不是嗎？

減少家庭垃圾

「過期」通常是直接報廢的原因，但食材期限分為「超過保存期限」與「超過賞味期限」。民眾有必要了解這兩者的差異。

「保存期限」會標示在不能久放的熟食、便當、食用肉類等食材上。超過這個期限，食物的品質就會急速惡化，因此要在標示日期之前吃完，購買時也必須考慮只買能夠吃完的份量。

「賞味期限」是標示在零食、罐頭、加工品等的日期，代表食物在這個期限內能維持其美味度。這是製造商考量到食安問題而設定的期限，但事實上，只要食品保存得宜、沒有過期太久，基本上都還是能食用。

超市、超商等則是有自己的「銷售期限」；為了換上新商品，有些商品即使賞味期限還沒到，也會被撤下。

許多消費者在選購貨架上的商品時，往往習慣挑選保存期限還很長、藏在貨架深處的牛奶或食材。但配合個人使用的時機，盡量選購快到期的商品，留下期限長的食品，也是有助於減少食物浪費的一大方法。

希望各位都能夠改變觀念，把食物浪費當成是自己的責任，在家中廚房裡重現二十一世紀的「惜食精神」吧。

＊編注：以上為日本的規定。臺灣關於食品標示等相關規定，請參見衛生福利部食品藥物管理署的《食品安全衛生管理法》。

海鮮

海鮮保存的基本原則

海鮮通常被認為是低脂肪且高蛋白的食材。尤其青背魚中含有降低心肌梗塞風險和提高記憶力等功效的DHA（二十二碳六烯酸）、EPA（二十碳五烯酸），因此更應該積極攝取。

但海鮮類食材很容易變得不新鮮，在天氣炎熱的時期裡，甚至可能在購買後走回家的路上就開始腐敗。

溫度一旦升高，海鮮就會散發出腥臭味，其主因是雜菌繁殖的緣故。

許多人喜歡海鮮料理，卻不太擅長處理魚。學會適合日常生活的保鮮活用方式後，就不再只是將生魚片連同包裝放進冷藏室，還能讓海鮮變得更加美味。

意外地簡單！自製一夜干

乾貨是靠去除水分來濃縮魚的鮮味，並提高其保存性。大多數的人會選擇購入市售的現成乾貨，但其實在家自己製作也意外地簡單又美味！用家裡既有的器具就能製作，若有防烏鴉等鳥類的乾貨用曬網會更加方便。

材料

自己喜歡的魚類（竹筴魚、沙丁魚、秋刀魚和日本馬頭魚等）、濃度10～15%的鹽水

※請依不同的脂肪含量調整鹽的濃度。脂肪少的白身魚，以濃度10%為基準；脂肪多的青背魚則要加多點鹽。

做法

❶將魚剖半，去除魚鰓、內臟和深色魚肉後洗淨。完全擦乾水分。

❷在鹽水中醃漬20～60分鐘（鹽分濃度低的話，要加長時間）。

❸快速沖掉表面的鹽分後，完全擦乾水分。

❹在通風良好、陽光直射的地方曝曬3～5個小時。待表面完全乾燥後即完成。

冷藏 觀察鮮度，再決定保存時間的長度

生海鮮在冷藏保存時，維持其鮮度的時間頂多4～5天。換句話說，是指漁獲卸貨後4～5天。

海鮮鮮度會依種類和保存狀態不同有所差異。未去除內臟的魚，會因為內臟的細菌繁殖而腐壞，縮短保存期限。

灑鹽保存

先不論已加工過的生魚片，藉由灑鹽保存新鮮魚片以及剛剖開的魚，能幫助抑制表面雜菌繁殖。

請配合之後的調理方式，來調整鹽的用量吧！

如何保存生魚片？

冷藏保存生魚片時，已切片的必須在當天食用完，魚磚也盡量在隔天前全部使用完。為了不讓血水滲出，要用廚房紙巾包起來後，再用保鮮膜包緊放冰溫保鮮室（0°C左右）保存。按照2：1：1的比例攪拌醬油、料理酒和味醂做成醃醬，吃剩的生魚片只要醃漬5～6個小時，就能吃到隔天。

冷凍 生魚片的冷凍保存方式

生魚片冷凍保存時，務必擦乾水分，用保鮮膜包起來，再放入保鮮袋後冷凍。但由於生魚片已經接觸過空氣，所以比一整條魚的新鮮度更低。冷凍保存的時候，先用調味料醃漬後再冷凍為佳。

生魚磚　生魚片　整條魚

調味醬料

冷凍鮮魚解凍後的味道或氣味，有時會不太好聞。只要在冷凍前預先調味，就能更容易入味，也可以預防腥味。在冷凍狀態下燉煮或煎烤，可以省下解凍和調味的工夫，保存期限以2週為基準。

❶ 基礎麵包粉

（青背魚、白身魚等200公克）

帕瑪森起司…1茶匙
鹽…1/4茶匙
胡椒…少許
奧勒岡葉…1/2茶匙
百里香葉…1/4茶匙
麵包粉（乾燥）…1/3量杯

使用方法

混合所有材料，均勻抹在魚身後冷凍。

❷ 醬油沾醬

（4片生魚片）

醬油…1又1/2大匙
料理酒…1大匙
砂糖…1大匙
薑絲…約15公克

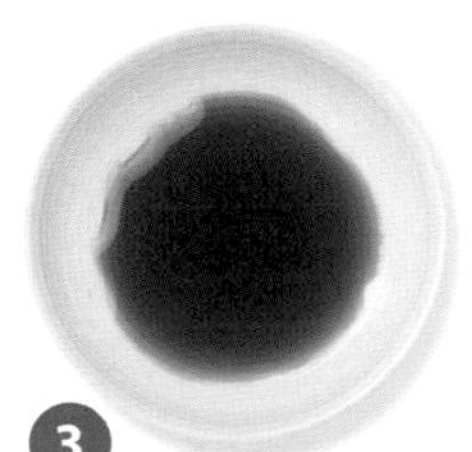

❸ 柚庵燒醬

（4片生魚片）

醬油…3大匙
味醂…2大匙
柚子切片…4片

❹ 鮮魚醃汁
（4條）

白葡萄酒…1/2量杯
白酒醋…1/2量杯
月桂葉…1片
百里香…1條
鹽…1/3茶匙
黑胡椒粒…少許

❺ 基礎青花魚味噌
（1條青花魚，約700公克）

味噌…4～5大匙
砂糖…1又1/2大匙～2大匙
料理酒…1/2量杯
味醂…4～5大匙

❻ 基本西京燒醬
（方便製作的份量）

西京味噌…100公克
料理酒…2大匙
砂糖…1大匙

❼ 鹽麴橄欖油醬
（方便製作的份量）

橄欖油…2又1/2量杯
鹽麴…3/5量杯

❽ 印尼炒飯風味醬
（方便製作的份量）

魚露…6大匙
醋…6大匙
蒜泥…2茶匙
砂糖…4大匙

❾ 蠔油醬
（4條秋刀魚）

蠔油…2大匙
醬油…1大匙
砂糖…2茶匙

❿ 梅醬
（6條沙丁魚）

梅干…4顆
薑絲…30公克
醬油…5大匙
砂糖…2大匙
味醂…2大匙
料理酒…2大匙

⓫ 青花魚醋醃汁
（半條青花魚）

穀物醋…1又1/2量杯
水…1/2量杯
砂糖…1大匙
薄口（淺色）醬油…1大匙
酢橘薄片…2片

⓬ 薑味味噌醬
（方便製作的份量）

味噌…1量杯
味醂…1/2量杯
料理酒…1/2～2/3量杯
薑泥…約15公克

⓭ 正統辣蝦醬
（300公克蝦子）

醬
- 豆瓣醬…1大匙
- 水…少許
- 番茄醬…2大匙

中式高湯…1/2量杯
料理酒…1/2大匙
砂糖…1茶匙

海鮮

鮪魚

可食用部分 100%（使用魚磚）

流通時期 1 2 3 4 5 6 7 8 9 10 11 12

常溫	冷藏	乾燥	冷凍
×	○	×	○

魚磚並不容易被解凍。

冷凍鮪魚全年都有流通，但盛產季在10月～翌年5月。受歡迎的品種是被叫做「真鮪魚」的太平洋黑鮪，日本境內還會食用例如大目鮪和黃鰭鮪等七種鮪魚。

太平洋黑鮪

太平洋黑鮪中有許多出名的鮪魚，像是「大間黑鮪魚」。肉質很好，尤其紅色魚肉（赤身）中含有豐富人體所需的營養成分。

黃鰭鮪

脂質很少，爽口且沒有強烈的味道。常被用來作為鮪魚罐頭的原料。

大目鮪

一如其名，大目鮪的特徵是眼睛很大。也有很多來自智利、祕魯、北美等外國產的冷凍大目鮪。

在遠洋漁業中，冷凍鮪魚是主流。近海的生鮪魚則屬於高級食材。

解凍方法

要解凍鮪魚磚時，先抹上醬油或油醃漬，再放於冷藏室中慢慢花時間解凍會更加美味。

凍 1個月 藏 2天

完全擦乾水分是重點

灑鹽後靜置5分鐘。完全擦乾水分後，用保鮮膜包起來，再放入保鮮袋冷藏或冷凍。

將100公克鮪魚生魚片放入保鮮袋，加2大匙醬油、1大匙味醂後直接冷凍。

- **無須解凍，可以直接放在熱飯上當漬丼享用。只要將生魚片切得稍微薄一點，就可以靠米飯的溫度馬上進行解凍。**

營養成分（可食用部分每100g）
黑鮪魚赤身

項目	含量
熱量	125大卡
蛋白質	26.4公克
脂肪	1.4公克
礦物質	
鈣	5毫克
鐵	1.1毫克
維生素B_1	0.10毫克
維生素B_2	0.05毫克
維生素C	2毫克

油燜鮪魚

材料與做法

（方便製作的份量）

❶將200公克冷凍鮪魚（生魚片用）用廚房紙巾擦乾水分，灑上1茶匙鹽搓揉，切成2～3公分的塊狀。

❷鮪魚塊放入耐熱容器中，將橄欖油倒入容器中直到淹蓋過鮪魚（約80毫升）。

❸預熱烤箱至120°C，把②放入烤箱中，不加蓋加熱30分鐘。

❹放涼後，加入2～3片檸檬切片和1片月桂葉，再蓋上蓋子。

義式檸檬魚（Piccata）

材料與做法（1人份）

❶將1片冷凍鮪魚切成容易入口的大小，在魚身沾上1/2茶匙麵粉，再裹上用1/2顆蛋液和1大匙起司粉攪拌而成的麵衣。

❷平底鍋倒入橄欖油熱鍋，把①雙面都煎到酥脆即完成。

鮪魚半敲燒沙拉佐山葵醬

材料與做法（2人份）

❶在平底鍋中倒入沙拉油熱鍋，放入100公克冷凍鮪魚，灑上適量黑胡椒粗粒，用中火將兩面各煎2～3分鐘。

❷把①切成1公分厚，和葉菜一起裝盤。

❸在調理盆中加入1/2茶匙山葵泥、2茶匙橄欖油和2茶匙醋，與少許鹽拌勻後，來回澆淋在②上。

海鮮

沙丁魚

流通時期

1	2	3	4	5	6	7	8	9	10	11	12

常溫	冷藏	乾燥	冷凍
×	○	○	○

可食用部分 80% 丟棄魚頭和內臟

與梅干一起保存，能鎖住美味！

在日本，主要將「遠東擬沙丁魚」、「日本鯷」和「小鱗脂眼鯡」等三種魚統稱為沙丁魚，而日本鯷的魚苗則叫做魩仔魚。各產地的漁獲時期各不相同，基本上會在6～11月迎來盛產季。因為沙丁魚很快就會腐壞，購入後立刻處理掉內臟和魚頭為佳。

藏 2～3天

凍 2～3週

與梅干一起燉煮，能讓魚肉變嫩

去除內臟後仔細清洗乾淨，灑鹽靜置5分鐘。完全擦乾水分，將沙丁魚和梅干一起放入保鮮袋後冷凍。因為沙丁魚很快就會腐壞，所以在購入後立刻處理內臟和魚頭比較好。

梅煮沙丁魚

材料與做法（2人份）

❶將30公克薑片切絲。

❷在鍋中加入1量杯高湯、3大匙醬油、3大匙砂糖，以及4大匙料理酒並煮滾。

❸取出2條**與梅干一起冷凍的沙丁魚**，平鋪放入鍋中，用湯勺舀取湯汁來回淋在魚身上。

❹加上落蓋，用小火燉煮25分鐘。途中要傾斜鍋子，讓魚身完全浸泡在湯汁中。

❺待醬汁收汁後，加入①的薑絲並快速攪拌。

番茄起司沙丁魚燒

材料與做法（2人份）

❶把2顆小番茄切成4等分，取適量巴西里切成碎末。

❷在鋁箔紙上放4條**剖開的冷凍沙丁魚**，放上小番茄，再放進烤爐或小烤箱烤。

❸待沙丁魚肉變白、熟透後，灑上20公克披薩乳酪絲和巴西里粉末，再繼續烤到起司融化。

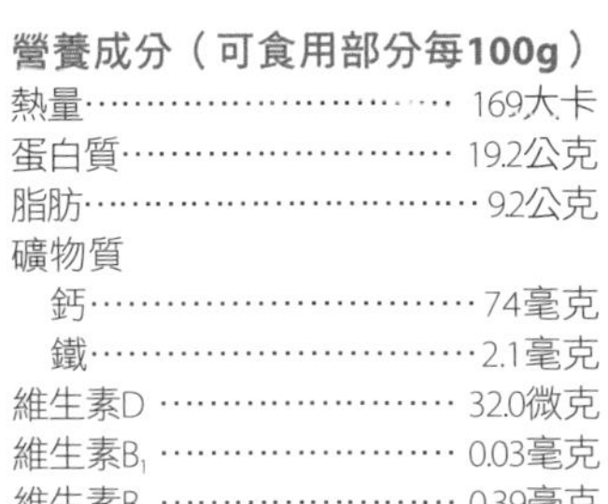

營養成分（可食用部分每100g）

項目	含量
熱量	169大卡
蛋白質	19.2公克
脂肪	9.2公克
礦物質	
鈣	74毫克
鐵	2.1毫克
維生素D	32.0微克
維生素B_1	0.03毫克
維生素B_2	0.39毫克

常溫	冷藏	乾燥	冷凍
×	○	○	○

魩仔魚

凍 2～3週 藏 5天

分裝好要使用的份量，冷凍保存

分裝魩仔魚，鋪平後放入保鮮袋後冷凍，或者放入保存容器後冷藏或冷凍。

常溫	冷藏	乾燥	冷凍
×	○	○	○

魩仔魚乾

藏 7～10天

從包裝袋中取出，放入保存容器

把魩仔魚乾從購入時附的包裝中取出，移到保存容器後冷藏。

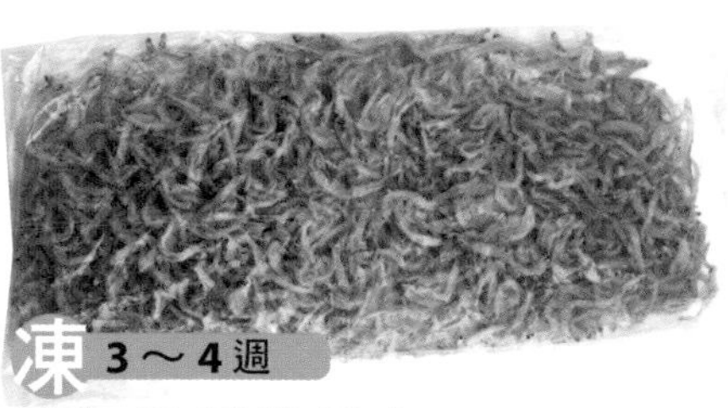

凍 3～4週

放入保鮮袋保存

放入保鮮袋後，鋪平冷凍。

魩仔魚乾拌甜辣醬

材料與做法（方便製作的份量）

❶在鍋中放入70公克冷凍魩仔魚乾和1/2量杯的水後，蓋上鍋蓋開中火。
❷沸騰後再等1分鐘，即可熄火。加入2大匙山椒果實和調味醬料（醬油、砂糖、料理酒各2大匙）後攪拌。蓋上鍋蓋悶10分鐘。
❸取下鍋蓋後開中火，待煮滾後再用中小火煮5～6分鐘，收乾水分即可。

海鮮

竹筴魚

可食用部分 **80%** 魚骨可油炸

流通時期 1 2 3 4 5 6 7 8 9 10 11 12

常溫	冷藏	乾燥	冷凍
×	○	○	○

魚骨可以做成魚骨仙貝。

竹筴魚是適用於生魚片、鹽烤、炸物、魚乾等多種調理方法的青背魚。竹筴魚分布在日本各地，5～11月漁獲量會增加，尤其夏天時脂質肥美、更加美味。沒有清除內臟的話容易腐壞，所以建議購入後立刻去除內臟。

日本竹筴魚

通常簡稱日本竹筴魚為「竹筴魚」。近海內灣的品種是黃竹筴魚，按照季節洄游的是黑竹筴魚。新鮮竹筴魚的魚身會呈現黃色。

關竹莢魚

關竹莢魚是日本大分縣漁協佐賀關分店的漁民用「一支釣」的海釣方法，一條條釣上來的高級名牌魚。日本各地其實都有出名的竹筴魚品種，像是熊本縣的「天草竹筴魚」、靜岡縣的「倉澤竹筴魚」、宮崎縣的「美美竹筴魚」等。

全年流通，但依產地和時期不同，味道和價格會有所差異。

藏 2～3天

凍 2～3週

只要灑鹽，就能去除腥味

將整條魚切分成三片，灑鹽靜置5分鐘。完全擦乾水分，每一片魚肉分別用保鮮膜包起來，再放入保鮮袋後冷凍或冷藏。

凍 2～3週

想吃的時候，只要油炸即可

將魚肉按照順序沾取麵粉、蛋液、麵包粉後，冷藏或冷凍保存。

去除內臟和尾側魚鱗，不切除魚頭直接冷凍

去除內臟並仔細清洗，再擦乾水分。將整條魚用保鮮膜包起來再冷凍。

營養成分（可食用部分每100g）

項目	含量
熱量	126大卡
蛋白質	19.7公克
脂肪	4.5公克
礦物質	
鈣	66毫克
鐵	0.6毫克
維生素B_1	0.13毫克
維生素B_2	0.13毫克

烤竹筴魚

材料與做法（2人份）

❶在烤盤上鋪烘焙紙，再擺上3條冷凍竹筴魚和6顆對切的珍珠洋蔥（小洋蔥），灑上適量的鹽、胡椒、橄欖油，放入烤箱用200°C烤15分鐘左右。

常溫	冷藏	乾燥	冷凍
×	○	○	○

流通時期

1 2 3 4 5 6 7 8 9 10 11 12

秋刀魚

用平底鍋煎也好吃！

秋刀魚是富含優質脂肪的青背魚，在日本是秋天的代表性食材，廣受民眾喜愛。因為秋刀魚沒有胃袋，排泄物的殘留時間短，所以新鮮的秋刀魚可以連同內臟一起食用。如果沒有馬上要吃，就要去除內臟後再保存。

可食用部分 80%
丟棄魚骨、魚頭、內臟

凍 2～3週　藏 2～3天

完全擦乾水分是關鍵

去除秋刀魚的內臟和魚頭後再清洗，灑鹽靜置5分鐘。務必完全擦乾水分後，再用保鮮膜包起來後冷藏或冷凍。

漬 10天（冷藏）

油封秋刀魚

材料與做法（方便製作的份量）

❶將2條秋刀魚各切分成三片（上魚身、中骨、下魚身），每片再對半切短。

❷在①灑上1/2茶匙鹽，靜置約30分鐘後，用廚房紙巾擦乾多餘的水分。

❸在小鍋或平底鍋中倒入②和淹蓋過食材的沙拉油、1片月桂葉、1條紅辣椒以及4片蒜片，用小火加熱25分鐘。接著靜置放涼，待冷卻後將魚和油一起移到保存容器中，放在冷藏室保存。

營養成分（可食用部分每100g）

項目	含量
熱量	318大卡
蛋白質	18.1公克
脂肪	25.6公克
礦物質	
鈣	28毫克
鐵	1.4毫克
維生素D	15.7微克
維生素B_1	0.01毫克
維生素B_2	0.28毫克

鰹魚

流通時期

1 2 3 4 5 6 7 8 9 10 11 12

初鰹　回鰹

常溫	冷藏	乾燥	冷凍
×	○	○	○

使用鰹魚魚磚，就能輕鬆享受料理。

鰹魚是一種分布於全世界溫帶到熱帶地區的洄游魚，在日本稱春季到夏季時北上的鰹魚叫做「初鰹」、秋季時南下的鰹魚叫做「回鰹」。初鰹脂肪很少肉質又清爽，可以做成半敲燒*；回鰹為了預備產卵，會累積許多脂肪，可以做成美味的生魚片。

＊編注：以稻草高溫炙烤鰹魚，表皮微微烤熟去除腥味後，再冰鎮魚肉切片食用的料理方式。

凍 2～3週

灑鹽靜置 5 分鐘，擦乾水分

在生的鰹魚魚磚上灑鹽（200公克魚肉：1/2茶匙鹽），擦乾水分，用保鮮膜包起來，再放入保鮮袋後冷凍。另外，也可以把魚磚削切成1公分厚再灑鹽，同樣放冷凍。

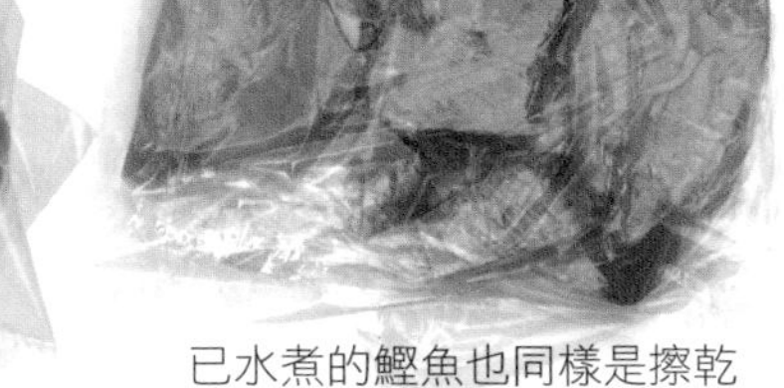

已水煮的鰹魚也同樣是擦乾水分，用保鮮膜包起來，再放入保鮮袋後冷凍。

芝麻鰹魚

材料與做法（2人份）

6片從鰹魚魚磚切下的冷凍鰹魚片，抹上適量的熟黑芝麻和熟白芝麻，平底鍋熱鍋後倒入麻油，將鰹魚的兩面煎熟。

鰹魚起司燒

材料與做法（2人份）

❶在平底鍋中鋪上15公克披薩乳酪絲，擺上6片冷凍鰹魚。

❷在魚片上再灑上15公克披薩乳酪絲，開小火，蓋上鍋蓋煎3分鐘。

❸等到起司變脆，即完成。

營養成分（可食用部分每100g）春天漁獲

熱量……114大卡
蛋白質……25.8公克
脂肪……0.5公克
礦物質
　鈣……11毫克
　鐵……1.9毫克
維生素B_1……0.13毫克
維生素B_2……0.17毫克

常溫	冷藏	乾燥	冷凍
✕	○	○	○

流通時期 1 2 3 4 5 6 7 8 9 10 11 12

比目魚

燉煮、油炸……用什麼方式調理都很美味。

比目魚是種類非常多的白身魚，在日本多達40種。因為種類豐富，某些品種一整年都會出現在市面上。夏天漁獲的脂肪肥美、魚肉細膩美味，主要用來作為生魚片；冬天漁獲因為有帶卵，則經常被拿來燉煮使用。

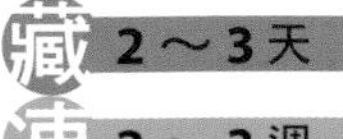

白身魚的冷凍方法基本上都相同

灑鹽靜置2分鐘。完全擦乾水分後，將每片魚片分別用保鮮膜包起來，再放入保鮮袋冷藏或冷凍。

凍 3週

燉煮用的魚肉，先調味再冷凍

在2片比目魚上灑鹽靜置2分鐘，擦乾水分，再將比目魚和4片薑片、2大匙料理酒、2大匙味醂、2大匙醬油放入保鮮袋。為了防止滲漏，可以多套一個保鮮袋後再冷凍。

燉煮比目魚

材料與做法（2人份）

在鍋中倒入1/2量杯的水後煮沸，將燉煮用的冷凍比目魚和醃汁一起放入鍋中，燉煮至湯汁剩下一半為止。

比目魚龍田燒*

材料與做法（2人份）

❶將2片冷凍比目魚，以味醂、醬油、料理酒各1茶匙醃製，放在冷藏室解凍。

❷擦乾比目魚的水分後，在魚片上均勻抹上片栗粉（馬鈴薯澱粉），在平底鍋中倒入沙拉油，將兩面煎到上色。

＊編注：用醬油、味醂、酒等調味料先醃製過後再煎烤的料理方式。

營養成分（可食用部分每100g）

項目	含量
熱量	95大卡
蛋白質	19.6公克
脂肪	1.3公克
礦物質	
鈣	43毫克
鐵	0.2毫克
維生素B_1	0.03毫克
維生素B_2	0.35毫克
維生素C	1毫克

海鮮

鮭魚

流通時期	常溫	冷藏	乾燥	冷凍
1 2 3 4 5 6 7 8 9 10 11 12	×	○	○	◎

冷凍鮭魚和鹽漬鮭魚全年流通。近年來，海外養殖的鮭魚也非常多。

可食用部分 **80**% 丟棄魚骨、魚頭、內臟

冷凍後烤起來更鮮嫩。

在日本一提到鮭魚，一般都是指白鮭。其他還有銀鮭、紅鮭等品種，而主要從智利和挪威進口的虹鱒，又被稱為虹鮭。白鮭的盛產季在秋季，因此又被叫做「秋鮭」、「秋味」等，廣受喜愛。

凍 3～4週　藏 2～3天

鮭魚魚肉呈紅色，但其實屬於白身魚

灑鹽靜置2分鐘。完全擦乾水分，將每片魚片分別用保鮮膜包起來，放入保鮮袋後冷藏或冷凍。

預先調味保存，直接料理沒煩惱

按比例在2片鮭魚表面塗抹調味醬料（味噌、味醂、料理酒各1大匙），再用保鮮膜包起來，放入保鮮袋後冷藏或冷凍。

營養成分（可食用部分每100g）
白鮭

項目	含量
熱量	133大卡
蛋白質	22.3公克
脂肪	4.1公克
礦物質	
鈣	14毫克
鐵	0.5毫克
維生素D	32.0微克
維生素B_1	0.15毫克
維生素B_2	0.21毫克
維生素C	1毫克

味噌蕈菇鮭魚

材料與做法（1人份）

❶在耐熱容器中放入1片用味噌醃漬的冷凍鮭魚和50公克喜歡的菇類，再放上5公克奶油。
❷將容器覆上保鮮膜，用微波爐加熱3～4分鐘即可。

常溫	冷藏	乾燥	冷凍
×	○	×	○

鮭魚卵

凍 2個月 藏 1週

放入小菜碟中冷凍

分裝在小菜碟中，再放入保存容器後冷凍。

虹鱒

從智利和挪威進口。鮮味和脂肪含量高，作為壽司材料相當受歡迎。

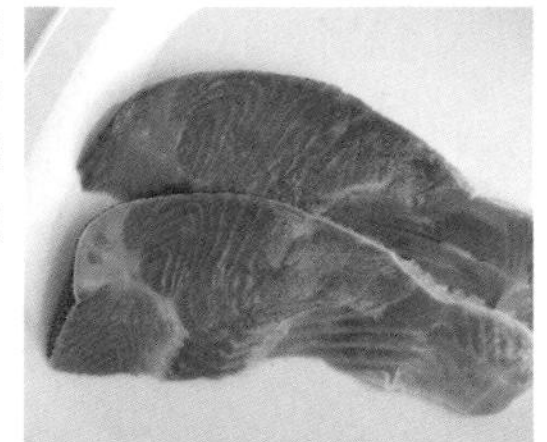

白鮭

日本國內捕獲的野生白鮭，會依漁獲時期和成熟度不同，稱謂也會有所不同。秋天的叫做「秋鮭」（秋味），初夏捕獲的叫做「時不知」，而在未成熟的狀態下捕獲的叫做「鮭兒」。

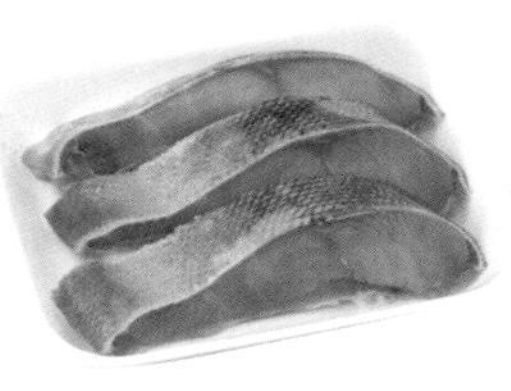

紅鮭

肉質很好，價格也偏高。大多從俄羅斯或加拿大進口。

安大略鮭

指的是大西洋鮭魚。也可以叫做挪威鮭魚，養殖於挪威的西北海岸。

義式水煮鮭魚（Acqua Pazza）

材料與做法（2人份）

❶在平底鍋中加入2茶匙橄欖油和1茶匙蒜末，開小火，爆香後將2片冷凍鮭魚皮朝下放入鍋中煎。

❷將鮭魚翻面後，加入100公克蛤蜊、6顆小番茄、6顆黑橄欖、1/4量杯白葡萄酒、1/2量杯水，待煮沸後蓋上鍋蓋，轉小火加熱7～8分鐘。

※此種做法也適用於鯛魚或鱈魚等其他的白身魚。

海鮮

鱈魚

流通時期

1 2 3 4 5 6 7 8 9 10 11 12

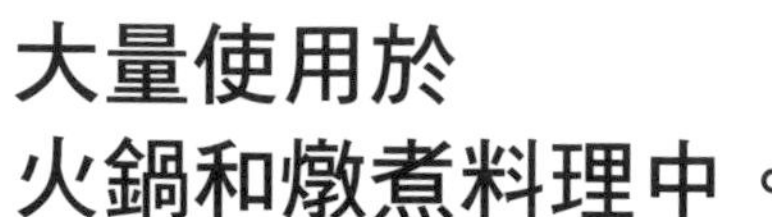

常溫	冷藏	乾燥	冷凍
×	○	○	◎

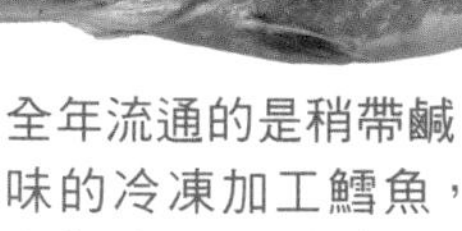

全年流通的是稍帶鹹味的冷凍加工鱈魚，在冬季則有新鮮鱈魚流通市面。

可食用部分 80% 丟棄魚骨、魚頭、內臟

大量使用於火鍋和燉煮料理中。

一般提到鱈魚指的是大頭鱈。明太魚（黃線狹鱈）比大頭鱈體型更小，因此被使用於鹽漬、魚乾、魚漿等加工產品上。鱈魚子即是用明太魚的卵巢（日本稱為『真子』）調味熟成的產品。

藏 2～3天

凍 2～3週

灑鹽靜置2分鐘，擦乾水分

灑鹽靜置2分鐘。完全擦乾水分，將每片魚片分別用保鮮膜包起來，放入保鮮袋後冷藏或冷凍。

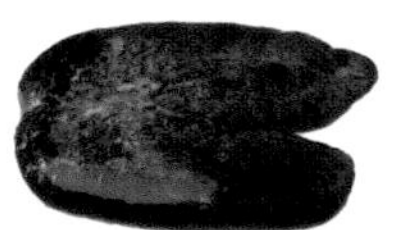

鱈魚子

將明太魚的卵巢鹽漬並調味熟成後，做成鱈魚子。用辣椒調味過的則叫辣味明太子。

鱈魚白子

鱈魚的精巢（日文稱為『白子』），味道濃郁，屬於高級食品。

手作櫻花魚鬆

材料與做法（方便製作的份量）

❶將2片冷凍鱈魚放入滾水中煮2～3分鐘。
❷泡進冷水冷卻並仔細清洗，去除魚皮和魚骨。
❸把魚肉放入研磨缽中，用研磨棒搗碎。
❹在小鍋（平底鍋）中放入③和2大匙料理酒、1大匙砂糖、少許鹽和食用紅色色素，開火加熱炒到水分完全蒸發，魚鬆呈現透亮鬆散的程度。

鱈魚起司燒

材料與做法（2人份）

❶將40公克莫札瑞拉起司切成1公分厚，1/2顆番茄切成1公分厚片。
❷在調理盆中放入2片冷凍鱈魚，依照順序擺上番茄、2片巴西里葉、起司，用小烤箱烤20分鐘左右。盛盤後灑上適量黑胡椒粗粒，再用適量巴西里葉裝飾。

營養成分（可食用部分每100g）

熱量	77大卡
蛋白質	17.6公克
脂肪	0.2公克
礦物質	
鈣	32毫克
鐵	0.2毫克
維生素B_1	0.10毫克
維生素B_2	0.10毫克

常溫	冷藏	乾燥	冷凍
×	○	○	○

流通時期 1 2 3 4 5 6 7 8 9 10 11 12

青鮒

可食用部分 **80%** 丟棄魚骨、魚頭、內臟

清洗會降低新鮮程度；放在保鮮袋中直接解凍！

養殖青鮒在市面上全年都有，但野生青鮒的盛產季在11月～翌年2月左右。日本市場流通的青鮒約75%屬於人工養殖。在日本，青鮒是會隨著成長而改變名稱的出世魚（意指一級級晉升的魚）。在長大成為青鮒前，東日本稱其的順序由小到大為WAKASHI（ワカシ）→INADA（イナダ）→WARASA（ワラサ）；西日本是TSUBASU（ツバス）→HAMACHI（ハマチ）→MEJIRO（メジロ）；北陸地區則是KOZUKURA（コズクラ或コゾクラ）→FUKURAGI（フクラギ）→GANDO（ガンド）。

為了避免魚肉腐壞，務必不留空隙地用保鮮膜包起來

灑鹽靜置5分鐘。完全擦乾水分後，將每片魚片分別用保鮮膜包起來，放入保鮮袋後冷藏或冷凍。

野生和養殖的差異？

野生青鮒比養殖青鮒的脂肪量更少，如果不小心煎過頭，肉質就會變得乾硬。因此要注意煎煮的時間長度。

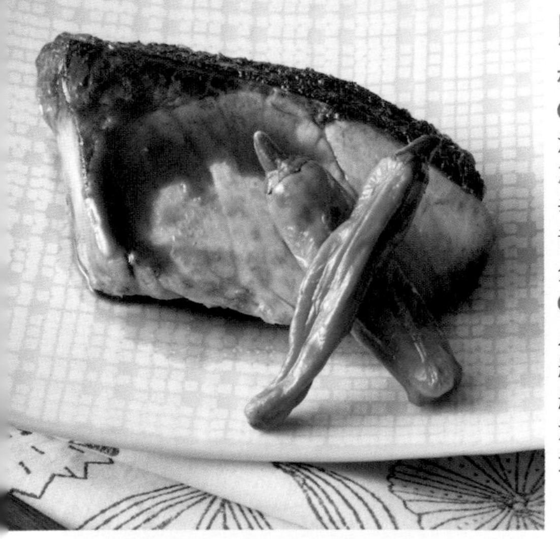

照燒青鮒

材料與做法（2人份）

❶ 在平底鍋加入1茶匙沙拉油熱鍋，放入2片冷凍青鮒，4根獅子唐辛子（小青辣椒），將青鮒的兩面分別煎上2分鐘後盛盤。

❷ 在同一個平底鍋中加入2大匙料理酒、1大匙味醂、1大匙醋、1大匙水，以及1/2大匙醬油，開小火煮到醬汁收汁，來回淋在①上。

營養成分（可食用部分每100g）

項目	含量
熱量	257大卡
蛋白質	21.4公克
脂肪	17.6公克
礦物質	
鈣	5毫克
鐵	1.3毫克
維生素B_1	0.23毫克
維生素B_2	0.36毫克
維生素C	2毫克

青花魚

流通時期

1 2 3 4 5 6 7 8 9 10 11 12

常溫	冷藏	乾燥	冷凍
✕	○	○	○

可食用部分 80% 丟棄魚骨、魚頭、內臟

含有豐富 DHA、EPA，適合冷凍作為常備食材。

一般來説，「白腹鯖」和「花腹鯖」這兩種魚會被稱為青花魚，白腹鯖的盛產季是秋季到冬季，花腹鯖的盛產季則在夏季。日本也有進口許多外國品種，例如大西洋鯖（俗稱挪威青花魚）。

白腹鯖

白腹鯖的盛產季是秋季到冬季。

花腹鯖

花腹鯖比起白腹鯖體型略小，身體側邊帶有斑點。可以作為青花魚乾的原料。

不同品種和產地的新鮮青花魚，流通時間會有所變動。鹽漬青花魚則是全年流通，除了近海品種，也包含大西洋鯖。

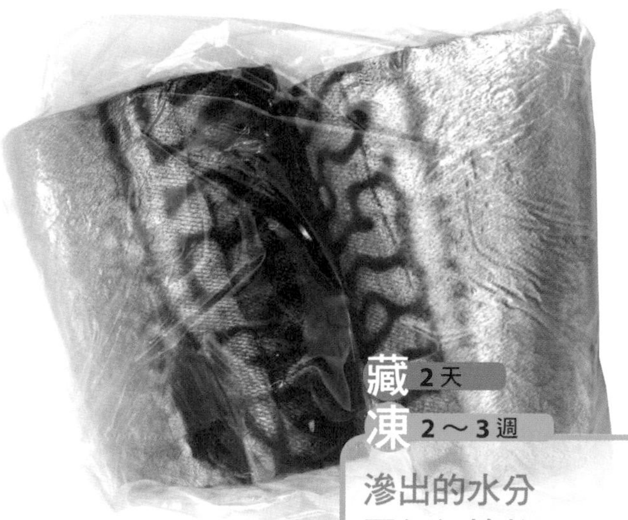

藏 2天

凍 2～3週

滲出的水分要仔細擦乾

將每片鹽漬青花魚分別用保鮮膜包起來，放入保鮮袋後冷凍或冷藏。新鮮青花魚要灑鹽靜置5分鐘，完全擦乾水分後，將每片魚片分別用保鮮膜包起來，冷藏或冷凍保存。

營養成分（可食用部分每100g）

項目	含量
熱量	247大卡
蛋白質	20.6公克
脂肪	16.8公克
礦物質	
鈣	6毫克
鐵	1.2毫克
維生素B_1	0.21毫克
維生素B_2	0.31毫克
維生素C	1毫克

味噌青花魚

材料與做法（2人份）

❶在小型平底鍋中倒入2大匙料理酒、3/4量杯水後開火，待沸騰後加入2片**冷凍青花魚**、7公克左右的薑片、1/2根蔥段，加上鍋蓋或烘焙紙後用中火燉煮6～7分鐘。

❷將青花魚取出盛盤。在平底鍋剩下的醬汁中，加入1茶匙味噌和2茶匙味醂，煮到醬汁濃縮收汁後，來回淋在青花魚上。

常溫	冷藏	乾燥	冷凍
×	○	○	○

流通時期 1 2 3 4 5 6 7 8 9 10 11 12

鯛魚

用任何方法烹調都好吃！

從「櫻花鯛」、「紅葉鯛」等俗稱中可以得知，鯛魚是一整年都很受歡迎的魚種。鯛魚的紅色色素是因為體內含有抗氧化功能的蝦紅素。魚骨中含有豐富的鮮味成分，所以建議使用於魚骨湯或鯛魚飯等可以品嚐到鮮美高湯的料理中。

可食用部分 **80**%
丟棄魚骨、魚頭、內臟

冷凍加工鯛魚全年於市場流通。

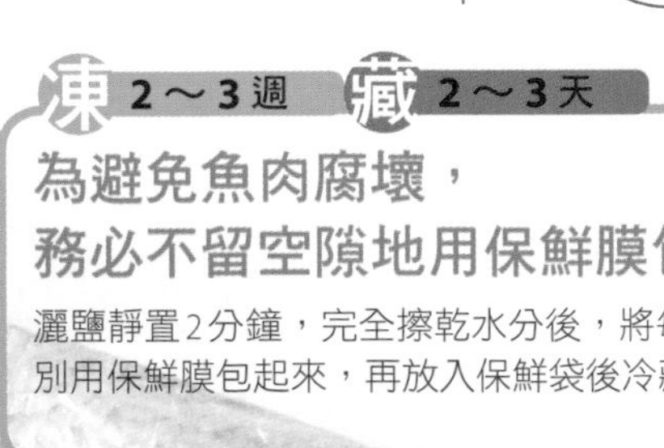

凍 2～3週　藏 2～3天

為避免魚肉腐壞，務必不留空隙地用保鮮膜包覆

灑鹽靜置2分鐘，完全擦乾水分後，將每片魚片分別用保鮮膜包起來，再放入保鮮袋後冷藏或冷凍。

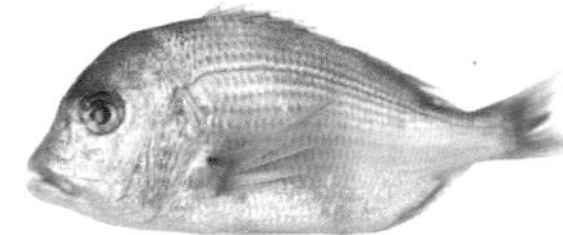

黃鯛

小型黃鯛可以代替真鯛，用於宴會鹽烤料理中。

日本鯛

體型、顏色都和真鯛相同，唯獨尾鰭的後端不是黑色的。

蒸鯛魚

材料與做法（1人份）

❶在平底鍋中按照順序放入1片削切好的白菜、1公分長的高湯用昆布、3～4片切成5公釐厚的半圓形蓮藕、1片冷凍鯛魚、6顆冷凍蛤蜊、3～4顆冷凍小番茄，再加入2大匙白酒、2大匙水，開大火煮。待煮沸後加鍋蓋，用小火蒸煮8分鐘左右。

❷盛盤，將適量昆布切絲並灑上。

營養成分（可食用部分每100g）

養殖鯛魚

項目	含量
熱量	177大卡
蛋白質	20.9公克
脂肪	9.4公克
礦物質	
鈣	12毫克
鐵	0.2毫克
維生素B_1	0.32毫克
維生素B_2	0.08毫克
維生素C	3毫克

烏賊

流通時期 1 2 3 4 5 6 7 8 9 10 11 12

常溫	冷藏	乾燥	冷凍
×	○	○	○

可食用部分 98%

真烏賊

胴體有厚度，鮮味濃郁。

長槍烏賊

因為外觀長得像槍的尖端而得名。可作為生魚片和壽司的材料。

日本魷

春季到晚秋時可以在日本各地捕獲。

劍尖槍烏賊

屬於長槍烏賊家族成員，身長超過40公分，肉厚且美味。烘乾的劍尖槍烏賊在日本也被叫做「一番烏賊」，是頂級食品。

螢火魷

身長約6公分的魷魚。水煮後可以做成醋味噌拌魷魚。日本富山縣的特色料理「醬油漬螢火魷」非常出名。

烏賊採冷凍管理，全年流通於海鮮賣場上。近海的「活烏賊、生烏賊」則流通量非常稀少。

可做成許多日式、西式、中式料理。

烏賊含有豐富人體所需的胺基酸並能促進消化，也可以運用各式各樣的調理方法做成生魚片、炸物、炒菜等料理，是一種出色的食材。在日本，烏賊是最被廣為食用的海鮮之一，不過近年來有漁獲量減少的問題。購入完整的一隻烏賊後，事先分部位來保存，使用時會更加方便。

凍 3～4週

可以使用不同方法冷凍

用鹽水沖洗，仔細擦乾水分，放入保鮮袋後抽出空氣冷凍。另外，也有裹粉冷凍、汆燙後冷凍，以及用醬油醃漬後冷凍等多種豐富的冷凍方法。

烤烏賊（整隻）

材料與做法（3人份）

❶將3隻冷凍烏賊連同保鮮袋一起放入水中解凍1分鐘左右。
❷從袋中取出烏賊，用菜刀劃上切痕。
❸灑上少許鹽，用烤魚爐（燒烤爐）烤7～8分鐘，直到切痕展開、肉變白色。
❹盛盤，擠上適量檸檬汁。

酸甜烏賊拌黃瓜

材料與做法（2～3人份）

❶將冷凍烏賊的胴體部分切成1公分寬的圈狀，用熱水汆燙1分鐘後，瀝乾水分。
❷在調理盆中加入1大匙醋、1茶匙砂糖和2茶匙熟白芝麻混合均勻。
❸把切成小塊並用鹽搓揉過的1/2根黃瓜和①放入調理盆中，攪拌均勻即完成。

營養成分（可食用部分每100g）
日本魷

項目	含量
熱量	83大卡
蛋白質	17.9公克
脂肪	0.8公克
礦物質	
鈣	11毫克
鐵	0.1毫克
維生素B_1	0.07毫克
維生素B_2	0.05毫克
維生素C	1毫克

常溫	冷藏	乾燥	冷凍
✕	○	○	○

流通時期 1 2 3 4 5 6 7 8 9 10 11 12

章魚

可食用部分 97% 丟棄觸手尖端

無須解凍，可直接使用。

食用章魚的國家並不多，全世界捕獲的章魚約有6成是由日本人消費。最常見的品種是「真蛸」，但由於近年來漁獲量減少、價格變高，所以從前因水分多、味道淡而不受歡迎的北太平洋巨型章魚需求量轉而提高。

凍 3～4週

即使冷凍，用菜刀依舊好切

把每條章魚觸手分別切開，放入保鮮袋後冷凍。

因為章魚觸手的尖端含有許多細菌，所以一定要切掉後再使用。

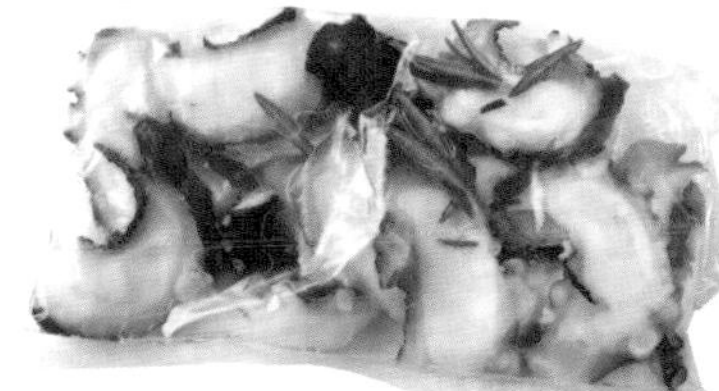

解凍之後，就可以直接盛盤（油漬章魚）

把切成薄片的100公克章魚放入保鮮袋。加入1大匙橄欖油、適量香草及少許鹽和胡椒，冷凍或冷藏保存。

義式生章魚片（Carpaccio）

材料與做法（1人份）

❶在盤子擺上60公克冷凍油漬章魚。

❷將1/4顆青椒、1/8顆紅甜椒、1/8顆黃甜椒和適量紫洋蔥分別切成5公釐細丁，灑在①上，再用2茶匙橄欖油、1/2～1茶匙檸檬汁、少許鹽、胡椒調成醬汁，來回淋在食材上。

真蛸

比起其他章魚品種的漁獲量少，再加上近年來漁獲量減少，所以價格很高。市面上大多為汆燙過的商品。

北太平洋巨型章魚

水分多、味道淡而不受歡迎，但因為章魚食用方式多樣化，以及真蛸捕獲量減少而使其需求增加。也常被加工製成醋漬章魚。

短爪章魚

短爪章魚屬於小型章魚，帶有甜味和適當鮮味。短爪章魚的日文叫「イイダコ（飯蛸）」，其由來是因為短爪章魚的卵像飯粒形狀。

近年日本主要是從非洲的摩洛哥和茅利塔尼亞進口章魚。近海的生章魚則是作為高級食材流通於市面。

營養成分（可食用部分每100g）

真蛸

項目	含量
熱量	76大卡
蛋白質	16.4公克
脂肪	0.7公克
礦物質	
鈣	16毫克
鐵	0.6毫克
維生素B_1	0.03毫克
維生素B_2	0.09毫克

海鮮

蝦子

流通時期

1 2 3 4 5 6 7 8 9 10 11 12

常溫	冷藏	乾燥	冷凍
×	○	△	○

可食用部分 100%

油炸之後，所有部位都可以吃！

蝦類是最受日本人喜愛的海鮮之一，一整年都可以穩定買到養殖蝦和進口蝦。高蛋白質、低脂肪且含有牛磺酸、釩等有助預防文明病的營養成分。蝦殼中含有鮮味成分和礦物質，所以可以直接油炸或熬成高湯，物盡其用不浪費。

凍 3～4週

完全抽掉空氣是關鍵！

將蝦剝殼，盡量不要讓蝦子重疊，放入保鮮袋後冷凍。

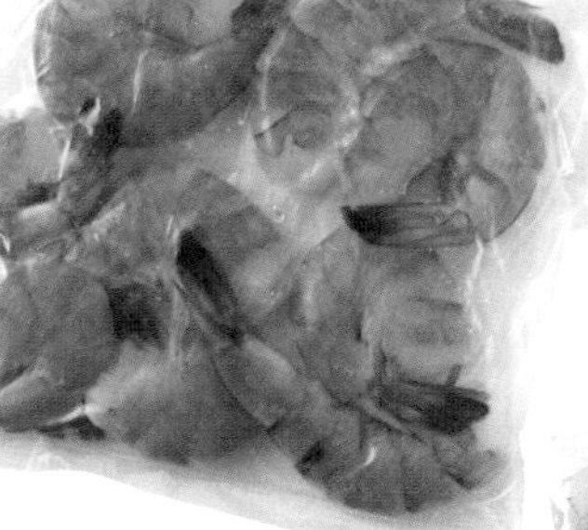

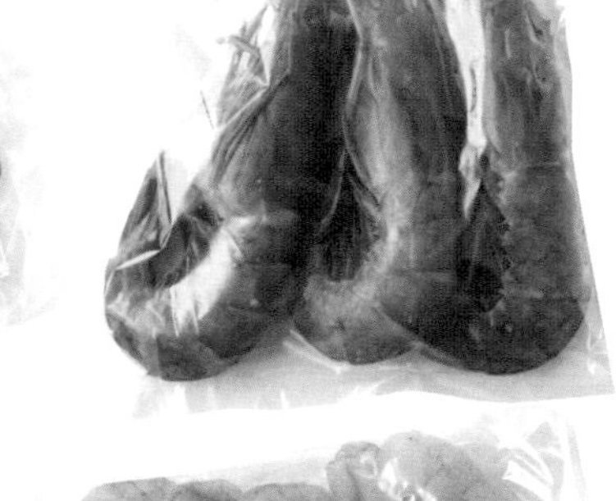

解凍方法

將冷凍蝦連同保鮮袋一起泡水解凍。等到蝦子有點變軟再從袋中取出，在蝦子上灑鹽稍微靜置。用流水清洗，接著完全擦乾水分。

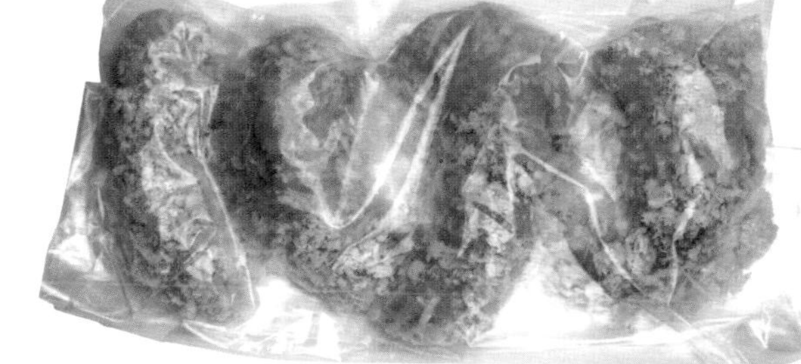

沾麵包粉冷凍

用鹽搓揉蝦子，去掉背部腸泥，以流水仔細沖洗。擦乾水分後照順序沾取麵粉→蛋液→麵包粉，放入保鮮袋後冷凍。事先做此處理，想做炸蝦料理時就可以輕鬆進行。

營養成分（可食用部分每100g）

日本對蝦

項目	含量
熱量	97大卡
蛋白質	21.6公克
脂肪	0.6公克
礦物質	
鈣	41毫克
鐵	0.7毫克
維生素B_1	0.11毫克
維生素B_2	0.06毫克

檸檬蒸海鮮

材料與做法（2人份）

在平底鍋中放入3～4片冷凍魚片（鮭魚、鱈魚等）和2尾冷凍蝦、切成扇狀的3片冷凍檸檬和3大匙白葡萄酒，蓋上鍋蓋，用小火慢蒸10分鐘即可。

日式唐揚蝦

材料與做法（4人份）

❶300公克去除腸泥的冷凍蝦上灑鹽後靜置2～3分鐘。

❷用流水清洗蝦子後，完全擦乾水分。

❸在蝦身上沾滿麵粉，用適量油（油溫180°C）炸到外表酥脆為止。

市面上流通著產地養殖並乾燥加工的蝦類產品。

草蝦

屬於對蝦科的成員，俗稱草蝦，在日本幾乎全都是進口產品。世界各地都有人食用。

南美白蝦

對蝦科。原產於東太平洋，因食用用途而廣泛捕撈、養殖。特徵是肉質柔軟。市面上也有販售可生食的白蝦。

周氏新對蝦

屬於對蝦成員。僅僅只是灑鹽料理就十分美味，體型大的還可以做成天婦羅。

櫻花蝦

市面上大多為販賣乾燥蝦，但生櫻花蝦也逐漸流通市面，能吃到櫻花蝦生魚片。櫻花蝦含有豐富的鈣質。

日本龍蝦

儀式和喜事的吉祥物。在婚禮中使用的品種大多為南非靜龍蝦。

日本對蝦

極為鮮甜美味。野生的日本對蝦很受歡迎，屬於高級食材。日文中，10公分以內的對蝦叫做「才卷（SAIMAKI）」，15公分左右的叫做「卷（MAKI）」，將近20公分的叫做「車（KURUMA）」，過20公分的則叫做「大車（OOGURUMA）」。

甜蝦

正式名稱為北極甜蝦，日本大多進口北大西洋產的冷凍甜蝦。要使用時泡水急速解凍。

海鮮

牡蠣

流通時期

1	2	3	4	5	6	7	8	9	10	11	12

生蠔

常溫	冷藏	乾燥	冷凍
✕	○	✕	○

可食用部分 100%（不含殼）

泡鹽水放在冷藏室解凍，牡蠣肉不會縮水也能去除腥味。

有「海底牛奶」之稱的牡蠣營養豐富，鋅含量是所有食材中最高的，和維生素C一起攝取的話可以進一步提升吸收率。一般來說，料理用牡蠣比生食用牡蠣的營養成分更加豐富，味道也更好。

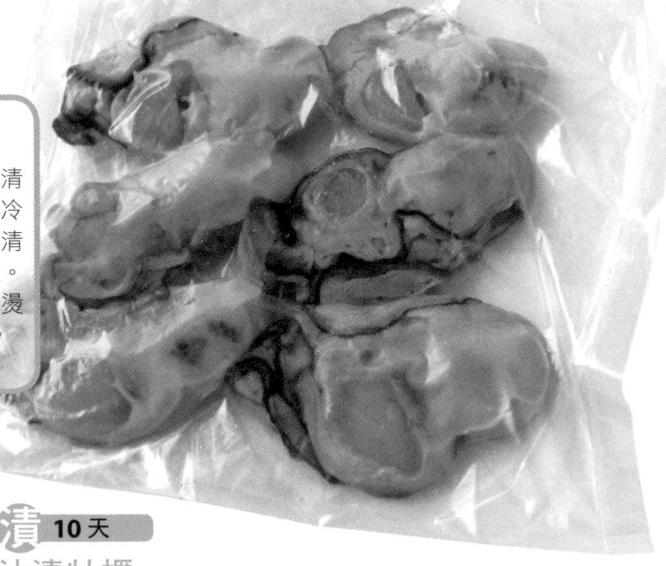

凍 3～4週

仔細清洗，去除腥味

用鹽搓揉牡蠣，再用流水仔細清洗；擦乾水分後，放入保鮮袋後冷凍。去除牡蠣腥味的重點在於，清洗時要洗到盆中的水變清澈為止。另外，也有沾麵包粉冷凍或是汆燙後擦乾水分冷凍等其他保存方法。

漬 10天

油漬牡蠣

❶將200公克牡蠣用鹽水仔細清洗後，擦乾水分。
❷在平底鍋中放入①，開中火。
❸等到牡蠣出水後，加入1大匙白葡萄酒，蓋上鍋蓋蒸煮2分鐘。
❹取下鍋蓋，繼續加熱直到水分蒸發。
❺將④放入保存容器中，放1片月桂葉，倒入橄欖油直到淹過牡蠣。

營養成分（可食用部分每100g）

熱量	70大卡
蛋白質	6.9公克
脂肪	2.2公克
礦物質	
鈣	84毫克
鐵	2.1毫克
維生素A β-胡蘿蔔素RE	6微克
維生素B_1	0.07毫克
維生素B_2	0.14毫克
維生素C	3毫克

牡蠣炒泡菜

材料與做法（2人份）

❶將100公克**冷凍牡蠣**泡在鹽水中解凍，待牡蠣變軟後，仔細清洗，再擦乾水分。
❷加熱平底鍋，放入牡蠣和100公克泡菜，用小火炒到牡蠣熟透。
❸盛盤前，加入切成5公分長的20公克韭菜，輕輕拌勻後即可關火。

常溫	冷藏	乾燥	冷凍
×	○	×	○

流通時期 1 2 3 4 5 6 7 8 9 10 11 12

文蛤 / 蛤蜊

蛤蜊、文蛤

冷凍可以提高鮮味！

蛤蜊是日本代表性的雙殼貝，盛產季在3～6月，但現今由於蛤蜊棲息的泥灘和淺灘急速減少，因此進口蛤蜊逐漸增加。文蛤是日本自古以來被作為吉祥物食用的食材，盛產季在2～3月，現在主要進口自韓國和中國。

可食用部分 100%（不含殼）

蛤蜊

文蛤

凍 1個月

訣竅是完全抽掉空氣，放進保鮮袋中

讓蛤蜊吐完沙、仔細清洗後，擦乾水分放入保鮮袋冷凍。美味的祕訣是仔細摩擦、搓洗外殼。吐沙時所需的鹽水鹽分濃度為3%（用1量杯水加1茶匙鹽的比例為基準）。

蛤蜊巧達濃湯

材料與做法（2人份）

❶把10公克培根、50公克洋蔥、30公克紅蘿蔔和50公克馬鈴薯分別切成1公分的細丁。

❷在鍋中融化10公克奶油，加入①翻炒。再加入1大匙麵粉，炒到看不見麵粉為止。

❸分次加入1又1/2量杯的牛奶並攪拌，接著加入100公克冷凍蛤蜊，蓋上鍋蓋，開小火加熱燉煮。等到蛤蜊打開，醬汁變濃後，加入少許鹽和胡椒調味。

營養成分（可食用部分每100g）

蛤蜊

熱量	30大卡
蛋白質	6.0公克
脂肪	0.3公克
礦物質	
鈣	66毫克
鐵	3.8毫克
維生素A β-胡蘿蔔素RE	22微克
維生素B_1	0.02毫克
維生素B_2	0.16毫克
維生素C	1毫克

海鮮

蜆仔

流通時期

1 2 3 4 5 6 7 8 9 10 11 12

常溫	冷藏	乾燥	冷凍
×	○	×	◎

可食用部分 100%（不含殼）

靠冷凍效果提升鮮味。

蜆仔的盛產季在5～11月。在日本，島根縣宍道湖的蜆仔捕獲量排名國內第一，不過市面上也流通很多進口自臺灣、中國、韓國和俄羅斯的蜆仔。蜆仔含有大量有助肝臟活動的成分「鳥氨酸」，其含量在冷凍之後會比新鮮蜆仔增加5倍以上。

蜆仔吐沙方法

❶仔細磨擦清洗，去除蜆仔外殼的髒污。
❷在大碗加上篩網後放入蜆仔，再倒入食鹽水（鹽分1%）直到蓋過蜆仔。靜置在室溫下的陰暗處（用報紙遮光）吐沙3小時。
※加上篩網，可以防止蜆仔再度吸入沙石。

凍 1個月

殼上有附著泥沙，所以也要清洗乾淨

吐沙後仔細清洗，擦乾水分放入保鮮袋後冷凍。美味的關鍵是連殼也要仔細磨擦清洗。吐沙時所需的鹽水鹽分濃度為3%（以1量杯水加入1茶匙鹽的比例為基準）。雙殼貝可以帶殼直接冷凍保存，也可以在冷凍狀態下直接料理。

- 一般認為，蜆仔含有的鳥氨酸可以藉由冷凍增加至5倍以上。
- 建議做成味噌湯或酒蒸蜆仔。

漬 3～4天

蒜頭醬油醃蜆仔

材料與做法（方便製作的份量）
在耐熱容器中加入100公克（吐完沙的）蜆仔、1瓣拍碎的蒜頭、1/2根紅辣椒、1/2大匙味醂、1/2大匙料理酒和1茶匙醬油，蓋上保鮮膜，用微波爐加熱約2分鐘直到蜆仔打開。靜置放涼，接著移到保存容器，放於冷藏室保存。

冷凍蜆仔要加入熱湯中

新鮮蜆仔要從涼水開始加熱，冷凍蜆仔則是要放入滾水中料理。看到蜆仔打開後馬上轉小火，接著加入適量的味噌（蜆仔會釋出湯汁，所以不需要加昆布或鰹魚高湯）。等到水滾後，要注意避免貝肉和貝殼分離而變硬。

常溫	冷藏	乾燥	冷凍	流通時期
×	○	×	○	1 2 3 4 5 6 7 8 9 10 11 12

扇貝

即使冷凍也能留住美味！

野生扇貝的盛產季在12月～翌年3月，不過近年來養殖扇貝也愈發盛行。扇貝的貝柱（閉殼肌，即干貝）特點是即使冷凍後，品質也不容易變差。可以活用在煎烤、炒菜和炸物等各式料理上。

可食用部分 100%（不含殼）

凍 1個月

冷凍後無須解凍，可直接使用

快速清洗並完全擦乾水分，放入保鮮袋後，冷凍或冷藏保存；小扇貝也適用一樣的方法。帶殼的扇貝務必要立刻去殼冷凍。

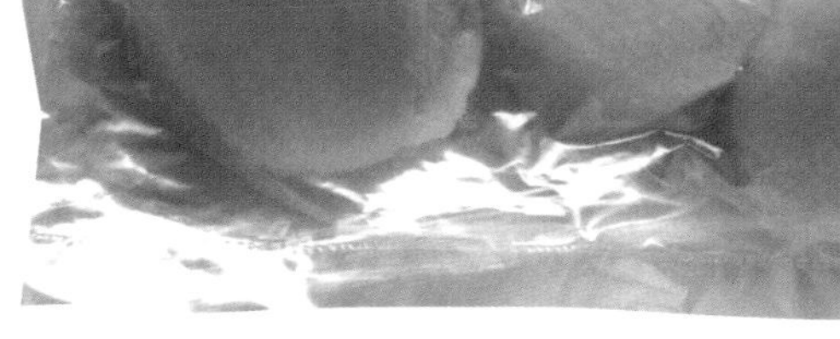

漬 約3週

油漬香扇貝

材料與做法（方便製作的份量）

在小型平底鍋中加入基本浸泡油（請見P.8）、200公克扇貝（小）、1茶匙咖哩粉後開火，待水滾冒泡後，轉小火煮3分鐘。放涼後移到保存容器，放在冷藏室冰1天以上。

鰻魚

流通時期 1 2 3 4 5 6 7 8 9 10 11 12

常溫	冷藏	乾燥	冷凍
×	○	×	○

蒲燒鰻魚只須快速清洗表面；冷凍保存就能去除臭味！

鰻魚含有豐富維生素A、B_1、B_{12}和鐵等有助恢復疲勞的營養成分。市售的鰻魚（蒲燒鰻魚）只要灑上料理酒再重新加熱，肉質就會變得彈嫩。吃不完時，切成易入口的大小後再冷凍保存即可。

解凍方法

將冷凍狀態下的鰻魚放入平底鍋，加1～2大匙水後蓋上鍋蓋，用中小火加熱4～5分鐘直到水分燒乾。待水分完全蒸發後，蒲燒鰻魚的肉質就會變得柔嫩。接著來回淋上附贈的醬汁，即完成沒有腥味的蒲燒鰻魚。

凍 1個月

迅速沖洗再冷凍

用水快速清洗蒲燒鰻魚表面上附著的醬汁。切成1公分寬，避免重疊、放入保鮮袋後冷凍。也可以不切直接冷凍保存。

營養成分（可食用部分每100g）

項目	含量
熱量	255大卡
蛋白質	17.1公克
脂肪	19.3公克
礦物質	
鈣	130毫克
鐵	0.5毫克
維生素A 視黃醇	2400微克
維生素A β-胡蘿蔔素RE	1微克
維生素B_1	0.37毫克
維生素B_2	0.48毫克
維生素C	2毫克

滑蛋蒲燒鰻魚

材料與做法（2人份）

❶在鍋中加入1量杯水和2大匙日式沾麵醬，待沸騰後，加入1條**冷凍蒲燒鰻魚**，煮3～4分鐘。

❷把2顆份的蛋液來回倒入鍋中。

常溫	冷藏	乾燥	冷凍
×	○	○	○

流通時期 1 2 3 4 5 6 7 8 9 10 11 12

海帶（昆布）

冷凍保存，可以輕鬆取得營養滿點的海帶。

昆布是日本的高湯文化中不可或缺的食材，富含鮮味成分麩胺酸。其特殊的黏性成分是水溶性膳食纖維，另外還含有許多例如碘、鈣和鐵等維生素。煮高湯時使用過的昆布，也可以運用在燉煮料理或炊飯中。

可食用部分 100%

日高昆布

可以在北海道日高沿岸捕獲。很容易煮軟，所以可以做成關東煮或昆布卷。

真昆布

可以在北海道函館沿岸捕獲。適合火鍋料理；因為肉質肥厚，可以做成佃煮或

利尻昆布

可以在北海道的利尻、禮文和稚內沿岸捕獲，口感稍微偏硬。利尻昆布可以煮出透明且風味絕佳的頂級高湯，常用於會席料理、湯豆腐等料理中。

羅臼昆布

北海道羅臼町近海的咖啡色昆布，又名為羅臼鬼昆布。

昆布的採收季節在春季，大部分於當地進行乾燥和加工。往後市面上應該也會出現生昆布和冷凍昆布等多樣化的商品類型。

凍 1個月 藏 3天

鋪平保存，可方便使用

將昆布清洗後完全擦乾水分，放入保鮮袋中鋪平，冷凍或冷藏保存。使用時無須解凍，取出要用的份量即可。

漬 約3週

酸甜薑絲昆布漬

材料與做法（4人份）

❶清洗200公克切段的昆布，擦乾水分後切成易入口的長度。
❷將8公分長的紅蘿蔔、約30公克薑、10公分長的蔥切成細絲。1根紅辣椒去籽後切碎。
❸在調理盆中加入①和②、3大匙醋、2大匙砂糖和1/2茶匙鹽，攪拌均勻。

燉漢堡排

材料與做法（2人份）

❶把15公分長的冷凍昆布折成小塊，在鍋中加入昆布、1又1/2量杯水，靜置20分鐘。
❷將1/3根紅蘿蔔隨意切碎。
❸在調理盆中加入200公克絞肉和②，按照順序加入少許胡椒、2大匙料理酒、1/3茶匙鹽、1片切碎的吐司和1大匙沙拉油，攪拌均勻後分成4等分，揉成橢圓形。
❹回到①開火煮15分鐘，加入③後再煮20分鐘。加入1/2大匙醬油調味。

營養成分（可食用部分每100g）

成分	含量
熱量	138大卡
蛋白質	8.0公克
脂肪	2.0公克
碳水化合物	56.5公克
礦物質	
鈣	760毫克
鐵	2.4毫克
維生素A β-胡蘿蔔素RE	850微克
維生素B_1	0.80毫克
維生素B_2	0.35毫克
維生素C	15毫克

海帶芽（裙帶菜）

流通時期

1 2 3 4 5 6 7 8 9 10 11 12

常溫	冷藏	乾燥	冷凍
×	○	○	○

可食用部分 100%

即使冷凍也能維持口感。

海帶芽是一種與昆布同屬海帶目的海藻。市面上的產品大多以乾燥和鹽漬為主，野生海帶芽的盛產季約在2～5月。海帶芽的根部叫做「和布蕪」，莖芯的部分叫做「海帶芽莖」，市面上都有販售。

凍 1個月 藏 3天

鋪平保存，就能方便使用

清洗後完全擦乾水分，隨意切段。放入保鮮袋後鋪平，冷凍或冷藏保存。

海藻豆腐湯

材料與做法（1人份）

❶將1量杯高湯、20公克冷凍海帶芽、1/4塊嫩豆腐（切成邊長2公分塊狀）放入小鍋中開火加熱。
❷待沸騰後加入少許鹽調味，依個人喜好滴入些許醬油。

營養成分（可食用部分每100g）

項目	含量
熱量	16大卡
蛋白質	1.9公克
脂肪	0.2公克
碳水化合物	5.6公克
礦物質	
鈣	100毫克
鐵	0.7毫克
維生素A β-胡蘿蔔素RE	940微克
維生素B_1	0.07毫克
維生素B_2	0.18毫克
維生素C	15毫克

油炒海帶芽

材料與做法（方便製作的份量）

❶在平底鍋中加1茶匙麻油熱鍋，無須解凍，直接放入100公克冷凍生海帶芽。
❷以中火炒到完全沒有水分後，灑上少許鹽。
❸盛盤，依個人喜好灑上七味粉。

常溫	冷藏	乾燥	冷凍
×	○	○	○

流通時期 1 2 3 4 5 6 7 8 9 10 11 12

鹿尾菜

低熱量，外加滿滿的膳食纖維和礦物質。

可食用部分 100%

鹿尾菜的熱量低且富含膳食纖維及礦物質，是適合減肥時食用的食材。日本國內自產1～2成，其餘大多進口自韓國和中國，市面上以乾燥商品為主。泡開的鹿尾菜可以冷凍保存。

只取需要的份量，以便使用

清洗後完全擦乾水分，放入保鮮袋中鋪平，冷凍或冷藏保存。

藏 1週 凍 1個月

做成拌飯小菜保存

將100公克生鹿尾菜、1顆拿掉籽的梅干（大）、2公克柴魚片、1大匙醬油、1大匙味醂和1大匙水，用小火煮到完全收汁為止。

鹿尾菜鮪魚炊飯

材料與做法
（方便製作的份量）

在電飯鍋的內鍋中加入2杯米（360毫升）、100公克冷凍生鹿尾菜、1小罐鮪魚罐頭（連同罐頭內的湯汁一起倒入），以及1茶匙鹽、1茶匙醬油，開始炊飯。

營養成分（可食用部分每100g）

項目	含量
熱量	145大卡
蛋白質	9.2公克
脂肪	3.2公克
碳水化合物	56.0公克
礦物質	
鈣	1000毫克
鐵	58.2毫克
維生素A β-胡蘿蔔素RE	4400微克
維生素B_1	0.09毫克
維生素B_2	0.42毫克

竹輪、甜不辣

常溫	冷藏	乾燥	冷凍
✕	○	✕	○

直接冷凍保存。

竹輪和甜不辣是以鱈魚、鯊魚、飛魚和遠東多線魚等白身魚作為原料製成的魚漿產品，放入燉煮料理中可以添加海鮮的鮮味。可以直接冷凍保存。切片後再冷凍，直接拿來炒菜十分方便。

凍 2個月

就算不解凍，也能用菜刀輕鬆切開

為了避免黏在一起，每塊要隔開一定距離放入保鮮袋，冷凍保存。

竹輪海苔捲

材料與做法（2人份）

❶將4條冷凍竹輪對半斜切。

❷在調理盆中加入2大匙麵粉、2大匙水和1茶匙海苔粉攪拌均勻，沾裹在①上。

❸在平底鍋中倒入2～3公釐深的沙拉油，熱鍋後油炸①。

魚板

常溫	冷藏	乾燥	冷凍
✕	○	✕	○

務必防止木板乾燥以及雜菌繁殖。

魚板是以鱈魚、鯊魚和金線魚等白身魚作為原料，所製成的魚漿產品，基本上不適合長期保存。用不完的時候，必須與包裝裡的木板一起保存。魚板所附的木板，可以吸收多餘水分，並有防止黴菌等雜菌繁殖的效果。

藏 1週

乾燥是大敵！要不留空隙地包起來

將魚板和木板一起用保鮮膜包起來，冷藏保存。

凍 2個月

在冷凍狀態下直接用於燉煮料理和炒菜中

將魚板連同木板一起用保鮮膜包起來後冷凍。

- 魚板變成海綿狀時不用擔心，可以在冷凍狀態下作為關東煮的材料，或是切塊後與蛋液攪拌，做成日式雞蛋燒。

天婦羅魚板

材料與做法（2人份）

❶將50公克冷凍魚板在木板上切成5公釐寬。

❷在調理盆中加入2大匙麵粉、2大匙水攪拌均勻，沾在①上。

❸在平底鍋中加入適量沙拉油熱鍋，油炸①。

肉類

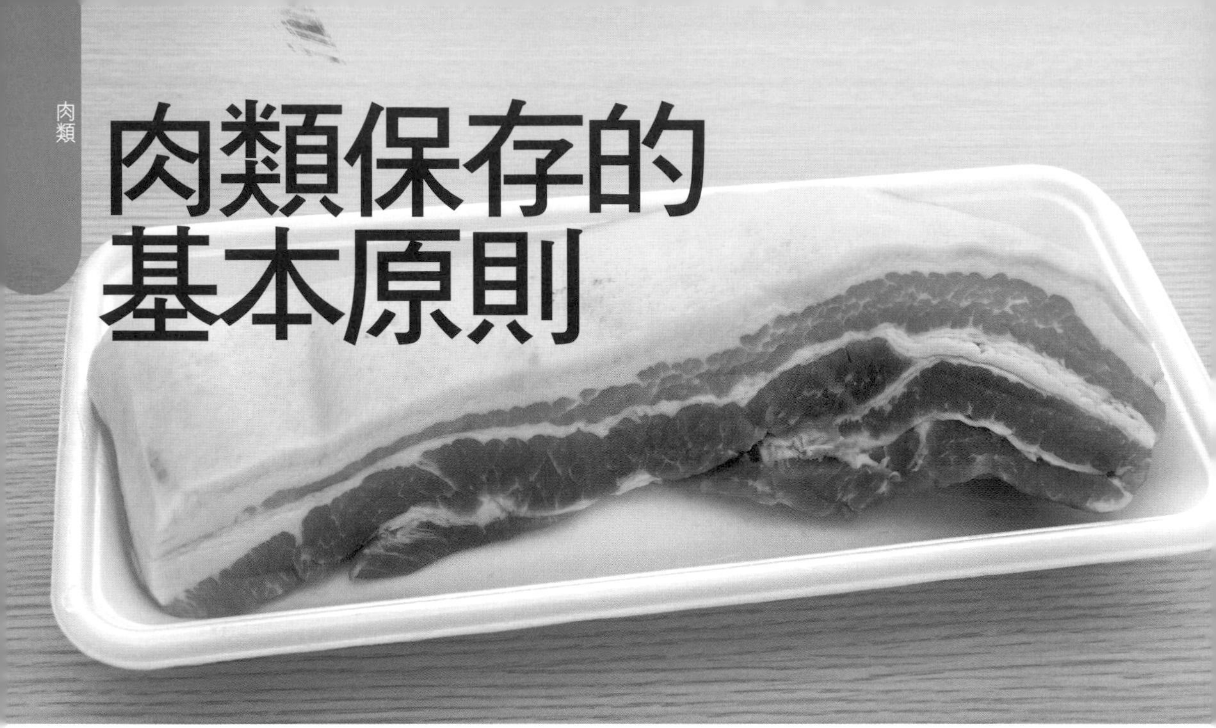

肉類保存的基本原則

含有高蛋白質的肉類，是維持人體活動的重要食材。

近年來，留意減醣飲食的人開始有意識地攝取肉類。不僅限於晚上，也有從早就養成吃牛排習慣的飲食方式。據說是因為研究結果顯示，與其早上吃麵包或飯類，早中晚每餐都攝取蛋白質會更加「容易形成肌肉」。

在牛肉、豬肉、雞肉中，依部位或加工方式不同，市面上有各式各樣的產品，其保存期限也各不相同。除了要注意產品標示的保存天數，也可以藉由了解不同的保存方法，延伸學習食用方式和食譜。

去除血水後，最好保存在冰溫保鮮室（0～2°C 冷藏）

買回來的肉類要盡早放入冰溫保鮮區（0～2°C）或微凍結區（-3～-1°C）等低溫保存室中。基本上連同包裝一起保存就沒問題了，不過要先去除血水，用保鮮膜緊貼包覆後再保存，就能讓雜菌難以繁殖。

冷凍 避免鮮味和營養成分流失

若直接連同包裝的肉盤一起冷凍，會更耗費肉品結凍的時間，解凍時也會變得容易滲出血水（含有鮮味和營養成分的汁液）。切記，一定要將肉從肉盤中取出，用保鮮膜包起來，再放入拉鍊保鮮袋後冷凍。如果冷凍室沒有急速冷凍機能，使用易導熱的鋁製肉盤會更加方便。在鋁製肉盤上盛放食材，再放入冷凍室，就能加快冷凍速度。

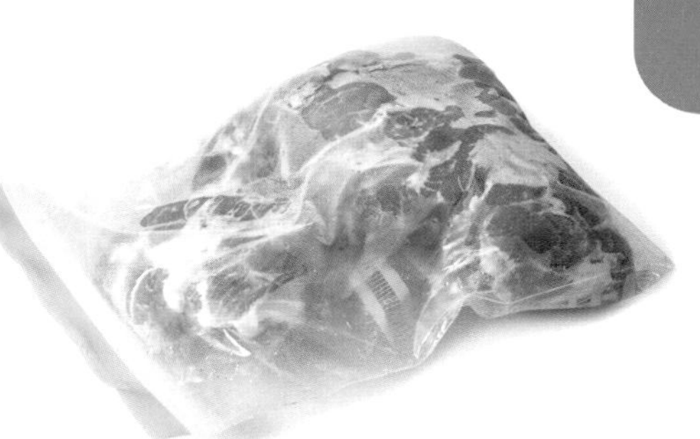

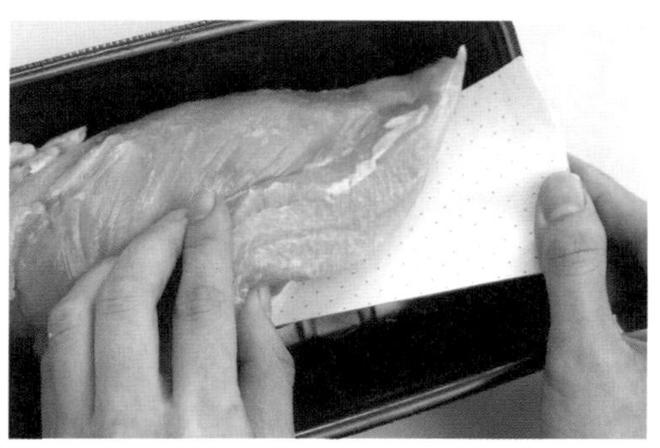

擦乾水分的方式

一定要拿掉包裝中的「生鮮吸水紙」後再冷凍。附著在肉上的水分用廚房紙巾吸乾即可。

冷凍肉塊

配合料理用途切塊後，將肉塊分別用保鮮膜包起來，或是不疊放地置入拉鍊保鮮袋中冷凍。

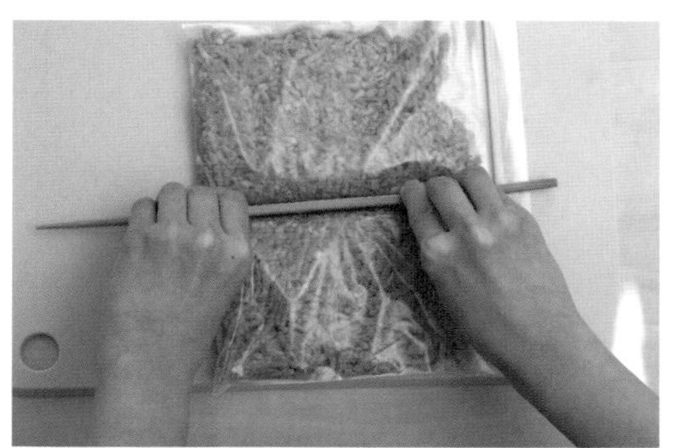

絞肉

將絞肉放入保鮮袋後整理鋪平，在袋子上方用筷子押出折痕，之後就能方便用手折下需要使用的量。

解凍

急速解凍時，肉的鮮味會隨血水一起流失，所以建議在低溫下緩慢地自然解凍。預計要使用冷凍肉品時，可以在半天～1天前預先移到冷藏室。

調味醬料

預先調味保存就能讓肉品充分入味，即使放「冷藏」也能提高保存性。「冷凍」也有縮短料理時間、不用煩惱菜單的優點。翻炒預先調味過的肉品時容易焦掉，所以要注意火侯。

❶ 味噌醬

（400 公克肉）
料理酒…3 大匙
砂糖…2 大匙
味噌…1 又 1/2 大匙

❷ 和風咖哩醬

（200 公克肉）
咖哩粉…1/2 大匙
番茄醬…1 大匙
醬油…1 大匙
砂糖…1 茶匙

❸ 懷舊番茄醬

（400 公克牛肉）
番茄醬…6 大匙
伍斯特醬…4 大匙
醬油…2 大匙
芥末醬…1 大匙

❹ 薑燒醬汁

（400g 豬肉）
醬油…3 大匙
味醂…2 大匙
料理酒…1 大匙
薑泥…約 15 公克

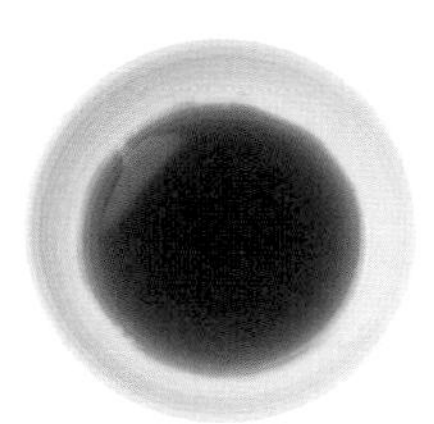

❺ 照燒醬汁

（2 片雞腿肉）
醬油…2 大匙
味醂…2 大匙

❻ 中式照燒醬汁

（2 片雞腿肉）
醬油…1 大匙
紹興酒…1 大匙
砂糖…1 茶匙

❼ 辣豬肋排醬

（800 公克豬肋排）
醬油…2 大匙
魚露…1 大匙
三溫糖*…3 大匙
紹興酒…2 大匙
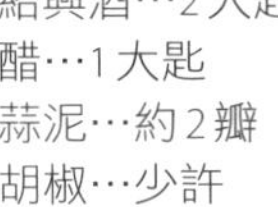
醋…1 大匙
蒜泥…約 2 瓣
胡椒…少許

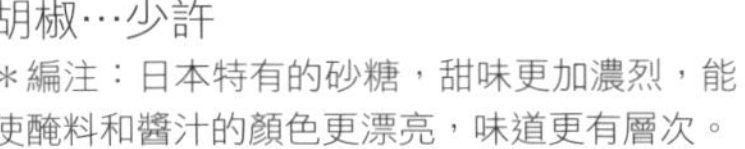
＊編注：日本特有的砂糖，甜味更加濃烈，能使醃料和醬汁的顏色更漂亮，味道更有層次。

❽ 日式唐揚雞醬

（3 片雞腿肉）
薑汁…1 大匙
醬油…1/2 大匙
鹽…1/2 茶匙

9 韓式柚子醋醬

（800 公克豬肉）

醬油…4大匙
醋…2大匙
現榨柚子汁…1顆
味醂…1/2茶匙
熟白芝麻…2茶匙
辣椒粉…2茶匙

10 清爽香草油醋醬

（2 片雞腿肉）

蒜頭…2大瓣
鹽…3茶匙
胡椒…少許
橄欖油…4大匙
米醋…6大匙
迷迭香…4枝

11 清爽和風醬

（2 片雞腿肉）

醬油…2大匙
醋…2大匙
砂糖…1茶匙
紅辣椒切碎…2小條

12 黑醋醬

（400 公克肉）

黑醋…2大匙
甜麵醬…1大匙
鹽…1/4茶匙
料理酒…1大匙

13 梅酒燉豬肉醬

（500 公克豬五花肉）

蒜頭…2瓣
梅酒…1/2量杯
醬油…5大匙
味醂…2大匙

14 厚豬排醬

（600 公克豬肉）

番茄醬…4大匙
味醂…4大匙
伍斯特醬…4大匙
醬油…8大匙
奶油…4大匙

15 柚子胡椒烤肉醬

（600 公克肉）

醬油…4大匙
料理酒…4大匙
胡椒…少許
柚子胡椒…2～3大匙

16 辣番茄醬

（400 公克肉）

番茄醬…4大匙
咖哩粉…2茶匙
塔巴斯科（TABASCO）
辣椒醬…2茶匙
鹽、胡椒…各少許

牛肉

常溫	冷藏	乾燥	冷凍
×	○	×	○

使用本書的冷凍方法，讓牛肉變得多汁！

牛肉的必需胺基酸*含量高，且含有豐富維生素B群、鉀，以及人體容易吸收的血基質。精選肉會在屠宰後放置1週以上才在賣場上架，但為了不讓雜菌繁殖，運送過程會採用低溫管理。在超市裡購買的肉品，要與保冷劑裝在一起帶走，並盡快放入冷藏室。避免溫度上升，是延長肉品品質的關鍵。

＊編注：即動物無法自行合成，只能從食物中攝取的胺基酸。

牛排

凍 2～3週

用油醃漬入味，讓牛肉煎得更柔嫩

在150公克牛排上加1大匙沙拉油、1/4茶匙鹽、1茶匙醋和少許胡椒，用叉子在肉的表面插幾個洞後，放入保鮮袋，冷藏或冷凍保存。

・滲進肉裡的油會比肉更快變熱，進而讓肉快點變熱。

牛肉塊

藏 2～3天

烤牛肉

材料與做法（方便製作的份量）

❶將500公克牛肉塊（烤牛肉用）回復室溫。

❷用金屬叉子在肉塊叉上數處，整塊肉均勻抹上沙拉油。接著抹上1茶匙鹽和1/2茶匙粗磨黑胡椒。

❸在熱鍋完的平底鍋上，將②不時翻面直到四面皆均勻上色。再用金屬叉子刺進肉塊中央等待5秒後拔出，接著馬上放到下嘴唇感受溫度，覺得溫暖即完成。若覺得還很冰冷，就要再稍微煎一下。

❹煎完後用鋁箔紙包起，待放涼後直接放入冷藏室保存。

蕪菁牛排

材料與做法（2人份）

❶將解凍好的200公克冷凍牛腿肉（牛排用）切成一口大小，灑上少許鹽和胡椒。將4顆蕪菁剝皮、切成6等分的楔形，將牛腿肉連同少許水（份量外）倒入耐熱容器中，用微波爐加熱1分半鐘直到食材變軟。蕪菁葉也要用微波爐加熱1分半鐘後切碎。

❷在平底鍋中加2茶匙沙拉油熱鍋，快速拌炒牛肉，用1大匙奶油和1/2大匙醬油調味後，將肉倒出。

❸在②的平底鍋中倒入蕪菁，淋上1/2大匙醬油調味。

❹在盤子上放適量的生菜沙拉，將②和③盛盤，再灑上①的蕪菁葉。

薑燉牛肉

材料與做法（2人份）

❶在平底鍋中加入50公克糖漬甜薑片（請見P.113）、1大匙糖漬甜薑片的醬汁、1大匙醬油和1/4量杯料理酒，開中火。

❷煮滾後，放入100公克**切成3～4公分寬的冷凍牛肉片**後，翻炒煮到完全收汁、沒有水分為止。

無須解凍，直接烤就很多汁！

烤法（牛排厚度為1公分）

❶在熱鍋完的平底鍋中倒入沙拉油，放入1塊冷凍牛排（150公克），灑上少許鹽和胡椒後蓋上鍋蓋，用中火煎1分30秒。

❷將牛排翻面後灑少許鹽和胡椒，蓋上鍋蓋後再煎1分30秒。

❸關火，繼續蓋著鍋蓋並靜置1分鐘。

❹取下鍋蓋，用大火煎1分鐘左右使水分蒸發。將牛排煎出恰到好處的焦痕後即完成。

營養成分（可食用部分每**100g**）
含肥肉的梅花肉（肥育肉用母牛）

熱量	318大卡
蛋白質	16.2公克
脂肪	26.4公克
礦物質	
鈣	4毫克
鐵	0.9毫克
維生素A β-胡蘿蔔素RE	3微克

肉類

豬肉

常溫	冷藏	乾燥	冷凍
×	○	×	○

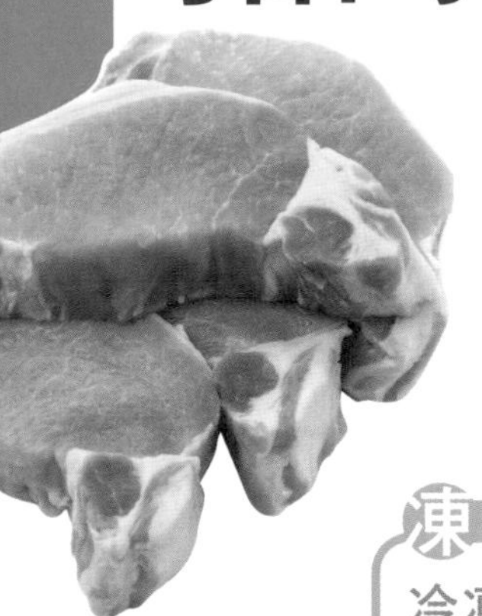

活用各式各樣的冷凍方法。

豬肉的維生素B_1含量是所有食材中的第一名，比起牛肉多了8～10倍。為了避免食物中毒或寄生蟲的風險，不論是生豬肉或冷凍豬肉，都要確認完全熟透後再食用。尤其務必注意，冷凍過一次的豬肉產品，要是在沒有完全解凍的狀態下，會發生受熱不均的情況。

凍 2～3週　藏 2～3天

冷凍前要將血水擦乾淨

用保鮮膜包起來，放入保鮮袋保存。

事先切成易入口的大小保存，料理時就不需要使用菜刀。

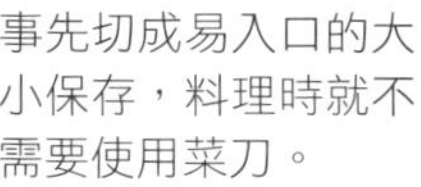
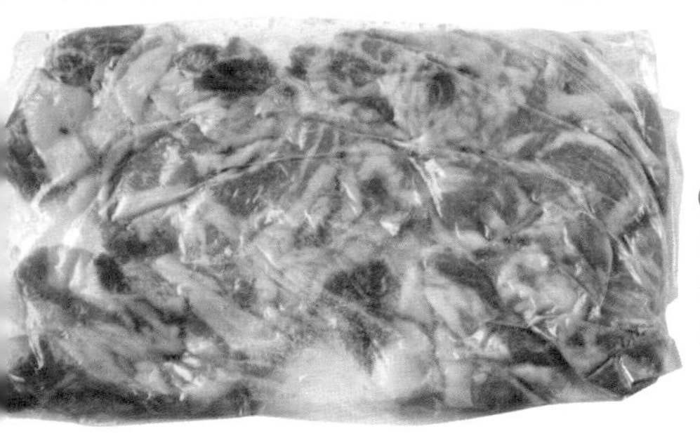

（按此比例）100公克薄豬肉片抹上1茶匙味噌，冷凍或冷藏保存。

（按此比例）200公克豬肉用2茶匙醬油和1茶匙薑泥調製成的醃料醃漬入味，冷凍或冷藏保存。

用鹽麴醃漬入味，冷凍或冷藏保存。

營養成分（可食用部分每100g）
含肥肉的梅花肉（大型種豬）

項目	含量
熱量	253大卡
蛋白質	17.1公克
脂肪	19.2公克
礦物質	
鈣	4毫克
鐵	0.6毫克
維生素B_1	0.63毫克
維生素B_2	0.23毫克
維生素C	2毫克

豬菲力

2天

醃漬 2 天入味後再烤，就能做出自製煙燻豬肉！

在保鮮袋中，按比例放入200公克豬菲力肉塊，再加入用1/2茶匙鹽、1茶匙砂糖、1/4茶匙粗磨黑胡椒調製成的醬料後冷藏。

・**將醃漬入味的肉，放在鋪好鋁箔紙或烘焙紙的烤箱烤盤上，用200℃烤10分鐘，接著繼續放在烤箱中散熱。待肉冷卻後，用鋁箔紙包起來，放進冷藏室。此方法可以保存4～5天，要吃的時候請切片享用。**

2～3週

預先裹粉冷凍，就能馬上油炸要吃的量

將豬菲力切成1公分厚度，按照順序裹上麵粉→蛋液→麵包粉，放入保鮮袋後，冷凍或冷藏保存。

梅花豬肉塊

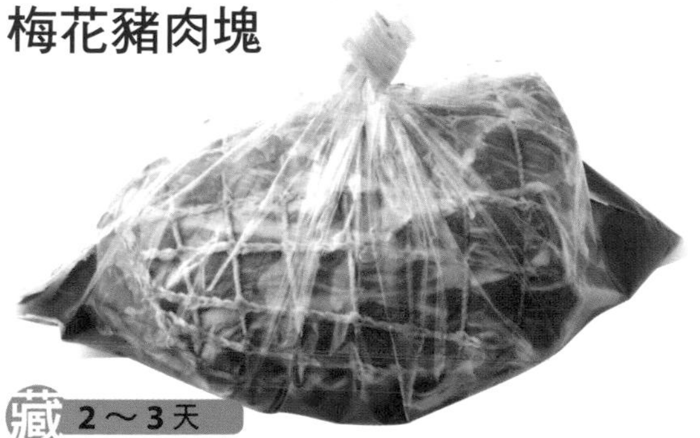

藏 2～3天

預先醃製入味，就能做出自製叉燒

在保鮮袋中加入豬肉塊、醬油、料理酒和味醂後冷藏。

・**用烤箱以200℃烤20分鐘，淋上醃料再烤10分鐘。或者，將醃料連同豬肉倒入鍋中，加水淹過食材，燉煮30分鐘直到完全收汁。**

預先調味，料理時就無須費時調理

按照比例在200公克豬肉塊中加1大匙鹽麴，醃漬入味後冷藏。若是要冷凍，就要預先將肉切成易入口的大小。

味噌豬排千層酥

材料與做法（**2**人份）

❶**將3片預先以味噌調味好的冷凍梅花豬肉片疊在一起，放上2片融化起司片，再疊上3片豬肉。**

❷依照順序裹上麵粉→蛋液→麵包粉後，用平底鍋油炸。

雞肉

常溫	冷藏	乾燥	冷凍
×	○	×	○

有著多種保存方法的食材。

不同部位的雞肉，營養成分也不同。雞胸肉內含恢復疲勞效果的咪唑二肽，雞皮、雞翅和軟骨則含有許多對皮膚健康有益的膠原蛋白。相較於牛肉和豬肉，雞肉的水分含量更高，所以特別容易腐壞。如果沒有馬上使用，就要預先調味或加熱調理後再保存為佳。

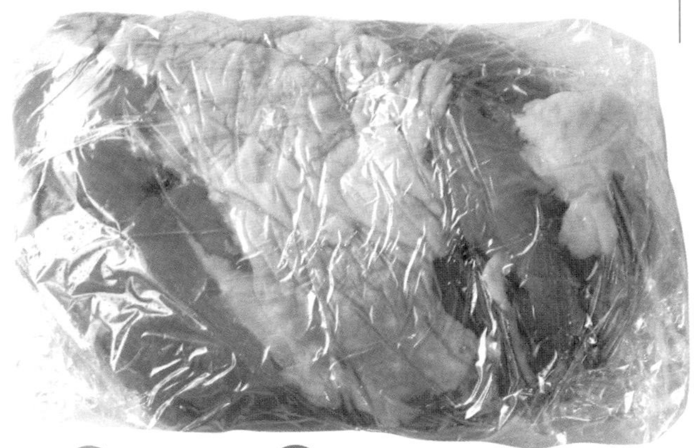

凍 2～3週　藏 2～3天

包緊以防肉質變乾

將雞腿、雞胸肉斜切成一致的厚度，去除多餘脂肪。將每片肉片分別用保鮮膜不留空隙地包緊，再放入保鮮袋冷藏或冷凍保存。

雞腿肉

在保鮮袋中放入300公克切成一口大小的雞腿肉、1大匙味噌、1大匙砂糖，仔細搓揉後鋪平，冷藏或冷凍保存。

營養成分（可食用部分每**100g**）
帶皮小雞腿

項目	含量
熱量	204大卡
蛋白質	16.6公克
脂肪	14.2公克
礦物質	
鈣	5毫克
鐵	0.6毫克
維生素B_1	0.10毫克
維生素B_2	0.15毫克
維生素C	3毫克

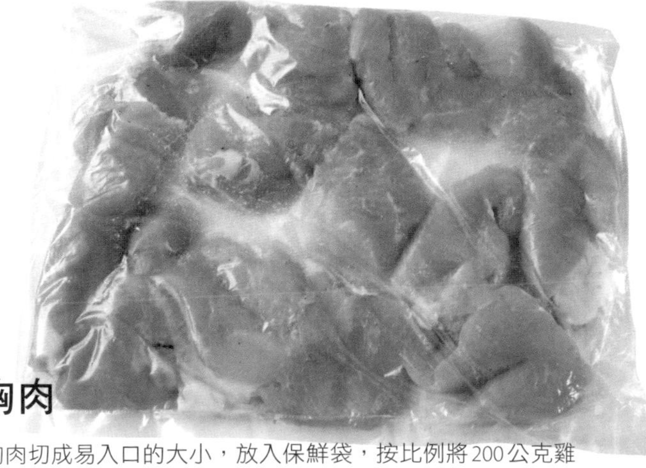

雞胸肉

將雞胸肉切成易入口的大小，放入保鮮袋，按比例將200公克雞胸肉灑上1/3茶匙鹽和1大匙料理酒，搓揉入味。鋪平後，冷藏或冷凍保存。也可以用鹽麴（1茶匙）取代鹽、料理酒。

漬 10天（冷藏）

油封雞肉

材料與做法（方便製作的份量）

❶將1片雞腿肉，灑上1茶匙鹽並搓揉入味，靜置10分鐘左右。

❷在小鍋或平底鍋中放入①、1瓣蒜頭和1枝迷迭香，倒入沙拉油直到稍微淹過食材，開小火加熱30分鐘。接著放涼冷卻，再將雞腿肉連同醃漬油一起移到保存容器中，放進冷藏室保存。

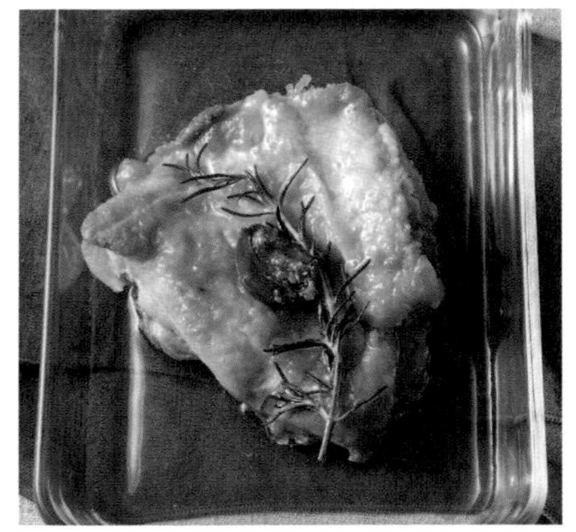

蓮藕炒雞肉

材料與做法（2人份）

❶在平底鍋中加1茶匙麻油，熱鍋，放入100公克切成薄片的蓮藕，炒1分鐘。

❷加入1量杯水，待沸騰後，加入200公克切成一口大小的冷凍雞腿肉，蓋上鍋蓋，用中火煮5分鐘。

❸加入2茶匙味噌、2茶匙味醂，燉煮到湯汁收乾為止。

雞柳

凍 2～3週

避免讓雞柳黏在一起

將每塊雞柳分別用保鮮膜包起來，放入保鮮袋後冷凍。

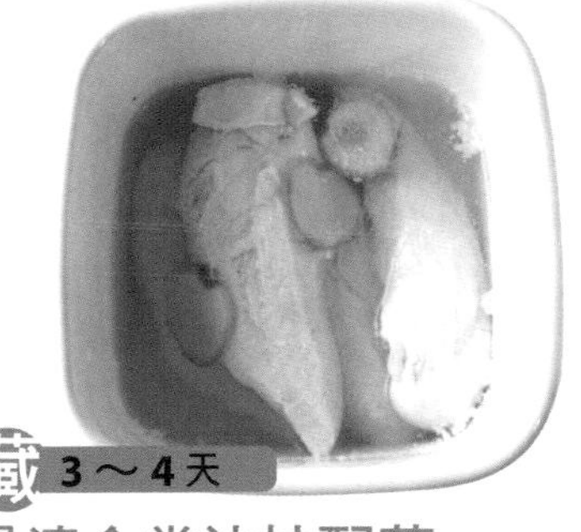

藏 3～4天

最適合當沙拉配菜

從涼水開始汆燙雞柳，待沸騰後關火，放涼冷卻後放進冷藏室保存。

漬 4～5天

油漬雞柳

材料與做法（方便製作的份量）

❶拍碎1瓣蒜頭。

❷將基本浸泡油（請見P.8）、4塊雞柳、1枝迷迭香和蒜頭倒入小型平底鍋中開中火，等到沸騰起泡後，轉小火煮3分鐘。待冷卻後移到保存容器中，放在冷藏室1天以上。

肉類

絞肉

常溫	冷藏	乾燥	冷凍
×	○	×	○

混合絞肉

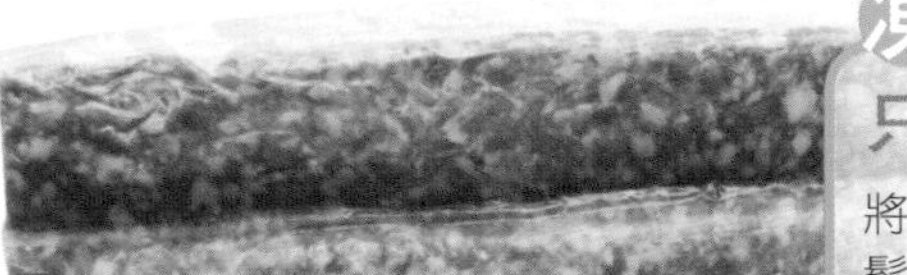

凍 2～3週

只須折下要用的份量

將絞肉放入保鮮袋後鋪平，為了之後可以輕鬆取用，可預先用筷子壓出折痕後再冷凍。

直接煎成漢堡排！

在保鮮袋中放入300公克混合絞肉、1/2茶匙鹽、少許胡椒、1顆蛋、50公克洋蔥丁、少許肉豆蔻，用手混合揉勻。將漢堡肉放入小號保鮮袋中，壓到厚度約1.5公分，完全不留空隙地鋪平，讓肉減少空氣接觸、鎖住鮮味。另外，可以將漢堡肉放在保鮮袋中塑形成漢堡排，手就不會弄髒。無須解凍，可以直接料理。

豬絞肉

凍 2～3週

預先調味保存；可以在冷凍狀態用水餃皮包成煎餃

將300公克豬絞肉放入保鮮袋，再加入1/2茶匙鹽、少許胡椒、1大匙麻油、1大匙伍斯特醬和1/2把碎韭菜，在袋中混合均勻。接著把材料鋪平，從袋子上方用筷子壓出一口大小的折痕後冷凍。在冷凍狀態折下餡料，再用水餃皮包起來，可以做成煎餃，或是肉丸湯也很適合。

營養成分（可食用部分每100g）
豬絞肉

項目	含量
熱量	236大卡
蛋白質	17.7公克
脂肪	17.2公克
礦物質	
鈣	6毫克
鐵	1.0毫克
維生素B_1	0.69毫克
維生素B_2	0.22毫克
維生素C	1毫克

簡易煎餃

材料與做法

❶用市售餃子皮分別包入1塊冷凍餃子餡。

❷在熱好鍋的平底鍋中加1茶匙麻油，放上①，再倒入1/2量杯水，待沸騰後用中火加熱7分鐘。

❸取下鍋蓋轉大火，直到水分蒸發即完成。

牛絞肉

凍 2～3週

僅用煎煮方式，就能完成一道簡單的料理

在保鮮袋中加入300公克牛絞肉、1茶匙辣椒粉、1大匙伍斯特醬、1大匙番茄醬、1茶匙蒜泥、1/2茶匙鹽和少許胡椒。為了之後方便取用，可預先用筷子壓出折痕。

絞肉咖哩

材料與做法（2人份）

❶在平底鍋中加1茶匙沙拉油熱鍋，折取放入200公克冷凍綜合絞肉，蓋上鍋蓋，轉小火充分加熱。

❷取下鍋蓋，用木鏟拌開絞肉，加入1又1/2量杯水，煮3～4分鐘後溶入2塊咖哩塊。

雞絞肉

凍 2～3週

預先調味冷凍，更容易決定口味

在保鮮袋中放入200公克雞絞肉、1/3茶匙鹽和1大匙料理酒，用手混合均勻並鋪平，為了以後容易折取，用筷子壓出折痕後冷凍；也可以用鹽麴搓揉醃漬。預先調味，能讓肉在實際烹調時會變得更鮮嫩多汁。

凍 2～3週 藏 3～4天

做成肉燥冷凍或冷藏

在鍋中加入200公克雞絞肉、1大匙料理酒、1大匙味醂、1大匙醬油，以及1茶匙砂糖和1/4茶匙鹽，開火煮到完全沒有殘留水分為止。移到保存容器，等待冷卻後，再放入冷藏室中保存；或者放入保鮮袋後，鋪平冷凍。

雞絞肉歐姆蛋

材料與做法（1人份）

❶在調理盆中打2顆蛋並打散，加入30公克冷凍雞肉燥攪拌均勻。

❷在平底鍋中倒入適量沙拉油熱鍋，緩慢倒入①，做成歐姆蛋。

雞絞肉

項目	含量
熱量	186大卡
蛋白質	17.5公克
脂肪	12.0公克
礦物質	
鈣	8毫克
鐵	0.8毫克
維生素B_1	0.09毫克
維生素B_2	0.17毫克
維生素C	1毫克

火腿

常溫	冷藏	乾燥	冷凍
✕	○	✕	○

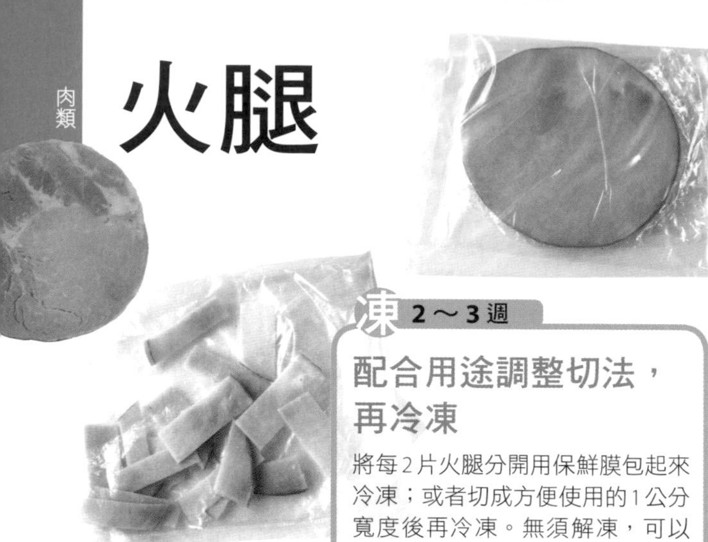

加進便當或早餐，十分省事！

火腿或香腸等加工肉品，原本是為了提高保存性而製成的產品。不過現在也有很多減鹽製造的產品，所以原則上開封後要盡早食用完畢。如果無法馬上用完，就要冷凍保存。

凍 2～3週

配合用途調整切法，再冷凍

將每2片火腿分開用保鮮膜包起來冷凍；或者切成方便使用的1公分寬度後再冷凍。無須解凍，可以直接料理。

香腸、培根

常溫	冷藏	乾燥	冷凍
✕	○	✕	○

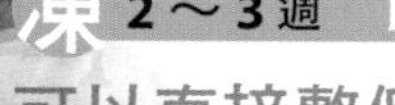

凍 2～3週

可以直接整個冷凍，或切塊後再冷凍

火腿可以不切直接放入保鮮袋後冷凍，或者切成容易料理的大小後再冷凍。

漬 5～6天

醃漬香腸和培根

將50公克香腸和50公克培根稍微汆燙一下後，完全擦乾水分。放入保存容器中，再加入2大匙醋、1大匙砂糖、1/4茶匙鹽和少許粗磨黑胡椒後，冷藏保存。

常溫	冷藏	乾燥	冷凍
×	○	×	○

內臟類

預先處理、調味好後，再冷凍。

內臟類可以用比較便宜的價格買到，因為富含維生素、礦物質等營養成分，建議一次性加熱處理後再保存。調味偏濃或油漬，可以讓美味持續更久。

雞肝

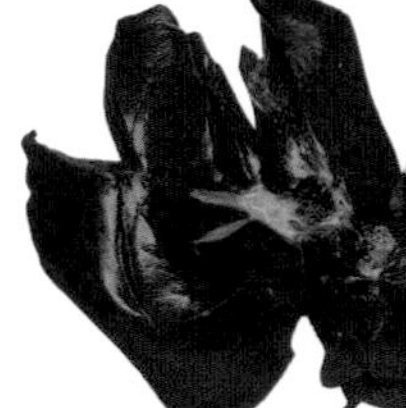
豬肝

牛肝

凍 3～4週　藏 3～4天

為了去除腥味 事前處理要做到完美

用熱水汆燙5分鐘，以流水清洗乾淨。特別是內臟的深色部分要處理洗淨。切成容易入口的大小後，完全擦乾水分，在保鮮袋中放入200公克肝臟和1大匙醬油，鋪平後，冷藏或冷凍保存。

漬 4～5天

油漬肝臟

材料與做法（方便製作的份量）

❶將200公克肝臟用熱水汆燙5分鐘，以流水清洗，放涼後切成易入口的大小，深色部分要處理洗淨。

❷將肝臟擦乾水分、放入消毒過的保存罐中，加入麻油（稍微淹過肉的油量，也可以用自己喜歡的油）、1/2茶匙鹽、1根紅辣椒和3片薑片。

番茄炒牛心

材料與做法（2人份）

❶將200公克汆燙過的冷凍牛心切成薄片。1根小黃瓜隨意切塊，2顆番茄切成圓弧狀，1/2根芹菜斜切，1瓣蒜頭切末。

❷在①的蒜頭中加入1大匙魚露、1大匙醬油、1大匙料理酒、1茶匙砂糖和少許胡椒攪拌均勻，將牛心放入浸泡約30分鐘。

❸在平底鍋中倒適量沙拉油熱鍋，加入②後翻炒。等到牛心變色，加入小黃瓜和芹菜炒到變軟，再加入番茄拌炒均勻。

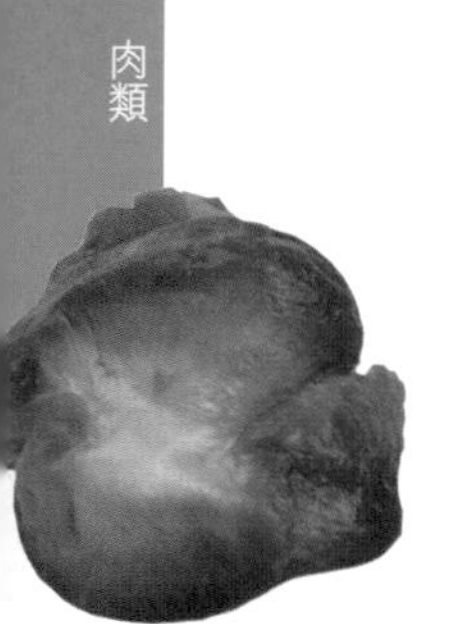

砂囊（胗）

凍 3～4週　藏 3～4天

按照本書的步驟，既能去腥，口感又柔嫩

用熱水汆燙5分鐘，以流水清洗乾淨，再切成薄片。完全擦乾水分後，在保鮮袋中放入300公克砂囊（胗）、1大匙麻油、1/2茶匙鹽，鋪平後冷凍或冷藏保存。

漬 4～5天

醋漬砂囊（胗）

材料與做法（方便製作的份量）

❶將300公克砂囊（胗）用熱水汆燙15分鐘，迅速沖洗後擦乾水分。

❷將①切成薄片後放入保存容器中，加入約15公克薑絲、4大匙醋和1大匙醬油稍微拌勻後，放在冷藏室醃漬半天左右入味。

洋蔥砂囊（胗）沙拉

材料與做法（方便製作的份量）

❶將適量紫洋蔥（普通洋蔥也可以）切成薄片，泡水後擦乾水分。

❷將紫洋蔥與適量油漬砂囊（胗）拌勻。

漬 4～5天

油漬砂囊（胗）

材料與做法（方便製作的份量）

❶將200公克砂囊（胗）用熱水汆燙5分鐘，以流水清洗乾淨後，切成薄片。

❷擦乾水分後，放入消毒過的保存罐中，加入橄欖油（稍微淹過肉的油量）、1/2茶匙鹽、少許粗磨黑胡椒後冷藏保存。可以依個人喜好加入紅辣椒、蒜頭和薑等辛香料一起醃漬也很美味。

第5章

乳製品、蛋

乳製品、蛋 保存的基本原則

乳製品的普及化隨著冰箱冷藏室的普及化而成長。對於易變質的乳製品，低溫控管是基本原則。當攜帶及烹飪使用時，請注意盡可能縮短曝曬於常溫的時間，盡早放回冷藏室中。

冷藏 開封後保存期限就會縮短

所謂保存期限是指「當容器沒有開封時，品質沒有改變，食品仍然美味可食用的期限」。包裝上會註記「開封後請盡可能早點使用完畢」，但實際上是指多少天左右呢？

首先是牛奶，開封後即使保存期限還沒到，也最好在5天內飲用完畢。而優格因為易生黴菌，開封後若要維持品質，在緊閉密封情況下可保存2～3天。乳脂肪多的鮮奶油更容易變質，盡可能在開封後，當天就能使用完畢最為理想，延長天數最多也只有2～3天的時間。若以上期間內無法使用完畢時，建議您可以冷凍保存。

冷凍 原則上都可以冷凍保存！提供防止油水分離的訣竅

乳製品可以冷凍保存，由於其味道多少會產生變化，油水也會分離，所以加熱烹調牛奶時，為防止分離時添加砂糖等的小巧思，便起到關鍵作用。

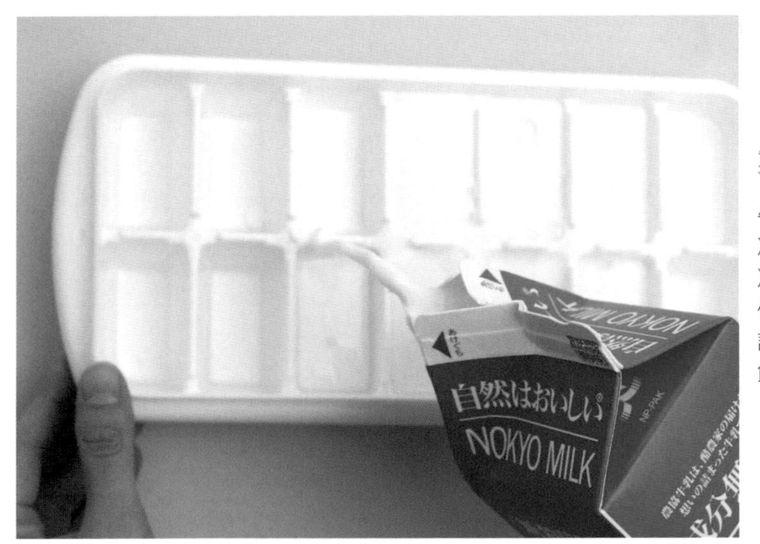

製冰皿

牛奶倒入製冰皿，完全結凍後，放入保鮮袋並放進冷凍室裡保存，十分方便。由於風味會改變，建議可以加熱烹調，或是在飲品中作為冰塊添加使用。

加入砂糖和果醬混合攪拌

優格和鮮奶油直接冷凍後，油水會分離，所以混入具保水效果的砂糖後再冰凍為佳。建議將鮮奶油打成發泡狀態，而優格則添加果醬混合攪拌。

牛奶

常溫	冷藏	乾燥	冷凍

牛奶要烹調後冷凍保存。

從乳牛榨取的生乳，大部分經過脂肪成分的均質處理及加熱殺菌處理後，才會在市面上販售。

開封後，不論保存期限多久，最好在5天內飲用完畢。未能使用完時，可經過烹調後再進行冷凍保存。

凍 **1個月（已烹調過的）**

稍微變凝固狀時，能提升料理豐富度

做成白醬，用保鮮膜包覆後，放入塑膠袋中冷凍或冷藏保存。

・有各式各樣的活用方法，例如奶油可樂餅、焗烤、奶油燉飯等。

稍微呈凝固狀的白醬做法

❶在鍋中放入20公克奶油加熱融化，再加入20公克麵粉，均勻攪拌後，以小火加熱2～3分鐘。
❷緩緩加入1又1/2量杯牛奶，慢慢延展開來
❸繼續加熱3～4分鐘後，再加入1/2茶匙鹽、少許醬油後調味。
❹待餘熱退散，用保鮮膜包覆起來，放入四角淺型容器當中，待冷卻後放入冷凍室。依料理所需，加入牛奶或水調整濃度，用於之後烹飪食物上。

開封後，使用完畢的期限

開封後不論保存期限多久，最好在5天內飲用完畢。

營養成分（可食用部分每**100g**）

項目	含量
熱量	67大卡
蛋白質	3.3公克
脂質	3.8公克
礦物質	
鈣	110毫克
鐵	0.02毫克
維生素A β-胡蘿蔔素RE	6微克
維生素B_1	0.04毫克
維生素B_2	0.15毫克
維生素C	1毫克

牛奶雜炊飯

材料與做法（2人份）

❶將2片培根切成碎末，4顆小番茄對切，1/4顆洋蔥切成碎末。
❷鍋中放入90公克白飯和①、1量杯冷凍牛奶、1/2量杯水並均勻攪拌。再以中火煮至沸騰時，立刻轉成小火，並將蓋子蓋上。
❸待醬汁稍微淹過食材時，再加入1茶匙味噌、少許鹽後調味後燉煮。
❹裝盛於容器中，灑上一些起司粉和切細的巴西里葉即可。

常溫	冷藏	乾燥	冷凍
×	○	×	○

鮮奶油

動物性和植物性鮮奶油的冷藏保存期不同。

鮮奶油是從牛奶中除去乳脂肪以外的成分，將脂肪提高至18%所製成。開封後質變很快，盡量於當日或最多2～3天以內使用完。冷凍後口感也會改變，建議用於加熱料理。

使用於加熱烹調

混合攪拌砂糖，放入保存容器中加以冷凍。

・放於湯品中能增加濃醇度，是相當重要的訣竅。

打泡冷凍後可以直接使用

可以飄浮在咖啡上或添加在鬆餅上。打泡縮小後加以冷凍，即使在沒有其他招待點心的狀況下，是也能派上用場的可愛甜點。

冷凍狀態下食用也很美味

添加砂糖、打發成泡後冷凍的鮮奶油，口感就像冰淇淋一樣。可以取代砂糖，加入個人喜好的果醬，便成為外觀十分可愛的冰淇淋。在1/2量杯的鮮奶油中加入2茶匙砂糖（果醬時為1大匙）即可。

開封前的保存期限不同

開封後，動物性和植物性鮮奶油都能冷藏保存3天左右。

開封前的植物性鮮奶油約1～2個月，動物性鮮奶油則約1週左右（皆於包裝上會有標示）。此兩種保存期限完全不同，必須多加留意。

手作藍莓冰淇淋

在保存容器中加入1/2量杯冷凍鮮奶油、2大匙藍莓果醬、加入少許檸檬汁後攪拌混合，於冷凍室中冷卻凝固。

營養成分（可食用部分每100g）

成分	含量
熱量	433大卡
蛋白質	2.0公克
脂質	45公克
礦物質	
鈣	60毫克
鐵	0.1毫克
維生素A β-胡蘿蔔素RE	110微克
維生素B_1	0.02毫克
維生素B_2	0.09毫克

優格

常溫	冷藏	乾燥	冷凍
✕	○	✕	○

冷凍狀態下吃起來也很美味。

優格是生乳經過乳酸發酵處理後而成。含有活性乳酸菌，於10℃以下低溫保存時活力較低，能維持製造時的風味和口感。空氣中的雜菌會導致優格發黴，存放時請確實栓緊上蓋。

凍 1個月

霜凍優格

1/2量杯無糖優格，加入1大匙砂糖，放入保存容器中冷凍。

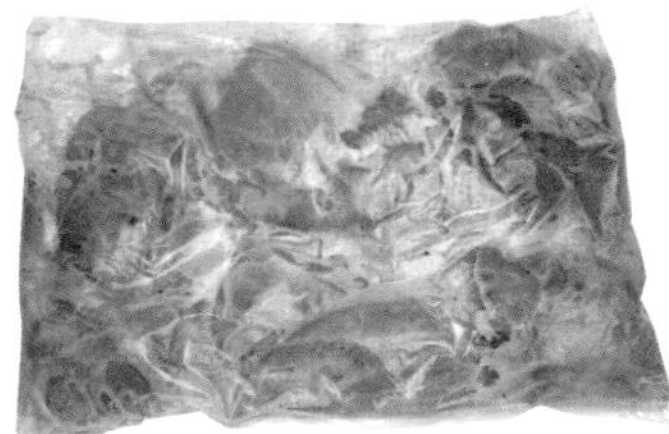

可活用於烹調食物前的預先調味

將200公克雞肉、2大匙無糖優格、1茶匙咖哩粉、1/2茶匙鹽、1大匙番茄醬放入塑膠袋中冷凍。蔬菜與雞肉以中火煎10分鐘，印度烤雞即可輕鬆完成。

乳清無須丟掉

乳清就是浮在表面的清澄液體*，含有維生素、礦物質、蛋白質等豐富營養。請勿丟棄掉，攪拌著一起食用吧！

＊編注：起司製造過程中從牛奶分離出來浮在上層的液體。

漬 2～3天（冷藏）

優格鹽麴漬

材料與做法（方便製作的份量）

❶1/2顆紅甜椒、1/2根芹菜、1條小黃瓜切成不規則狀。

❷塑膠袋中放入2大匙鹽麴、1/4量杯無糖優格，加入①後用手充分搓揉，將空氣擠壓出後，密封塑膠袋。

❸放在冷藏室中保存1晚。於冷藏室中可保存2～3天。

營養成分（可食用部分每100g）

無糖優格

熱量	62大卡
蛋白質	3.6公克
脂質	3.0公克
碳水化合物	4.9毫克
礦物質	
鈣	120毫克
維生素A β-胡蘿蔔素RE	3微克
維生素B_1	0.04毫克
維生素B_2	0.14毫克
維生素C	1毫克

鯷魚沾醬

材料與做法

❶將250公克冷凍無糖優格放在鋪有厚廚房紙巾的竹籠中，出水3小時以上。

❷將①、3條鯷魚、大蒜泥（1/2瓣）以及適量胡椒和乾燥巴西里均勻攪拌後，沾上脆餅等一起享用。

常溫	冷藏	乾燥	冷凍
✕	○	✕	○

奶油

日常使用放冷藏室，長期保存放冷凍室。

奶油為從牛奶分離出來的乳脂肪加以凝固之物，未開封時可保存3個月，開封後應在1～2週內使用完畢。因氧化會造成變質，保存重點在於先盡量勿接觸空氣再保存。也可以冷凍保存。

凍 半年 藏 1個月

依用途而定，保存方法也不同

可以包覆在錫箔紙中，或以保鮮膜包起來、放入塑膠袋中，冷藏和冷凍。切成方便使用的大小後放入保存容器中，冷藏或冷凍保存。

料理上大顯身手！各式奶油一次性大量製作再分別保存

若分開冷凍的話，約可保存1～2個月，若冷藏的話可保存3～4週。

香草奶油

將20公克軟化後的奶油，與1/2茶匙切碎的香草（或乾燥香草）混合攪拌。

大蒜奶油

將20公克軟化後的奶油，與1/2茶匙切成碎末的大蒜混合攪拌。

營養成分（可食用部分每100g）

鹽味奶油

項目	含量
熱量	745大卡
蛋白質	0.6公克
脂質	81公克
礦物質	
鈣	15毫克
鐵	0.1毫克
維生素A β-胡蘿蔔素RE	190微克
維生素B_1	0.01毫克
維生素B_2	0.03毫克

蛋

常溫	冷藏	乾燥	冷凍
△	○	×	○

免洗保存，為延長保存的祕訣。

蛋在超市等地方會以常溫販售，但在家中應置於10℃以下的冷藏室保存。蛋保存於冰箱門邊置物架上的蛋架，會有溫度變化和裂開的危險，因此不建議存放於此。

藏 3週

蛋會因溫度變化而變質

存放時，請將雞蛋較尖的部位朝下冷藏。不建議放置於冰箱門邊置物架，而是放在溫度變化不大的位置。為確保冷藏室中食材的安全性，請勿將蛋與其他食材直接接觸到，建議先存放於蛋的原有包裝盒中。請注意，先洗再保存是錯誤的做法！

凍 2～3週

冷凍能使蛋黃部位飽滿，可活用於各種料理上

將蛋以帶殼的狀態下，放入塑膠袋中冷凍保存。此時，請留意不要清洗蛋。另外，也可以分出蛋白和蛋黃後再做保存。請保存於冰箱較裡面的位置，因為較深處的溫度變化較低。

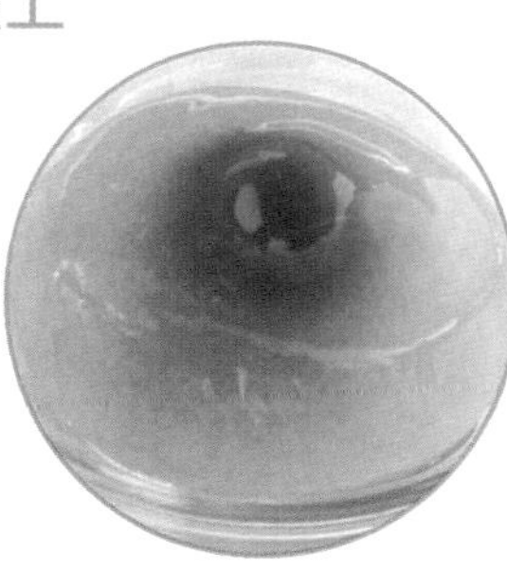

營養成分（可食用部分每100g）

項目	含量
熱量	151大卡
蛋白質	12.3公克
脂質	10.3公克
礦物質	
鈣	51毫克
鐵	1.8毫克
維生素A β-胡蘿蔔素RE	17微克
維生素B_1	0.06毫克
維生素B_2	0.43毫克

烹飪過後能夠冷凍保存嗎？

日式玉子燒愈冷凍，會愈來愈乾皺。為避免變成如此，可以在每1顆蛋液中都加入1/2茶匙砂糖和1茶匙美乃滋，內部也要煎熟才行。如此一來，即使存放於冷凍室也能保持柔軟口感。

水煮蛋無法保存太久

水煮蛋容易破裂，不適於冷凍。請留意，頂多只能存放於冷藏室2天左右。

漬 3～4天（冷藏）

味噌漬蛋

材料與做法（方便製作的份量）

❶在鍋中煮水，從冰箱拿出5顆蛋，輕輕放入水中，水煮6分鐘後，用冷水冷卻。（水煮時間依個人喜好而定）

❷在塑膠袋中放入剝好殼的①，加入5大匙的基本味噌底（請見P.8），將全體均勻攪拌後，擠出袋內空氣，保存於冷藏室。約冷藏半天後即可食用。

生蛋拌飯

材料與做法（1人份）

❶將1顆冷凍蛋放入沸水中，蓋上鍋蓋後，加熱1分鐘。關火後靜置5分鐘，再用涼水冷卻。

❷將①放在熱騰騰的白米飯上，加上喜愛的醬油即完成。

迷你荷包蛋

材料與做法（冷凍蛋1顆）

❶將冷凍蛋一邊用水清洗，一邊去殼。

❷以菜刀朝直向切4等分。

❸在②的冷凍狀態下，於平底鍋中倒入1/4茶匙沙拉油，以微火煎燒。全體都過火後即完成。

溫泉蛋

材料與做法（冷凍蛋1顆）

❶將冷凍蛋一邊用水清洗，一邊去殼。

❷於耐熱容器中放入①和1大匙水，放在微波爐中加熱30秒，每10秒加熱一次，一邊觀察狀態，直到蛋全體變色為止。

起司

常溫	冷藏	乾燥	冷凍
×	○	×	○

經常使用放冷藏室，不常使用放冷凍室。

由牛、山羊等家畜的乳汁作成的加工食品，有分成生起司、熟成起司等各式各樣的種類，應多留意各自適合的保存方法。

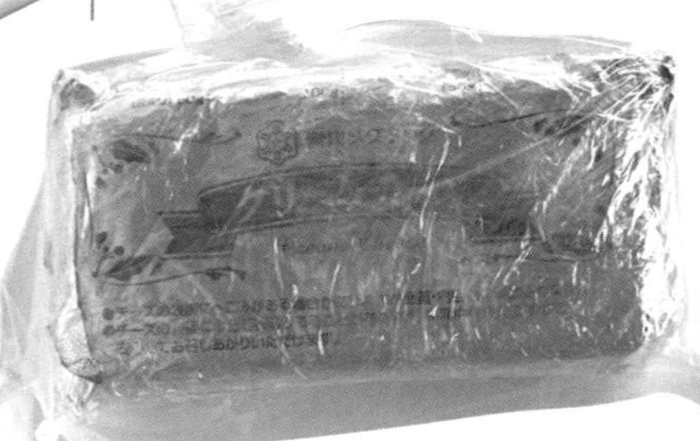

凍 1～2個月

依種類而定，保存方法和期限也各不相同

起司可以用保鮮膜包覆起來，或放於塑膠袋中完全密封後冷凍。

藏 1～2週

用容器保存，方便使用。

放入保存容器，蓋上蓋子後冷藏。

營養成分（可食用部分每100g）
加工起司

項目	含量
熱量	339大卡
蛋白質	22.7公克
脂質	26公克
礦物質	
鈣	630毫克
鐵	0.3毫克
維生素A β-胡蘿蔔素RE	230微克
維生素B_1	0.03毫克
維生素B_2	0.38毫克

營養成分（可食用部分每100g）
卡芒貝爾起司

項目	含量
熱量	310大卡
蛋白質	19.1公克
脂質	24.7公克
礦物質	
鈣	460毫克
鐵	0.2毫克
維生素A β-胡蘿蔔素RE	140微克
維生素B_1	0.03毫克
維生素B_2	0.48毫克

漬 3週

油漬香草

材料與做法（方便製作的份量）

❶將100公克喜好的起司（莫札瑞拉起司、卡芒貝爾起司等）切成方便食用的大小，放置於保存容器中。

❷在①放上1/2～1茶匙乾燥香草（巴西里、奧勒岡葉等），並倒入基本浸泡油（請見P.8），於冷藏室中放置1天以上。

漬 3週

鹽漬起司蔬菜

材料與做法（方便製作的份量）

❶將4片高麗菜葉（大片）切成4等分，1/2根芹菜切成6公分長且中間垂直對切成兩半。然後將80公克巧達起司切成6公分長的棒狀。

❷將高麗菜和芹菜混合在一起，灑上1/3茶匙鹽。

❸在較深的烤盤或保存容器中堆疊起司、高麗菜和芹菜，固定住後，醃漬數小時至一整晚。

第6章

穀物、大豆

穀物、大豆保存的基本原則

冷藏室被發明出來很久以前開始，乾貨和穀物這類耐久保存的食材，便經常被人們使用。當然，這些食材都能以常溫保存，但其方法卻不得馬虎。在如今食材百花齊放的現代社會中，經常很容易將食材留待之後再享用，但等到想起來時，食物已開始變質的情況相當多。現代的住宅也有各式各樣的變因，雖然理論上可以在常溫保存，但究竟是否為食材適合的環境與否，並無法一概而論。為了能最大化利用美味和營養集結一身的乾貨，讓我們再復習一次如何防止變質的訣竅吧！

常溫 紅辣椒可以防蟲！

乾貨一律常溫保存是基本原則，切記避免「濕氣」、「蟲害」、「氣味」、「光線」。例如水槽下方，雖然儲放食物相當便利，但冬天時也容易潮濕，並不適合作為保存場所。

值得注意的是，為了防止蟲害，請留意食材應放入保存容器，並栓緊後密封。依蟲的種類而定，某些蟲會咬破塑膠袋，因此放入塑膠容器中比較安全。如果放進乾燥的紅辣椒，便能減少蟲害的威脅。此外，乾貨有吸附味道的特性，務必留意不要放在洗潔劑等味道強烈之物的周遭。

保存容器

豆類和麵粉類由於容易吸收濕氣，進而導致發霉和滋生塵蟎。塵蟎有0.3公釐大，若不小心吃下去，會導致過敏。建議可以使用密封的保存瓶。

冷藏

麵粉類也能冷藏保存

當常溫下沒有適合保存食材的場所時，冷藏也是選擇之一。這種情況下，為防止溫度變化而產生的凝結現象，應將包裝緊緊密封起來，要使用時，在密封狀態下回復常溫後再開封。

小包分裝易於使用

一次性將大量的乾貨退冰後，無法使用完畢時，可以冷凍保存。以方便使用的份量分裝成小包裝，於1個月內使用完畢。

米

常溫	冷藏	乾燥	冷凍
○	○	×	△

採買時，請以 1 個月能用完的份量為準。

由於 18℃以上溫度過高時就易滋生蟲類，請存放於沒有日光直射、溫度和濕度都低的地方。此外，因為白米中有無數的小孔，容易吸附氣味，請勿存放在氣味濃厚的物品周遭，此為重要關鍵。不過，即使能遵守以上條件，精製米的品質通常很快就會劣化。因此，最好能配合平時使用的程度，大約採買 1 個月的米量為佳。

玄米

胚芽米

混合米（白米和糙米）

粳米

常 1～2 個月

嚴禁濕氣！白米會滋生黴菌

請存放於米缸或保存容器中，或是保存於冷藏室的蔬果箱內。

凍 3 個月

長期不在家時很方便

請先小包分裝進塑膠袋中，再放進冷凍室保存。

2合

營養成分（可食用部分每100g）

精製白米

熱量	358大卡
蛋白質	6.1公克
脂質	0.9公克
碳水化合物	77.6公克
礦物質	
鈣	5毫克
鐵	0.8毫克
維生素A β-胡蘿蔔素RE	(0)微克
維生素B_1	0.08毫克
維生素B_2	0.02毫克

常溫	冷藏	乾燥	冷凍
×	○	×	○

飯、糯米麻糬（年糕）

凍 1個月

1～2天時冷藏保存，2天以上就放冷凍

趁米飯還熱時，移至保存容器中，冷卻後放進冷凍室保存。如此能讓水分不流失，解凍後口感也會依舊鬆軟，保持美味。

凍 1～2個月

麻糬先一個個用保鮮膜包覆，再放入塑膠袋冷凍

無須解凍，直接燒烤或火煮。

手作鹽味烤年糕片

材料與做法（麻糬1塊）

❶將1塊麻糬切成薄片。
❷以180℃熱油炸3分鐘左右，直到全體變成橙黃色為止。
❸炸好後，在上面隨意四處灑一把鹽即可。

一次性用完的醋飯

材料與做法（麻糬1塊）

❶以微波爐加熱300公克冷凍米飯4分鐘。
❷在熱騰騰的米飯上加上2大匙醋、1大匙砂糖、1/2茶匙鹽，攪拌在一起後，待其冷卻即可。

大豆

常溫	冷藏	乾燥	冷凍
×	○	×	○

水煮大豆能短期保存，乾燥大豆能長期保存。

大豆富含豐富蛋白質、維生素B群、鉀、鈣、鐵、鎂等礦物質。
乾燥大豆若避免於高溫、潮濕、日光直射場所中保存，可長達兩年之久。水煮過後的大豆，可冷藏或冷凍保存。

藏 2～3天

水煮大豆應盡早使用完畢

水煮大豆應連同豆汁，一起放入密閉容器中再冷藏。

凍 1個月

冷凍重點在於將水分全部瀝乾

瀝乾水分後，再放入塑膠袋中冷凍。

漬 1個月（冷藏）

醋大豆

材料與做法（方便製作的份量）

❶將200公克乾燥大豆洗過後，瀝乾，用小火熬煮到外皮破掉變色為止。

❷待餘溫散去後，移至密閉容器中加入1又1/2量杯醋，蓋上蓋子，於冷藏室中保存。

❸放置約2天後，觀察狀態，若大豆膨脹起來且醋量減少時，再倒入可以淹過大豆的醋量，再醃漬3天即可完成。

- 取代點心，每天吃**10**顆左右。
- 請注意勿食過多，以免造成胃脹。
- 可活用於涼拌菜和醋酸菜等。

營養成分（可食用部分每100g）

項目	含量
熱量	422大卡
蛋白質	33.8公克
脂質	19.7公克
碳水化合物	29.5公克
礦物質	
鈣	180毫克
鐵	6.8毫克
維生素A β-胡蘿蔔素RE	7微克
維生素B_1	0.71毫克
維生素B_2	0.26毫克
維生素C	3毫克

水煮大豆的做法

將乾燥大豆洗過後，以5倍大豆份量的水浸泡一晚。連同浸泡的水一起放入鍋中，沸騰後轉小火熬煮1小時。

常 2週

翻炒後保存

將100公克大豆清洗後，瀝掉水，以平底鍋用小火炒直到外皮破掉且變色後，轉小火再炒10～15分鐘即可。

配料豐富的白蘿蔔乾燉菜

材料與做法（方便製作的份量）

❶將1匙高湯放在平底鍋，放入2大匙麵味露（3倍濃縮），待湯汁沸騰後立刻停火。
❷放入50公克**抹上味噌的冷凍豬肉**（請見P.196）、50公克**水煮過的冷凍大豆**、水煮後切成方便食用大小的竹筍、10公克白蘿蔔乾（曬乾的白蘿蔔切片也可）燉煮到汁液不見為止。

番茄汁燉火腿及大豆

材料與做法（2人份）

❶將2片厚片火腿和2片培根切成邊長1公分塊狀，接著將1/2顆洋蔥和1瓣大蒜切碎。
❷在鍋中放入1/2大匙橄欖油加熱，放入大蒜和培根，以中火翻炒。
❸待稍微有點變色後，加入洋蔥混炒。
❹在③中加入200公克**水煮過的冷凍大豆**、200公克番茄、1/2塊高湯塊（清燉肉湯塊），一邊將番茄搗碎。待沸騰後，轉成小火，燉煮10分鐘左右。
❺丟入火腿煮2～3分鐘，再加入少許鹽和胡椒調味。

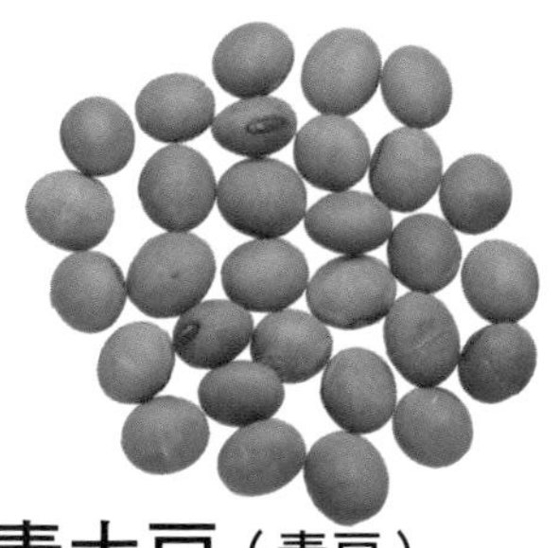

青大豆（青豆）

顏色介於青綠到綠色之間的大豆品種，多半作為黃豆粉和燉豆所用。青豆製成的納豆產品也逐漸增加中。

＊編注：毛豆和大豆其實為同一種植物，毛豆是八分熟的大豆，只是採收期不同；待毛豆成熟後，就會脫水、變小、變硬成為大豆。

黑大豆

又稱為黑豆，也會作成燉豆、黑豆納豆和黑豆豆腐。富含花青素等多酚化合物。

打豆

將蒸過的大豆壓平，使其乾燥後便稱為「打豆」。特色是只要用水煮，就能煮成一鍋好高湯。

雜糧

常溫	冷藏	乾燥	冷凍
○	○	×	×

存放於陰暗處為基本原則。

一般除了米和麥以外的穀類，都稱為雜糧。人們為了補充只有白米而缺乏的微量營養成分和食物纖維，將雜糧混在白飯中一起炊煮的方式頗受歡迎。也可以加入湯品及燉菜中。
由於高溫、潮濕、陽光直射會導致其變質，請切記於濕度低的陰暗處保存。夏天時若於常溫下放置，則有可能會長蟲。

1～2個月

嚴禁濕氣！

放入密閉容器，保存於陰暗處或冰箱的蔬果室中。

雜糧營養十足

與白飯混在一起食用，能補充營養成分和食物纖維。

豬肉雜糧湯

材料與做法（2人份）

❶將200公克豬肉薄切後，切成方便食用的大小，抹上2茶匙鹽麴及少量胡椒，靜置30分鐘。再將100公克白蘿蔔和1/3條紅蘿蔔，切成方便食用的大小。

❷在鍋中放入①和2大匙**雜糧**和3量杯水，開火煮至沸騰後，轉為小火，將白蘿蔔和紅蘿蔔燉煮到軟綿為止。

營養成分（可食用部分每100g）

五穀

項目	含量
熱量	357大卡
蛋白質	12.6公克
脂質	2.8公克
碳水化合物	70.2公克
礦物質	
鈣	30毫克
鐵	2.0毫克
維生素B_1	0.34毫克
維生素B_2	0.07毫克

常溫	冷藏	乾燥	冷凍
×	○	×	◎

豆腐

冷凍後，口感帶有彈性。

豆腐是將豆乳用鹽鹵凝固而成的食材，有木棉豆腐、嫩豆腐（絹豆腐）、朧豆腐*等種類。木棉豆腐的蛋白質豐富，而嫩豆腐相較於木棉豆腐則是蛋白質較少，但富含水溶性維生素。在使用剩餘的豆腐時，與購買回家時相同，原則上應浸泡於水中保存。冷凍保存也可以，口感會有所變化，建議用於燉菜等加熱料理中使用。

＊編注：指將豆漿倒入固定模型後，質地柔軟、尚未定型的豆腐。

凍 3～4週

切成方便食用的大小後，快速冷凍

切成1公分寬度，將水全部瀝乾，放入塑膠袋後冷凍。

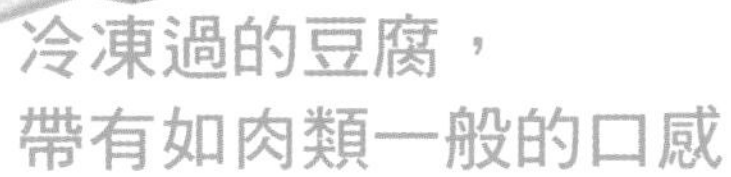

冷凍過的豆腐，帶有如肉類一般的口感

冷凍豆腐具有彈性，口感就像是肉一樣，甚至可取代肉使用。可活用於類似炸豬排或漢堡肉排等各式料理中。

藏 4～5天

包覆保鮮膜後，每天換水

放入倒滿水的容器中，冷藏保存。

漬 1週

味噌漬豆腐

❶將1塊豆腐用廚房紙巾包覆起來固定住，瀝水經過30分鐘後，切成1公分厚大小。

❷展開保鮮膜，將基本味噌底（請見P.8）約4大匙以內，少量抹在豆腐上方，將豆腐和剩下的味噌交互堆疊。放進塑膠袋中，將空氣擠出，靜置於冷藏室半天以上。

味噌漬黃金燒

材料與做法（2～3人份）

在烤箱中放上錫箔紙，再擺上1整塊份量的味噌漬豆腐，煎烤到變成黃金色為止。

營養成分（可食用部分每100g）

木綿豆腐

項目	含量
熱量	80大卡
蛋白質	7.0公克
脂質	4.9公克
碳水化合物	1.5公克
礦物質	
鈣	93毫克
鐵	1.5毫克
維生素B_1	0.09毫克
維生素B_2	0.04毫克

納豆

10℃以上會重新發酵！可放冷藏室或冷凍室。

蒸煮後柔軟的大豆會因納豆菌而發酵。因為10℃以上會重新發酵，所以放置於冰箱保存是基本原則。再者，若能防止乾燥，也能冷凍保存。

凍 3～4週　藏 1週

防止乾燥，務必密封保存

放入袋子和塑膠袋後冷凍保存。

解凍方法

移到冷藏室或在微波爐加熱10～20秒。

玄米納豆炒飯

料理和做法（2人份）

❶15公分牛蒡、1/3根紅蘿蔔切成5公釐細丁，再將4根蔥切成碎末。

❷在平底鍋放入1/2大匙麻油加熱，放入1包冷凍納豆和1顆打散的蛋，當蛋變鬆軟時便停火取出。

❸在②的平底鍋上倒入1/2大匙麻油熱鍋，再放入①後用火炒，再加上炊煮好的玄米，將②倒回平底鍋，待玄米炒到變成粒粒分明時，再加上1又1/2大匙醬油，加上適量的鹽和胡椒加以調味。

營養成分（可食用部分每100g）

拉絲納豆

項目	含量
熱量	200大卡
蛋白質	16.5公克
脂質	10.0公克
碳水化合物	12.1公克
礦物質	
鈣	90毫克
鐵	3.3毫克
維生素B_1	0.07毫克
維生素B_2	0.56毫克

常溫	冷藏	乾燥	冷凍
×	○	×	○

豆皮

避免冷藏室的味道附著，應密封保存。

豆皮是薄切的豆腐經油炸後的食材。冷藏的保存期限稍短，若無法立刻使用完畢，建議可以冷凍保存。未開封的話，請直接連同包裝一起放進塑膠袋中冷凍。

開封的話，裝塑膠袋冷凍

由於一般包裝袋上會有肉眼看不到的小孔洞，所以請放入塑膠袋中保存吧！

冷凍後，即使未解凍也能輕鬆用菜刀切片

一張張以保鮮膜包覆後，放入塑膠袋中冷凍和冷藏保存。或者，切成方便食用的大小，放入塑膠袋中冷凍或冷藏。

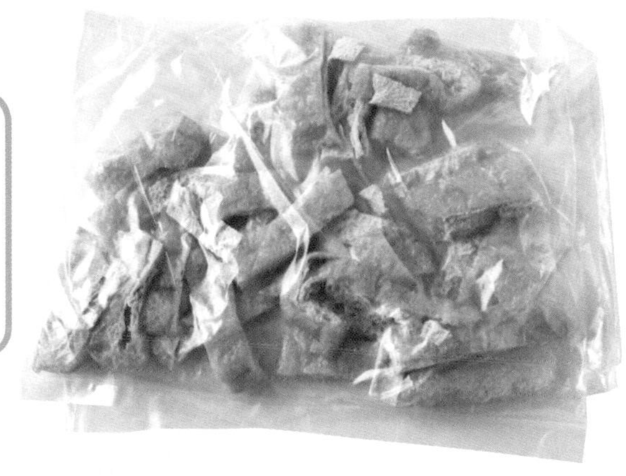

卡芒貝爾蛋豆皮

料理和做法（2人份）

❶將1/4塊卡芒貝爾起司切半，稍微灑上一些胡椒。

❷將1片冷凍豆皮放在熱湯中去油解凍後，切成一半。在碗中打1顆蛋。

❸將豆皮再切成一半，放入一半的起司和打散的蛋，將開口以牙籤固定住。

❹將平底鍋加熱，放入③後，兩面煎烤至變金黃色為止。

營養成分（可食用部分每100g）

項目	含量
熱量	410大卡
蛋白質	23.4公克
脂質	34.4公克
碳水化合物	0.4公克
礦物質	
鈣	310毫克
鐵	3.2毫克
維生素B_1	0.06毫克
維生素B_2	0.04毫克

小麥

常溫	冷藏	乾燥	冷凍
○	×	×	○

即使冷凍也不會結凍！

小麥種子的胚乳加工成粉狀即為麵粉，蛋白質含量由多依序為：高筋麵粉、中筋麵粉、低筋麵粉，連同麩皮一起製粉則稱為全麥麵粉。營養成分高，即使保存期限較長，一開封後就會加速劣化，建議以1～2個月使用完畢為目標。

低筋麵粉

小麥麩皮

全麥麵粉

小麥胚芽

富含蛋白質、食物纖維、維生素及礦物質。胚芽粉添加於玉米穀片和餅乾當中，近年更被視為健康食材而受到注目。而胚芽油主要成分包括亞油酸、油酸，也包括維生素E，也有運用於化妝油。

常 6個月

防止氣味和濕氣，確實地密封

確實地封緊袋口，放入可以密閉的容器，存放於陰涼場所。

營養成分（可食用部分每100g）

低筋麵粉

熱量	367大卡
蛋白質	8.3公克
脂質	1.5公克
碳水化合物	75.8公克
礦物質	
鈣	20毫克
鐵	0.5毫克
維生素A β-胡蘿蔔素RE	(0)微克
維生素B_1	0.11毫克
維生素B_2	0.03毫克

韓式海鮮煎餅

料理和做法（2人份）

❶1/4根青蔥斜切成薄片。

❷在碗中放入40公克**上新粉**＊、50公克**麵粉**、1顆蛋、2大匙唐辛子辣椒粉、少許鹽、1/2茶匙砂糖、2茶匙醬油、1/2量杯水，攪拌均勻後，再加入①，如果水不夠的話，請加一點水。

❸平底鍋倒入1大匙麻油加熱，倒入②後，將兩面煎成金黃色，將1大匙麻油淋在麵體周圍，煎烤3分鐘。

❹切成方便食用的大小，裝盛於器皿中。將1大匙醬油、1大匙醋、1/2茶匙烘焙白芝麻油、1茶匙研磨白芝麻油攪拌混合後，作為沾料來吃。

＊編注：將一般食用米洗淨後乾燥、磨成的粉末，為製作日式和菓子的基本粉類，口感帶有嚼勁。

第7章

調味料、其他

醬油

常溫	冷藏	乾燥	冷凍
○	○	×	×

薄口（淡味）醬油

京都料理常用。鹽分比濃口（濃味）醬油高出一些。

黑醬油（老抽）

濃稠狀，風味濃厚，其獨特的香味是一大特色。主要產地為日本中部地區。

濃口（濃味）醬油

以相同份量的大豆和小麥混合而成。常用於烹調和餐桌上調味，使用範圍廣泛。

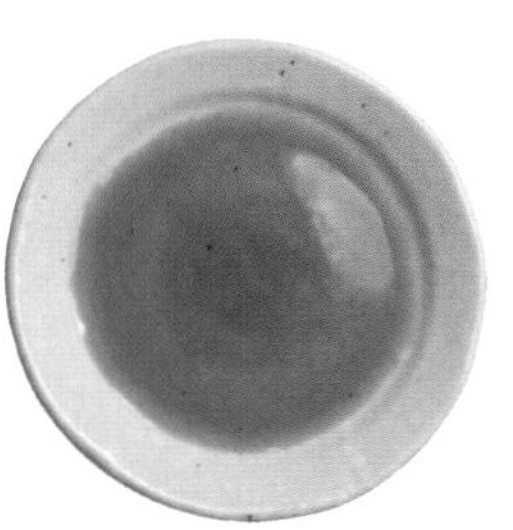

白醬油（生抽）

比薄口醬油呈現更琥珀般的顏色，甜味重。主要產地為愛知縣。

怕光線與熱度。

醬油氧化後就會變質，開封後原則上應在1個月內使用完畢。請選用能裝盛適當容量的容器。此外，醬油怕光和熱，請放置於陰暗場所；若沒有適當場所時，可存放於冰箱的冰藏室保存。

新鮮的醬油會帶有紅色透明感，開始變質後就顯得越深、變黑，也會失去透明感。

醋

常溫	冷藏	乾燥	冷凍
○	○	×	×

穀物醋

由麥、大麥和玉米等原料製成，味道柔和清淡。

黑醋

原料為玄米（另添加麥）。風味濃烈，適用於中式料理。

義大利香醋

以酒為原料的獨特義大利醋，價格偏高。

米醋

以米為原料，帶有酸味、甜味和香味，且味道濃醇。

蘋果醋

常用於水果茶中，味道清香。適用於醃泡和沙拉上。

紅酒醋

葡萄果汁為原料，有紅葡萄和白葡萄兩種，廣泛應用於西餐。

保存於陰暗場所或冷藏室。

醋也能運用於食材保存上，不會有腐壞問題，但自開封起、經過一段時間後，風味還是會變差。另外值得注意的是，依醋的種類不同，保存期間也會有差異性。醋能保存於陰暗場所，但若存放於冷藏室更能較長維持品質。

常溫	冷藏	乾燥	冷凍
○	○	×	×

料理酒

開封後存放於冷藏室。

由於酒精有殺菌作用，基本上不會腐壞，但會因為日光或溫度變化等而變質，開封後應放在冰箱中保存。

料理酒

在酒精中加入鹽分等調味而成，價格低。

紅酒

有各式各樣的釀造酒，而葡萄也是紅酒原料之一。

清酒

以米、米麴、水等原料製作而成；另外，也有改變原料或製作方法變成「料理清酒」。可用於燉菜或日式清湯中。

常溫	冷藏	乾燥	冷凍
○	○	×	×

味醂

「本味醂」和「味醂風調味料」的保存方法不同。

本味醂若放入冰箱，會使糖分結晶，請務必於常溫中保存。反之，味醂風調味料因酒精濃度低，容易變質，建議務必放在存放於冰箱冷藏室。

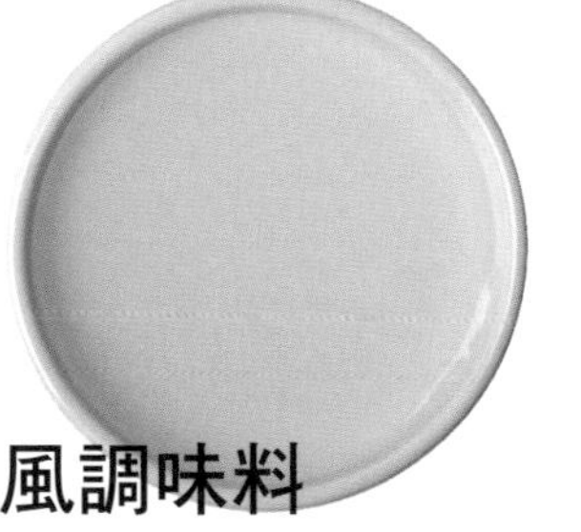

味醂風調味料

在葡萄糖和糖漿中加入麩胺酸和香料。酒精成分未滿1%，糖分55%以上。

發酵調味料

將糯米、米麴和酒精發酵，加入鹽後，鹽分約2%左右，不能飲用。

本味醂

由糯米、米麴和酒精製作而成，能用於各式各樣的烹調效果。

砂糖

常溫	冷藏	乾燥	冷凍
○	×	×	×

上白糖

即一般常用的砂糖。顆粒大小為0.1～0.2公釐很細。

黑糖

以甘蔗榨成的汁液直接煮乾，具有獨特的風味，礦物質含量豐富。

精製細砂糖

顆粒大小0.2～0.7公釐，結晶體鬆散，純度高且無味道。

白雙糖

分為透明的「白雙糖」，以及加入焦糖色素、黃褐色的「中雙糖」。純度高，顆粒大小約1～3公釐。

三溫糖

反覆加熱製作而成，特色是有焦糖香氣。

常溫保存於密閉容器中。

砂糖本身不會腐壞，但若於密閉性低的容器中保存時，容易硬掉。已經硬掉的砂糖，可用水以噴霧方式給予少許濕氣後，再放入密閉容器中，就會變得鬆軟。

鹽

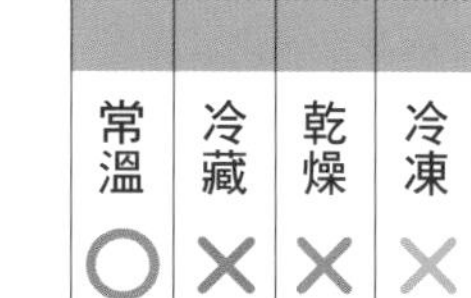

常溫	冷藏	乾燥	冷凍
○	×	×	×

常 無期限

放入密閉容器中，於常溫（陰暗場所）中保存。

常溫保存於密閉容器中。

由於鹽易吸收濕氣和氣味，請於乾燥場所中保存。切記，請勿放置於洗潔劑等味道強烈物的周遭。若硬掉結塊時，請倒在平底鍋等乾炒，就能變得鬆軟。

沖繩海鹽

採自海水的鹽。有些是以日曬後去除水分，有些則以大汽鍋熬煮至乾後製成；另也有以離子交換膜製鹽法，濃縮後熬煮到乾的製鹽方式。

岩鹽

在曾是海洋的土地上，所產生的鹽分結晶物，再以水融化製成的食用鹽。

常溫	冷藏	乾燥	冷凍
✕	○	✕	○

味噌

凍 1～2個月
藏 1～2個月

將方便使用的份量移至較小容器，冷藏或冷凍保存。這樣風味不會改變，而且方便使用完畢。

開封後請注意黴菌滋生問題。

未開封時以常溫保存，而開封後為避免滋生黴菌，請於冷藏室或冷凍室中保存。

從接觸空氣開始，就會產生乾燥和氧化現象，風味也會變質。所以建議將開封過後的味噌移至密閉容器後，表面以保鮮膜包覆起來再加以保存。即使冷凍也不會硬化，隨時都可以使用。

豆味噌

在蒸煮的大豆加上麴菌，與鹽混合後長期發酵而成。擁有豆類特有的香味，也帶有些苦澀口感。主要產地為愛知、三重和岐阜。

麥味噌

以大豆、麥麴和鹽製作而成，別稱為「鄉村味噌」。色淡味甜，其特色是擁有大麥獨有的香味和濃厚的風味。廣為流用於九州地區。

常溫	冷藏	乾燥	冷凍
✕	○	✕	✕

醬汁

開封後請保存於冷藏室。

所謂的伍斯特醬，就是在蔬菜泥、水果泥，或果汁中添加鹽、砂糖、醋等調味料和香料後熟成的調味料。即使醬料瓶上沒有標示「須冷藏」，原則上開封後應存放於冷藏室。

伍斯特醬

醬料的始祖。將蔬菜和水果的纖維質過濾處理而成，風味清爽。有辣度，適合於少量調味時使用。

濃厚醬汁

帶有黏稠感，味甜為其一大特色。原材料為溶解於水的蔬菜纖維／水果纖維，又稱為水果醬汁。

中濃醬汁

在日本關東地區受到歡迎。風味介於伍斯特醬和濃厚醬汁之間。有黏稠感，口感甜辣。

大阪燒醬

方便淋放在大阪燒麵體上，有黏稠感，口感醇厚柔滑。甜味重。

茶

常溫	冷藏	乾燥	冷凍
○	×	○	○

煎茶
焙茶
玉露
抹茶
番茶

開封後於常溫保存。

茶一旦開封後便會容易變質，最好買2週～1個月左右能使用完畢的份量即可。保存時，請避開高溫、潮濕、日光直射，原則上於常溫下保存即可。

凍 2個月～1年 **藏** 2～4週

包裝袋口確實密封後，再裝入保存帶中存放。未開封的話，冷凍或冷藏保存皆可。

咖啡

常溫	冷藏	乾燥	冷凍
○	○	×	○

常 1～2週

無論是豆狀或粉狀，都應放入密封容器中，存放於日光照射不到的陰暗場所。

凍 3個月 **藏** 1～2週

新鮮咖啡豆要以真空包裝的方式保存於冷凍室

當存放於有空氣的袋子時，應分裝為方便使用份量的小包裝，再放入冷凍室，要喝時再拿出使用，得以維持新鮮度。

長期保存時放冷凍室。

咖啡豆會因為高溫、潮濕、日光直射、氧化等而開始變質。另外，研磨成咖啡粉時，因表面積變大，也更容易品質劣化，因此建議飲用前再研磨，或是少量購買為佳。

常溫	冷藏	乾燥	冷凍
×	○	×	×

美乃滋

開封後
保存於冷藏室。

未開封的美乃滋可以於常溫下保存；開封後的美乃滋應於冷藏室保存，1個月內使用完畢為佳。
再者，0℃以下的環境中，會造成美乃滋油脂分離，所以在冷藏室中也要避開冷氣直吹的位置，建議可放在冰箱門邊置物架上。

全蛋型

使用完整的整顆蛋，特色為奶油味較濃。

蛋黃型

最常見的美乃滋。日式Q比美乃滋每500公克使用4顆蛋黃。

清爽型

熱量減半，油脂較少。因含有空氣的關係，質地比較柔軟。

常溫	冷藏	乾燥	冷凍
×	○	×	×

番茄醬

開封後
冷藏保存。

在純番茄汁中添加砂糖、醋、鹽和香辛料等的調味料。開封前可於常溫保存。開封後於冷藏室中保存，最好能在1個月左右使用完畢。

番茄糊

將整顆番茄以濾網過濾後燉煮而成的食材。具有濃縮後的美味，適用於燉煮料理上。

番茄醬

由於添加砂糖、醋和辛香料調味，保存耐久性佳。

番茄泥

相較於番茄糊濃度較低，殘留番茄的芳香，適用於湯品及番茄肉醬中。

常溫	冷藏	乾燥	冷凍
○	×	×	×

油

保存於陰暗場所，注意不要氧化。

因為油類對光線和熱度敏感，請保存於陰暗場所中。再者，油類會因氧化而變質，請記得確實閉緊蓋子。若用過的油要再使用時，應先過濾後再保存於陰暗場所，並盡早使用完畢。

沙拉油

以根據JAS（日本農林規格）使用規定的食材（菜籽及大豆等）於認證的工廠中製作，符合低溫存放也不會凝固等條件。味道和香味清淡，適用於廣泛的料理中。

橄欖油

橄欖油取自橄欖果實，為人類最初使用的油品。主要成分有油酸，可以減少壞膽固醇，並抑制血糖值上升，有降低血壓等效果。

特級初榨橄欖油（Extra-virgin Olive Oil）也是純橄欖油，可以加熱，而價格偏高的特級初榨橄欖油可作為沙拉醬、普切塔（Bruschetta）*、法國長條麵包的沾醬；可以直接使用，風味芳香十分宜人。純橄欖油因為不油膩，最適用於油炸食品上。

＊編注：為義大利的一種開胃小菜。

麻油

煎焙風

為最受歡迎的麻油。
烘焙加熱後再進行壓榨，香味滿溢是其一大特色。

白麻油

白芝麻不經煎焙而直接進行壓榨。風味清爽柔和，雖然聞起來幾乎沒有味道，但口感很濃郁鮮美。

不會浪費油！油炸食品時的使用訣竅

從平底鍋底部倒入5公釐～1公分高的油量後，便可油炸食物。祕訣在於，放入食材時不碰觸固化前的單面麵衣，因為一碰觸到後油溫就會下降，無法炸得漂亮。這樣一來，全部的材料也能在炸完時，剛好將油都使用完，不造成浪費。因為油類容易氧化，剩下炸過的油對身體有害，建議盡量以一次性能用完的份量來油炸食物。

保存法速查表

不同食材的「保存方式」與「保存期限」都不盡相同。
請預想各個食材的特徵、味道變化，靈活調整。

蔬菜	可食用部分	常溫	冷藏	乾燥	冷凍	頁碼
蘆筍	98%	△	○5天(生食)／4天(水煮)	△	○1個月	106
毛豆	50%	△	△2～3天	×	◎1個月	52
秋葵	100%	×	△4天	○	○1個月	38
蕪菁	100%	◎2天(陰涼處)	○10天	○1週(冷藏)	◎1個月	58
南瓜	90%	○2個月(整顆)	○1週	×	○1個月	42
白花菜	98%	△1天	○10天	△3天(冷藏)	○1個月	103
蕈菇類	99%	×	○2週	◎1個月(冷藏)	◎1個月	72
高麗菜(甘藍)	100%	△	○20天(切塊)	×	○1個月(切塊)	76
小黃瓜	100%	○4天	○1週	◎2週(冷藏)	○2週	44
栗子	80%	△2天	◎3天	◎	◎3個月	116
皺葉萵苣	100%	×	○2週／1週(撕碎保存)	×	△3週	81
豌豆	60%	△	○10天(生食)／3天(鹽水煮)	×	◎1個月(生食)／2週(鹽水煮)	37
核桃	100%	○半年(陰涼處)	○半年	×	○1年	55
西洋菜	100%	△	◎1週	△	○1個月	97
牛蒡	98%	○	◎2週	◎1個月(冷藏)	◎1個月	64
小松菜	100%	×	○1週	×	○1個月	86
甘藷	99%	○1個月	○3週	◎1週(冷藏)	◎1個月	114
小芋頭	100%	○1個月(秋～冬)	○2週(整顆帶皮)	×	◎1個月(整顆帶皮)	68
紅葉萵苣	100%	×	○2週／1週(撕碎保存)	×	△3週	80
菜豆	98%	△	○10天	△	○1個月	34
荷蘭豆、甜豆	90%	△	○10天	×	○1個月	36
山菜	98%	△	○3天	○	○1個月	118
糯米椒	99%	△	○10天	○	◎1個月	32
紫蘇	100%	△	◎10天	○1個月(冷藏)	○3週	94
馬鈴薯	100%	◎1個月(秋～冬)	○2週(整顆帶皮)	×	○1個月(整顆帶皮)	70
山茼蒿	100%	×	○5天	×	○1個月	89
薑	99%	○5天(整塊)	○2週	◎半年(冷藏)	◎1個月	113
櫛瓜	100%	△	○10天(整條)	○	○1個月(整條)	49
芽菜	90%	○	○5天	×	○3週	111
西洋芹	100%	○2天	○5～7天	○1週(冷藏)	○1個月	107
蠶豆	60%	△	△2～3天	×	○1個月／2週(水煮)	54
白蘿蔔	100%	◎1～2週(陰涼處)	○10天	○6個月	◎1個月	56
竹筍	100%	×	○1週	○1週(冷藏)	○1個月	117
洋蔥	99%	△1個月(陰涼處)	○10天(整顆帶皮)	○1個月(冷藏)	◎1個月(整顆帶皮)	62
青江菜	100%	△	○5天	×	○1個月	93

	可食用部分	常溫	冷藏	乾燥	冷凍	頁碼
紅辣椒	99%	△1年	○	◎	◎1年	33
冬瓜	100%	○半年(整顆／陰涼處)	○1個月(整顆)／5天(切開)	×	○1個月	48
豌豆苗	80%	○1週	○10天	×	○3週	110
玉米	60%	△	△3天	×	○1個月／2個月(整根帶葉)	50
番茄	99%	△	○10天	◎	◎1個月	28
茄子	95%	△1～2天	○1週	○1個月	○1個月	40
油菜花	100%	×	○5天	×	○1個月	88
苦瓜	99%	△4天	○1週	○1週(冷藏)	○1個月(整顆)／3週(切開)	46
韭菜	100%	△	○5天	×	○1個月	92
胡蘿蔔	100%	◎4天(陰涼處)	○2週	○1個月(冷藏)	○1個月	60
大蒜	95%	○3週	○3週	○半年(冷藏)	○1個月	112
蔥	99%	○1週	○10天	○2週(冷藏)	○1個月	90
香草類	100%	△	◎2週	○半年(冷藏)	○1個月	102
結球白菜	100%	○3週	○2週	◎4～5天	○1個月	82
香菜	100%	△	○10天	○1個月(冷藏)	○1個月	95
羅勒	100%	△	○1週	○半年(冷藏)	○1個月	99
巴西里(荷蘭芹、歐芹)	100%	△2～3天	○10天	◎半年(冷藏)	○1個月	98
甜椒	90%	△	○10天	◎10天(冷藏) 1個月(冷凍)	◎1個月	31
青椒	99%	△	○10天	△	○1個月	30
青花菜	100%	△1天	○10天	△3天(冷藏)	○1個月	104
菠菜	100%	×	○1週(生食)／5天(水煮)	×	○1個月	84
水菜	100%	×	○2週	×	○3週	79
鴨兒芹	95%	△	◎1週	○1個月(冷藏)	○1個月	96
小番茄	99%	△	○10天	◎1個月(油漬)	◎1個月	29
蘘荷	100%	×	○10天	○5天(冷藏)	○1個月	100
豆芽菜	100%	×	◎1週	○4天(冷藏)	○3週	108
扁豆	98%	△	◎10天／3天(鹽水煮)	×	○1個月／2週(鹽水煮)	35
山藥	92%	○	○1個月(整根帶皮)	×	◎1個月(整根帶皮)	66
萵苣	100%	×	○2週	×	○3週	78
蓮藕	100%	○10天(陰涼處)	○10天(整顆帶皮)	◎2週(冷藏)	◎1個月(整顆帶皮)	65
迷迭香	100%	○	○1週	○半年(冷藏)	○1個月	101

水果

	可食用部分	常溫	冷藏	乾燥	冷凍	頁碼
酪梨	70%	○成熟為止	○4天	○	○1個月	155
草莓	98%	△1天	○5天	○1週	○1個月	144
無花果	100%	△2天	○5天	×	◎1個月(整顆)	134
柿子	98%	△3天	○1個月	◎	◎2個月(整顆) 1個月(切開)	128
奇異果	95%	△2天	○1～2週	○5～7天	◎1個月(整顆)	136
葡萄柚	99%	○10天	○1個月	△3個月(只有皮)	○2個月	148
櫻桃	98%	○5天	△	△3週	○1個月	152
西瓜	90%	○10天(整顆)	◎10天(整顆)／5天(切開)	×	◎1個月(切開)	140
梨	99%	○2週	○1個月	○	◎2個月(整顆) 1個月(切開)	126
鳳梨	80%	○10天(整顆)	○10天(整顆)／5天(切開)	○	◎1個月(切開)	138
香蕉	99%	○5天	△	○3週	○1個月	150

	可食用部分	常溫	冷藏	乾燥	冷凍	頁碼
葡萄	100%	△ 2 天	○ 10 天	◎	◎ 2 個月（整串）	**132**
藍莓	100%	○ 4 天	◎ 10 天	○	◎ 1 個月	**142**
芒果	90%	○ 3 天	○ 3 天	○	○ 1 個月	**154**
蜜柑、柑橘類	99%	○ 2 週	○	△ 3 個月（只有皮）	○ 1 個月	**149**
哈密瓜	95%	○ 5 天	○ 3 天	△	○ 1 個月	**153**
桃子	80%	△ 2 天	△	×	◎ 2 個月（整顆） 1 個月（切開）	**130**
西洋梨	95%	○ 2 週	○ 1 個月	×	◎ 2 個月（整顆） 1 個月（切開）	**127**
蘋果	99%	○ 1 個月	○	○	◎ 3 個月（整顆） 1 個月（切開）	**124**
檸檬	99%	○ 10 天	○ 1 個月	○ 3 個月（只有皮）	○ 1 個月	**146**

海鮮

	可食用部分	常溫	冷藏	乾燥	冷凍	頁碼
蛤蜊、文蛤	100%	×	○	×	○ 1 個月	**181**
竹筴魚	80%	×	○ 2～3 天	○	○ 2～3 週	**166**
烏賊	98%	×	○	○	○ 3～4 週	**176**
鮭魚卵	—	×	○ 1 週	×	○ 2 個月	**171**
沙丁魚	80%	×	○ 2～3 天	○	○ 2～3 週	**164**
鰻魚	100%	×	○	×	○ 1 個月	**184**
蝦子	100%	×	○	△	○ 3～4 週	**178**
牡蠣	100%	×	○	×	○ 3～4 週	**180**
鰹魚	80%	×	○	○	○ 2～3 週	**168**
魚板	—	×	○ 1 週	×	○ 2 個月	**188**
比目魚	80%	×	○ 2～3 天	○	○ 2～3 週	**169**
海帶（昆布）	100%	×	○ 3 天	○	○ 1 個月	**185**
鮭魚	80%	×	○ 2～3 天	○	◎ 3～4 週	**170**
青花魚	80%	×	○ 2 天	○	○ 2～3 週	**174**
秋刀魚	80%	×	○ 2～3 天	○	○ 2～3 週	**167**
蜆仔	100%	×	○	×	◎ 1 個月	**182**
魩仔魚	100%	×	○ 5 天	○	○ 2～3 週	**165**
鯛魚	80%	×	○ 2～3 天	○	○ 2～3 週	**175**
章魚	97%	×	○	○	○ 3～4 週	**177**
鱈魚	80%	×	○ 2～3 天	○	◎ 2～3 週	**172**
竹輪、甜不辣	—	×	○	×	○ 2 個月	**188**
魩仔魚乾	—	×	○ 7～10 天	○	○ 3～4 週	**165**
鹿尾菜	100%	×	○ 3 天	○	○ 1 個月	**187**
青魽	80%	×	○ 2～3 天	○	○ 2～3 週	**173**
扇貝	100%	×	○	×	○ 1 個月	**183**
鮪魚	100%	×	○ 2 天	×	○ 1 個月	**162**
海帶芽（裙帶菜）	100%	×	○ 3 天	○	○ 1 個月	**186**

肉類

	可食用部分	常溫	冷藏	乾燥	冷凍	頁碼
牛肉	—	×	○ 2～3 天	×	○ 2～3 週	**194**
砂囊（胗）	—	×	○ 3～4 天	×	○ 3～4 週	**204**
香腸、培根	—	×	○	×	○ 2～3 週	**202**
雞肉（雞柳）	—	×	○ 3～4 天	×	○ 2～3 週	**199**
雞肉（雞腿肉）	—	×	○ 2～3 天	×	○ 2～3 週	**198**

	可食用部分	常溫	冷藏	乾燥	冷凍	頁碼
火腿	—	×	○	×	○ 2～3週	202
絞肉	—	×	○ 3～4天	×	○ 2～3週	200
豬梅花肉	—	×	○ 2～3天	×	○ 2～3週	197
豬肉	—	×	○ 2～3天	×	○ 2～3週	196
豬菲力	—	×	○ 2天	×	○ 2～3週	197
內臟類	—	×	○ 3～4天	×	○ 3～4週	203

乳製品、蛋

	可食用部分	常溫	冷藏	乾燥	冷凍	頁碼
牛奶	—	×	○ 開封後2天	×	△ 1個月	208
蛋	—	△	○ 3週	×	○ 2～3週	212
起司	—	×	○ 1～2週	×	○ 1～2個月	214
鮮奶油	—	×	○ 開封後3天	×	○ 1個月	209
奶油	—	×	○ 1個月	×	○ 半年	211
優格	—	×	○	×	○ 1個月	210

穀類

	可食用部分	常溫	冷藏	乾燥	冷凍	頁碼
豆皮	—	×	○ 4～5天	×	○ 3～4週	225
飯、糯米麻糬（年糕）	—	×	○	×	○ 1個月（飯） 1～2個月（糯米麻糬）	219
小麥	—	○ 6個月	×	×	○	226
米	—	○ 1～2個月	○	×	△ 3個月	218
雜糧	—	○ 1～2個月	○	×	×	222
大豆	—	×	○ 2～3天	×	○ 1個月	220
豆腐	—	×	○ 4～5天	×	◎ 3～4週	223
納豆	—	×	○ 1週	×	○ 3～4週	224

調味料

	可食用部分	常溫	冷藏	乾燥	冷凍	頁碼
油	—	○	×	×	×	234
茶	—	○ 2週～1個月	×	○	○ 2個月～1年	232
番茄醬	—	×	○	×	×	233
咖啡	—	○ 1～2週	○ 1～2週	×	○ 3個月	232
料理酒	—	○	○	×	×	229
砂糖	—	○	×	×	×	230
鹽	—	○ 無期限	×	×	×	230
醬油	—	○	○ 1個月	×	×	228
醋	—	○	○	×	×	228
醬汁	—	×	○	×	×	231
美乃滋	—	×	○	×	×	233
味噌	—	×	○ 1～2個月	×	○ 1～2個月	231
味醂	—	○	○	×	×	229

食材保鮮事典：
收錄166種居家常見食材，讓食物利用最大化的廚房活用筆記

原著書名／食材保存大全
作　　者／沼津理惠（沼津りえ）
譯　　者／黃薇嬪、涂雪靖、童唯綺
企劃選書人／何寧
責任編輯／劉瑄

版權行政暨數位業務專員／陳玉鈴
資深版權專員／許儀盈
行銷企劃／陳姿億
行銷業務經理／李振東
總 編 輯／王雪莉
發 行 人／何飛鵬
法律顧問／元禾法律事務所 王子文律師
出　　版／春光出版
城邦文化事業股份有限公司
台北市104民生東路二段141號8樓
電話：(02)25007008　傳真：(02)25027676
發　　行／英屬蓋曼群島商家庭傳媒股份有限公司城邦分公司
台北市民生東路二段141號11樓
書虫客服服務專線：02-25007718・02-25007719
24小時傳真服務：02-25001990・02-25001991
服務時間：週一至週五 09:30-12:00・13:30-17:00
郵撥帳號：1986381　戶名：書虫股份有限公司
讀者服務信箱 E-mail：service@readingclub.com.tw
歡迎光臨城邦讀書花園 網址：www.cite.com.tw
香港發行所／城邦（香港）出版集團有限公司
香港灣仔軒尼詩道235號3樓
電話：(852) 25086231　傳真：(852) 25789337
email：hkcite@biznetvigator.com
馬新發行所／城邦（馬新）出版集團【Cite(M)Sdn. Bhd.】
41, Jalan Radin Anum, Bandar Baru Sri Petaling,
57000 Kuala Lumpur, Malaysia.
電話：(603) 90578822　傳真：(603) 90576622

美術設計／萬勝安
內頁排版／極翔企業有限公司
印　　刷／高典印刷有限公司

■ 2021年（民110）11月9日初版一刷
■ 2023年（民112）11月14日初版2.8刷

Printed in Taiwan

售價／450元

國家圖書館出版品預行編目資料

食材保鮮事典：收錄166種居家常見食材，讓食物利用最大化的廚房活用筆記/沼津理惠著. -- 初版. -- 臺北市：春光出版，城邦文化事業股份有限公司出版：英屬蓋曼群島商家庭傳媒股份有限公司城邦分公司發行, 民110.11
面；　公分
譯自：食材保存大全
ISBN 978-986-5543-49-5（平裝）

1.食品保存

427.7　　110014650

城邦讀書花園
www.cite.com.tw

ISBN 978-986-5543-49-5

廣　告　回　函
北區郵政管理登記證
臺北廣字第000791號
郵資已付，免貼郵票

104 臺北市民生東路二段 141 號 11 樓

英屬蓋曼群島商家庭傳媒股份有限公司

城邦分公司

請沿虛線對折，謝謝！

愛情・生活・心靈

閱讀春光，生命從此神采飛揚

春光出版

書號：OS2024	書名：食材保鮮事典 收錄 166 種居家常見食材，讓食物利用最大化的廚房活用筆記

請於此處用膠水黏貼

讀者回函卡

填寫回函卡並寄回春光出版社，就能夠參加抽活動，有機會獲得「富力森日式美型12L電烤箱」（市價$2,480元）乙台！

※收件起訖：即日起至2021年12月31日止（以郵戳為憑）

※得獎公布：共計7名，請後續關注春光出版臉書粉絲團公布獲獎者。（活動詳情請查閱粉絲團貼文公告）

注意事項：

1.本回函卡影印無效，遺失或毀損恕不補發。

2.本活動僅限台澎金馬地區回函。

3.春光出版社保留活動修改變更權利。

「春光出版」臉書粉絲團

謝謝您購買我們出版的書籍！請費心填寫此回函卡，我們將不定期寄上城邦集團最新的出版訊息。

姓名：__________

性別：☐男 ☐女

生日：西元_____年_____月_____日

地址：__________

聯絡電話：__________ 傳真：__________

E-mail：__________

職業：__________

您從何種方式得知本書消息？

☐ 書店 ☐ 網路 ☐ 廣播 ☐ 親友推薦

您通常以何種方式購書？

☐ 書店 ☐ 網路 ☐ 其他__________

您喜歡閱讀哪些類別的書籍？

☐ 財經商業 ☐ 自然科學 ☐ 歷史 ☐ 法律 ☐ 文學

☐ 休閒旅遊 ☐ 人物傳記 ☐ 小說 ☐ 生活勵志 ☐ 其他

請於此處用膠水黏貼